中国农业通史

夏商西周春秋卷

第二版

陈文华　著

中国农业出版社
北　京

图书在版编目（CIP）数据

中国农业通史．夏商西周春秋卷／陈文华著．—2版．—北京：中国农业出版社，2020.8
ISBN 978-7-109-25845-7

Ⅰ．①中… Ⅱ．①陈… Ⅲ．①农业史－中国－夏代②农业史－中国－商代③农业史－中国－西周明代 Ⅳ．①S-092

中国版本图书馆CIP数据核字（2019）第181478号

中国农业通史．夏商西周春秋卷
ZHONGGUO NONGYE TONGSHI XIA SHANG XIZHOU CHUNQIU JUAN

中国农业出版社出版
地址：北京市朝阳区麦子店街18号楼
邮编：100125
责任编辑：孙鸣凤　姚　红　赵　刚
版式设计：杨　婧　　责任校对：吴丽婷
印刷：北京通州皇家印刷厂
版次：2020年8月第2版
印次：2020年8月北京第1次印刷
发行：新华书店北京发行所
开本：787mm×1092mm　1/16
印张：18.25
字数：360千字
定价：120.00元

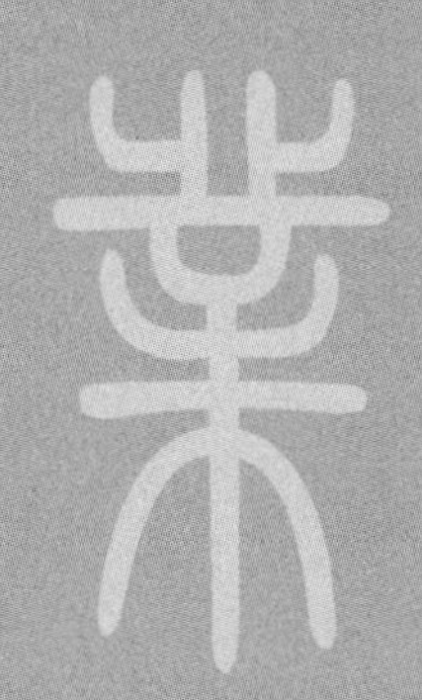

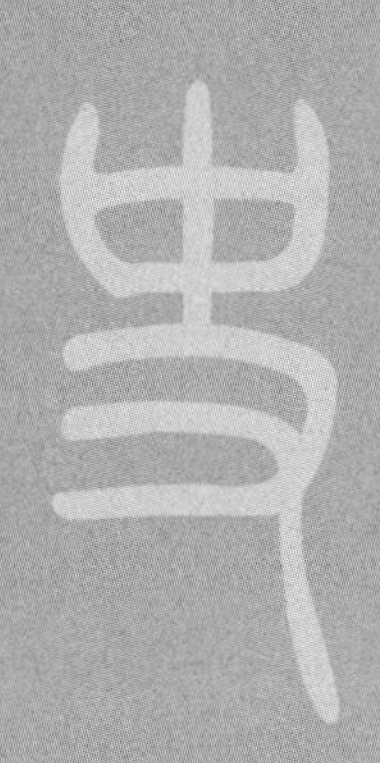

《中国农业通史》第一版

编审委员会

编辑委员会

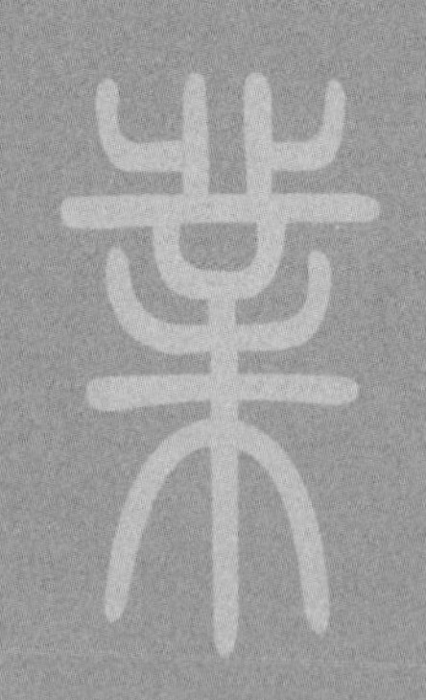

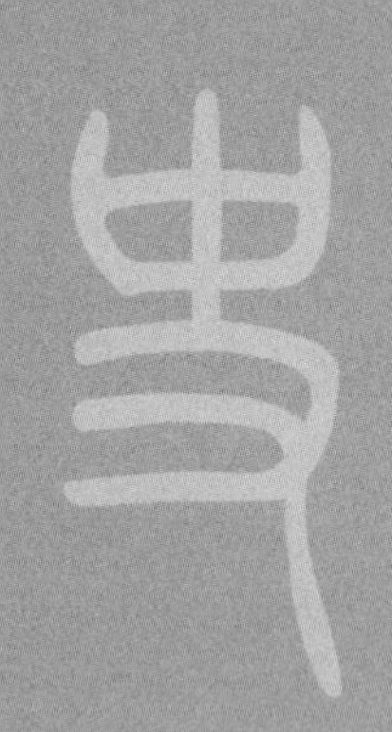

《中国农业通史》第一版

编辑委员会

《中国农业通史》第二版

出版说明

《中国农业通史》（以下简称《通史》）的编辑出版是由中国农业历史学会和中国农业博物馆共同主持的农业部重点科研项目，从1995年12月开始启动，经数十位农史专家编写，《通史》各卷先后出版。《通史》的出版，为传扬农耕文明，服务"三农"学术研究和实际工作发挥了重要作用，得到业界和广大读者的欢迎。二十余年来，中国农业历史研究取得许多新的成果，中国农业现代化建设特别是乡村振兴实践极大拓宽了"三农"理论视野和发展需求，对《通史》做进一步完善修订日显迫切，在此背景下，编委会组织编辑了《通史》(第二版)。

《通史》（第二版）编辑工作在农业农村部领导下进行，部领导同志出任编委会领导；根据人员变化情况，更新了编辑委员会组成。全书坚持以时代为经，以史事为纬，经直纬平，突出了每个阶段农业发展的重点、特征和演变规律，真实、客观地反映了农业发展历史的本来面貌。

这次修订，重点是补充完善卷目。《通史》（第二版）包括《原始社会卷》《夏商西周春秋卷》《战国秦汉卷》《魏晋南北朝卷》《隋唐五代卷》《宋辽夏金元卷》《明清卷》《近代卷》《附录卷》，全面涵盖了新中国成立以前的中国农业发展年代。修订中对全书重新校订、核勘，修改了第一版出现的个别文字、引用资料不准确、考证不完善之处。全书采用双色编排，既具历史的厚重感又具现代感。

我们相信，《中国农业通史》为各界学习、研究华夏农耕历史，展示农耕文明，传承农耕文化，提供了权威文献；对于从中国农业发展历史长河中汲取农耕文明精华，正确认识我国的基本国情、农情，弘扬中华农业文明，坚定文化自信，推进乡村振兴，等等，都具有重要意义。

2019年12月

序

中国是世界农业主要发源地之一。在绵绵不息的历史长河中，炎黄子孙植五谷，饲六畜，农桑并举，耕织结合，形成了土地上精耕细作、生产上勤俭节约、经济上富国足民、文化上天地人和的优良传统，创造了灿烂辉煌的农耕文明，为中华民族繁衍生息、发展壮大奠定了坚实的基业。

新中国成立后，党和政府十分重视发掘、保护和传承我国丰富的农业文化遗产。在农业高等院校、农业科学院（所）成立有专门研究农业历史的学术机构，培养了一批专业人才，建立了专门研究队伍，整理校刊了一批珍贵的古农书，出版了《中国农学史稿》《中国农业科技史稿》《中国农业经济史》《中国农业思想史》等具有很高学术价值的研究专著。这些研究成果，在国内外享有盛誉，为编写一部系统、综合的《中国农业通史》提供了厚实的学术基础。

《中国农业通史》（以下简称《通史》）课题，是由中国农业历史学会和中国农业博物馆共同主持的农业部重点科研项目。全国农史学界数十位专家学者参加了这部大型学术著作的研究和编写工作。

在上万年的农业实践中，中国农业经历了若干不同的发展阶段。每一个阶段都有其独特的农业增长方式和极其丰富的内涵，由此形成了我国农业史的基本特点和发展脉络。《通史》的编写，以时代为经，以史事为纬，经直纬平，源通流畅，突出了每个阶段农业发展的重点、特征和演变规律，真实、客观地反映了农业发展历史的本来面貌。

一、中国农业史的发展阶段

（一）石器时代：原始农业萌芽

考古资料显示，我国农业产生于旧石器时代晚期与新石器时代早期的交替阶段，距今有1万多年的历史。古人是在狩猎和采集活动中逐渐学会种植作物和驯养动物的。原始人为什么在经历了数百万年的狩猎和采集生活之后，选择了种植作物和驯养动物来谋生呢？也就是说，古人为什么最终发明了“农业”这种生产方式？学术界对这个问题做了长期的研究，提出了很多学术观点。目前比较有影响的观点是“气候灾变说”。

距今约12 000年前，出现了一次全球性暖流。随着气候变暖，大片草地变成了森林。原始人习惯捕杀且赖以为生的许多大中型食草动物突然减少了，迫使原始人转向平原谋生。他们在漫长的采集实践中，逐渐认识和熟悉了可食用植物的种类及其生长习性，于是便开始尝试种植植物。这就是原始农业的萌芽。农业之被发明的另外一种可能是，在这次自然环境的巨变中，原先以渔猎为生的原始人，不得不改进和提高捕猎技术，长矛、掷器、标枪和弓箭的发明，就是例证。捕猎技术的提高加速了捕猎物种的减少甚至灭绝，迫使人类从渔猎为主转向以采食野生植物为主，并在实践中逐渐懂得了如何培植、储藏可食植物。大约距今1万年，人类终于发明了自己种植作物和饲养动物的生存方式，于是我们今天称为“农业”的生产方式就应运而生了。

在原始农业阶段，最早被驯化的作物有粟、黍、稻、菽、麦及果菜类作物，饲养的“六畜”有猪、鸡、马、牛、羊、犬等，还发明了养蚕缫丝技术。原始农业的萌芽，是远古文明的一次巨大飞跃。不过，那时的农业还只是一种附属性生产活动，人们的生活资料很大程度上还依靠原始采集狩猎来获得。由石头、骨头、木头等材质做成的农具，是这一时期生产力的标志。

（二）青铜时代：传统农业的形成

考古发现和研究表明，我国青铜器的起源可以追溯到大约5 000年前，此后经过上千年的发展，到距今4 000年前青铜冶铸技术基本形成，从而进入了青铜时代。在中原地区，青铜农具在距今3 500年前后就出现了，其实物例证是河南郑州商城遗址出土的商代二里岗期的铜以及铸造铜的陶范。可以肯定，青铜时代在年代上大约相当于夏商周时期（前21世纪—前8世纪）。主要标志是，从石器时代过渡到金属时代，发明了冶炼青铜技术，出现了青铜农具，原始的刀耕火种向比较成熟的饲养和种植技术转变。夏代大禹治水的传说反映出人类利用和改造自然的能力有了很大提高。这一时期的农业技术有划时代的进步。垄作、中耕、治虫、选种等技术相继发明。为适应农耕季节需要创立的天文历——夏历，使农耕活动由物候经验上升为历法规范。商代出现了最早的文字——甲骨文，标志着新的文明时代的到来。这一时期，农业已发展成为社会的主要产业，原始的采集狩猎经济退出了历史的舞台。这是我国古代农业发展的第一个高潮。

（三）铁农具与牛耕：传统农业的兴盛

春秋战国至秦汉时代（前8世纪—公元3世纪），是我国社会生产力大发展、社会制度大变革的时期，农业进入了一个新的发展阶段。这一时期农业发展的主要标志是，铁制农具的出现和牛、马等畜力的使用。可以认定，我国传统农业中使用的各种农具，多数是在这一时期发明并应用于生产的。当前农村还在使用的许多耕作农具、收获农具、运输工具和加工农具等，大都在汉代就出现了。这些农具的发明及其与耕作技术的配套，奠定了我国传统农业的技术体系。在汉代，黄河流域中下游地区基本上完成了金属农具的普及，牛耕也已广泛实行。中央集权、统一的封建国家的建立，兴起了大规模水利建设高潮，农业生产力有了显著提高。

生产力的发展促进了社会制度的变革。春秋战国时期，我国开始从奴隶社会向封建社会过渡，出现了以小农家庭为生产单位的经济形式。当时，列国并立，群雄争霸，诸侯国之间的兼并战争此起彼伏。富国强兵成为各诸侯国追求的目标。各诸侯国相继实行了适应个体农户发展的经济改革。首先是承认土地私有，并向农户征收土地税。这种赋税制度的变革，促进了个体小农经济的发展。到战国中期，向国家缴纳“什一之税”、拥有人身自由的自耕农已相当普遍。承认土地私有、奖励农耕、鼓励人口增长、重农抑商等，是这一时期的主要农业政策。

战国七雄之一的秦国在商鞅变法后迅速强盛起来，先后兼并了六国，结束了长期的战争和割据，建立了中央集权的封建国家。但秦朝兴作失度，导致了秦末农民大起义。汉初实行“轻徭薄赋，与民休息”的政策，一度对农民采取“三十税一”的低税政策，使农业生产得到有效恢复和发展，把中国农业发展推向了新的高潮，形成了历史上著名的盛世——“文景之治”。

（四）旱作农业体系：北方农业长足发展

2世纪末，黄巾起义使东汉政权濒于瓦解，各地军阀混乱不已，逐渐形成了曹魏、孙吴、蜀汉三国鼎立的局面。220年，曹丕代汉称帝，开始了魏晋南北朝时期。后来北方地区进入了由少数民族割据政权相互混战的“十六国时期”。5世纪中期，北魏统一了北方地区，孝文帝为了缓和阶级矛盾，巩固政权，实行顺应历史的经济变革，推行了对后世有重大影响的“均田制”，使农业生产获得了较快的恢复和发展。南方地区，继东晋政权之后，出现了宋、齐、梁、陈4个朝代的更替。此间，北方的大量人口南移，加快了南方地区的开发，加之南方地区战乱较少，社会稳定，农业有了很大发展，为后来隋朝统一全国奠定了基础。

这一时期，黄河流域形成了以防旱保墒为中心、以“耕—耙—耱”为技术保障的旱地耕作体系。同时，还创造实施了轮作倒茬、种植绿肥、选育良种等技术措施，农业生产各部门都有新的进步。6世纪出现了《齐民要术》这样的综合性农书，传统农学登上了历史舞台，成为总结生产经验、传播农业文明的一种新形式。

（五）稻作农业体系：经济重心向南方转移

隋唐时代，我国有一段较长时间的统一和繁荣，农业生产进入了一个新的大发展、大转折时期。唐初，统治者采取了比较开明的政策，如实行均田制，计口授田；税收推行“租庸调”制，减轻农民负担；兴办水利，奖励垦荒，农业和整个社会经济得以很快恢复和发展。唐初全国人口约3 000万人，到8世纪的天宝年间，人口增至5 200多万人，耕地1.4亿唐亩①，人均耕地达27唐亩，是我国封建社会空前繁荣的时期。

唐代中期的“安史之乱”（755—763年）后，唐王朝进入了衰落期，北方地区动荡多事，经济衰退。此间，全国农业和整个经济重心开始转移到社会相对稳定的南方地区。南方地区的水田耕作技术趋于成熟。全国农作物的构成发生了改变。水稻跃居粮食作物首位，小麦超过粟而位居第二，茶、甘蔗等经济作物也有了新的发展。水利建设的重点也从北方转向了南方，尤其是从晚唐至五代，太湖流域形成了塘浦水网系统，这一地区发展成为全国著名的“粮仓”。

（六）美洲作物的传入：一次新的农业增长机遇

从国外、特别是从美洲引进作物品种，对我国农业发展产生了历史性影响。据史料记载，自明代以来，我国先后从美洲等一些国家和地区引进了玉米、番薯、马铃薯等高产粮食作物和棉花、烟草、花生等经济作物。这些作物的适应性和丰产性，不但使我国的农业结构更新换代、得到优化，而且农产品产量大幅度提高，对于解决人口快速增长带来的巨大衣食压力问题起到了很大作用。

（七）现代科技武装：中国农业的出路

1840年爆发鸦片战争，西方列强武力入侵中国。我国的一些有识之士提出了“师夷之长技”的主张。西方近代农业科技开始传入我国，一系列与农业科技教育有关的新生事物出现了。创办农业报刊，翻译外国农书，选派农学留学生，招聘农业专家，建立农业试验场，开办农业学校等，在古老的华夏大地成为大开风气的时尚。西方的一些农机具、化肥、农药、作物和畜禽良种也被引进。虽然近现代农业科技并没有使我国传统农业得到根本改造，但是作为一种科学体系在我国的产生，其现实和历史意义是十分重大的。新中国成立、特别是改革开放以来，我国的农业科技获得了长足发展，农业增长中的科技贡献率

---

① 据陈梦家《亩制与里制》（《考古》1996年1期），1唐亩≈0.783市亩≈522.15米^2。下同。——编者注

明显提高。“人多地少”的基本国情决定了我国只能走一条在提高土地生产率的前提下，提高劳动生产率的道路。

回眸我国农业发展历程，有一个特别需要探讨的问题，就是人口的增加与农业发展的关系。我国的人口，伴随着农业的发展，由远古时代的100多万人，上古时代的2 000多万人，到秦汉时期的3 800万～5 000万人，隋唐时期3 000万～1.3亿人，元明时期1.5亿～3.7亿人，清代3.7亿～4.3亿人，民国时期5.4亿人，再到新中国成立后的2005年达到13亿人的规模。人口急剧增加，一方面为农业的发展提供了充足的人力资源。我国农业的精耕细作、单位面积产量的提高，是以大量人力投入为保障的。另一方面，为了养活越来越多的人口，出现了规模越来越大的垦荒运动。长期的大规模垦荒，在增加粮食等农产品产量的同时，带来了大片森林的砍伐和草地的减少，一些不适宜开垦的山地草原也垦为农田，由此造成和加剧了水土流失、土地沙化荒漠化等生态与环境恶化的严重后果，教训是深刻的。

二、中国农业的优良传统

在世界古代文明中，中国的传统农业曾长期领先于世界各国。我国的传统农业之所以能够历经数千年而长盛不衰，主要是由于我们祖先创造了一整套独特的精耕细作、用地养地的技术体系，并在农艺、农具、土地利用率和土地生产率等方面长期居于世界领先地位。当然，中国农业的发展并不是一帆风顺的，一旦发生天灾人祸，导致社会剧烈动荡，农业生产总要遭受巨大破坏。但是，由于有精耕细作的技术体系和重农安民的优良传统，每次社会动乱之后，农业生产都能在较短期内得到复苏和发展。这主要得益于中国农业诸多世代传承的优良传统。

（一）协调和谐的“三才”观

中国传统农业之所以能够实现几千年的持续发展，是由于古人在生产实践中摆正了三大关系，即人与自然的关系、经济规律与生态规律的关系以及发挥主观能动性和尊重自然规律的关系。

中国传统农业的指导思想是“三才”理论。“三才”最初出现在战国时代的《易传》中，它专指天、地、人，或天道、地道、人道的关系。“三才”理论是从农业实践经验中孕育出来的，后来逐渐形成一种理论框架，推广应用到政治、经济、思想、文化各个领域。

在“三才”理论中，“人”既不是大自然（“天”与“地”）的奴隶，又不是大自然的主宰，而是“赞天地之化育”的参与者和调控者。这就是所谓的“天人相参”。中国古代农业理论主张人和自然不是对抗的关系，而是协调的关系。这是“三才”理论的核心和灵魂。

（二）趋时避害的农时观

中国传统农业有着很强的农时观念。在新石器时代就已经出现了观日测天图像的陶尊。《尚书·尧典》提出“食哉唯时”，把掌握农时当作解决民食的关键。先秦诸子虽然政见多有不同，但都主张“勿失农时”“不违农时”。

“顺时”的要求也被贯彻到林木砍伐、水产捕捞和野生动物的捕猎等方面。早在先秦时代就有“以时禁发”的措施。“禁”是保护，“发”是利用，即只允许在一定时期内和一定程度上采集利用野生动植物，禁止在它们萌发、孕育和幼小的时候采集捕猎，更不允许焚林而搜、竭泽而渔。

孟子在总结林木破坏的教训时指出：“苟得其养，无物不长；苟失其养，无物不消。”① “用养结合”的思想不但适用于野生动植物，也适用于整个农业生产。班固《汉书·货殖列传》说：“顺时宣气，蕃阜庶物。”这8个字比较准确地概括了中国传统农业的经济再生产与自然再生产的关系。这也是我国传统农业之所以能够持续发展的重要基础之一。

（三）辨土肥田的地力观

土地是农作物和畜禽生长的载体，是最主要的农业生产资料。土地种庄稼是要消耗地力的，只有地力得到恢复或补充，才能继续种庄稼；若地力不能获得补充和恢复，就会出现衰竭。我国在战国时代已从休闲制过渡到连种制，比西方各国早约1 000年。中国的土地在不断提高利用率和生产率的同时，几千年来地力基本没有衰竭，不少的土地还越种越肥，这不能不说是世界农业史上的一个奇迹。

我国先民们通过用地与养地相结合的办法，采取多种方式和手段改良土壤，培肥地力。古代土壤科学包含了两种很有特色且相互联系的理论——土宜论和土脉论。土宜论认为，不同地区、不同地形和不同土壤都各有其适宜生长的植物和动物。土脉论则把土壤视为有血脉、能变动、与气候变化相呼应的活的机体。两者本质上讲的都是土壤生态学。

中国传统农学中最光辉的思想之一，是宋代著名农学家陈旉提出的“地力常新壮”论。正是这种理论和实践，使一些原来瘦瘠的土地改造成为良田，并在提高土地利用率和生产率的条件下保持地力长盛不衰，为农业持续发展奠定了坚实的基础。

（四）种养三宜的物性观

农作物各有不同的特点，需要采取不同的栽培技术和管理措施。人们把这

---

① 《孟子·告子上》。

概括为“物宜”“时宜”和“地宜”，合称“三宜”。

早在先秦时代，人们就认识到在一定的土壤气候条件下，有相应的植被和生物群落，而每种农业生物都有它所适宜的环境，“橘逾淮北而为枳”。但是，作物的风土适应性又是可以改变的。元代，政府在中原推广棉花和苎麻，有人以风土不宜为由加以反对。《农桑辑要》的作者著文予以驳斥，指出农业生物的特性是可变的，农业生物与环境的关系也是可变的。

正是在这种物性可变论的指引下，我国古代先民们不断培育新品种、引进新物种，不断为农业持续发展增添新的因素、提供新的前景。

（五）变废为宝的循环观

在中国传统农业中，施肥是废弃物质资源化、实现农业生产系统内部物质良性循环的关键一环。在甲骨文中，“粪”字作双手执箕弃除废物之形，《说文解字》解释其本义是“弃除”或“弃除物”。后来，“粪”就逐渐变为施肥和肥料的专称。

自战国以来，人们不断开辟肥料来源。清代农学家杨屾的《知本提纲》提出“酿造粪壤”十法，即人粪、牲畜粪、草粪（天然绿肥）、火粪（包括草木灰、熏土、炕土、墙土等）、泥粪（河塘淤泥）、骨蛤灰粪、苗粪（人工绿肥）、渣粪（饼肥）、黑豆粪、皮毛粪等，差不多包括了城乡生产和生活中的所有废弃物以及大自然中部分能够用作肥料的物质。更加难能可贵的是，这些感性的经验已经上升为某种理性认识，不少农学家对利用废弃物作肥料的作用和意义进行了很有深度的阐述。

（六）御欲尚俭的节用观

春秋战国的一些思想家、政治家，把“强本节用”列为治国重要措施之一。《荀子·天论》说：“强本而节用，则天不能贫。”《管子》也谈到“强本节用”。《墨子》一方面强调农夫“耕稼树艺，多聚菽粟”，另一方面提倡“节用”，书中有专论“节用”的上中下三篇。“强本”就是努力生产，“节用”就是节制消费。

古代的节用思想对于今天仍然有警示和借鉴的作用。如：“生之有时，而用之亡度，则物力必屈”，“天之生财有限，而人之用物无穷”，“地力之生物有大数，人力之成物有大限。取之有度，用之有节，则常足；取之无度，用之无节，则常不足”，等等。

古人提倡“节用”，目的之一是积储备荒。同时也是告诫统治者，对物力的使用不能超越自然界和老百姓所能负荷的限度，否则就会出现难以为继的危机。与“节用”相联系的是“御欲”。自然界能够满足人类的需要，但是不能满足人类的贪欲。今天，我们坚持可持续发展，有必要记取“节用御欲”的古训。

三、封建社会国家与农民关系的历史经验教训

封建社会国家与农民的关系，主要建立在国家对农民的政策调控和农民对国家承担赋役义务的基础上。尽管在一定的历史时期也有“轻徭薄赋”、善待农民的政策、举措，调动了农民的生产积极性，使农业生产得到恢复和发展，但是总的说，封建社会制度的本质决定了它不可能正确处理国家与农民的利益关系，所以在历代封建统治中，常常由于严重侵害农民利益而使社会矛盾激化，引发了一次又一次的农民起义和农民战争。其中的历史经验教训，值得认真探究和思考。

（一）重皇权而轻民主

古代重农思想的核心在于重“民”。但“民”在任何时候总是被怜悯的对象，“君”才是主宰。这使得以农民为主体的中国封建社会缺乏民主意识，农民从来都不能平等地表达自己的利益诉求。农民的利益和权益常常被侵犯和剥夺，致使统治者与农民的关系总是处于紧张或极度紧张的状态。两千多年的封建社会一直是在“治乱交替”中发展演进。一个不能维护大多数社会成员利益的社会不可能做到“长治久安”。

（二）重民力而轻民利

农业社会的主要特征是以农养生、以农养政。人的生存要靠农业提供衣食之源，国家政权正常运转要靠农业提供财税人力资源。封建君王深知“国之大事在农”。但是，历朝历代差不多都实行重农与重税政策。把土地户籍与赋税制度捆在一起，形成了一整套压榨农民的封建制度。从《诗经·魏风》中可以看到，春秋时代农民就喊出了“不稼不穑，胡取禾三百廛兮”的不满，后来甚至有“苛政猛于虎”的惊叹。可见，封建社会无法解决农民的民生民利问题。历史上始终存在严重的“三农”问题，这就是历次农民起义的根本原因。

（三）重农本而轻商贾

封建社会的全部制度安排都是为了巩固小农经济的社会基础。它总是把工商业的发展困囿于小农经济的范围之内。由此形成了中国封建社会闭关自守、安土重迁的民族性格。明代著名航海家郑和七下西洋，比哥伦布发现美洲大陆还早将近90年。可是，郑和七下西洋，却没有引领中国走向世界，没有促使中国走向开放，反而在郑和下西洋400多年后，西方列强的远洋船队把中国推进了半殖民地的深渊。同样，中国在明朝晚期就通过来华传教士接触到了西方近代科学，这个时间比东邻日本早得多。然而后起的日本在学习西方近代文明中很快强大起来，公然武力侵略中国，给中国人民造成了深重的灾难。这段沉痛的历史，永远值得中华民族炎黄子孙铭记和反思。

（四）重科举而轻科技

我国历朝历代的统治者基于重农思想而制定的封建农业政策，有效调控了农业社会的运行，创造了高度的农业文明。但是，中国传统文化缺少独立于政治功利之外的求真求知、追求科学的精神。中国近代以来的落后，归根到底是科学技术落后，是农业文明对工业文明的落后。由于中国社会科举、“官本位”的影响深重，“学而优则仕”的儒家思想根深蒂固，科技文明被贬为“雕虫小技”。这种情况造成了中国封建社会知识分子对行政权力的严重依附性。这就不难理解，为什么我国在强盛了几千年之后，竟在“历史的一瞬间”就落后到了挨打受辱的地步。

四、《中国农业通史》的主要特点

这部《通史》，从生产力和生产关系、经济基础和上层建筑的结合上，系统阐述了中国农业发生、发展和演变的全过程。既突出了时代发展的演变主线，又进行了农业各部门的宏观综合分析。既关注各个历史时代的农业生产力发展，也关注历史上的农业生产关系的变化。这是《通史》区别于农业科技史、农业经济史和其他农业专史的地方。

（一）全书突出了“以人为本”的主线

马克思主义认为，唯物史观的前提是“人”，唯物史观是“关于现实的人及其历史发展的科学”。生产力关注的是生产实践中人与自然的关系，生产关系关注的是生产实践中人与人的关系，其中心都是人。人不但是农业生产的主体，也是古代农业的基本生产要素之一。农业领域的制度、政策、思想、文化等，无一不是有关人的活动或人的活动的结果。《通史》的编写，坚持以人为主体和中心，既反映了历史的真实，又有利于把人的实践活动和客观的经济过程统一起来。

（二）反映了农业与社会诸因素的关系

《通史》立足于中国历史发展的全局，全面反映了历史上农业生产与自然环境以及社会诸因素的相互关系，尤其是农业与生态、农业与人口、农业与文化的关系。各分卷都设立了论述各个时代农业生产环境变迁及其与农业生产的关系的专题。

（三）对农业发展史做出了定性和定量分析

过去有人说，中国历史上的人口、耕地、粮食产量等是一笔糊涂账。《通史》在深入研究和考证的基础上，对各个历史阶段的农业生产发展水平做出了定性和定量分析。尤其对各个时代的垦田、亩产、每个农户负担耕地的能力、粮食生产数量、农副业产值比例等，均有比较准确可靠的估算。

（四）反映了历史上农业发展的曲折变化

农业发展从来都不是直线和齐头并进的。从纵向发展看，各个历史阶段的农业发展，既有高潮，也有低潮，甚至发生严重的破坏和暂时的倒退逆转。而在高潮中又往往潜伏着危机，在破坏和逆转中又往往孕育着积极的因素。一旦社会环境得到改善，农业生产就会得到恢复，并推向更高的水平。从地区上说，既有先进，又有落后，先进和落后又会相互转化。《通史》的编写，注意了农业发展在时间和地区上的不平衡性，反映了不同历史时期我国农业发展的曲折变化。

（五）反映了中国古代农业对世界的影响

延续几千年，中国的农业技术和经济制度远远走在了世界的前列。在文化传播上，不仅对亚洲周边国家产生过深刻影响，欧洲各国也从我国古代文明中吸取了物质和精神的文明成果。

就农作物品种而论，中国最早驯化育成的水稻品种，3 000年前就传入了朝鲜、越南，约2 000年前传入日本。大豆是当今世界普遍栽培的主要作物之一，它是我国最早驯化并传播到世界各地的。有文献记载，我国育成的良种猪在汉代就传到罗马帝国，18 世纪传到英国。我国发明的养蚕缫丝技术，2 000多年前就传入越南，3 世纪前后传入朝鲜、日本，6 世纪时传入希腊，10 世纪左右传入意大利，后来这些地区都发展成为重要的蚕丝产地。我国还是茶树原产地，日本、俄国、印度、斯里兰卡以及英国、法国，都先后从我国引种了茶树。如今，茶成为世界上的重要饮料之一。

中国古代创造发明的一整套传统农业机具，几乎都被周边国家引进吸收，对这些地区的农业发展起了很大作用。如谷物扬秕去杂的手摇风车、水碓水碾、水动鼓风机（水排鼓风铸铁装置）、风力水车以至人工温室栽培技术等的发明，都比欧洲各国早1 000多年。不少田间管理技术和措施也传到了世界其他国家。我国的有机肥积制施用技术、绿肥作物肥田技术、作物移栽特别是水稻移栽技术、园艺嫁接技术以及众多的食品加工技术等，组成了传统农业技术的完整体系，在文明积累的历史长河中起到了开创、启迪和推动农业发展的重要作用。正如达尔文在他的《物种起源》一书中所说："选择原理的有计划实行不过是近 70 年来的事情，但是，在一部古代的中国百科全书中，已有选择原理的明确记述。"总之，《通史》反映了中国的农业发明对人类文明进步做出的重大贡献。

2005 年 8 月，我在给中国农业历史学会和南开大学联合召开的"中国历史上的环境与社会国际学术讨论会"写的贺信中说过："今天是昨天的延续，现实是历史的发展。当前我们所面临的生态、环境问题，是在长期历史发展中累积下来的。许多问题只有放到历史长河中去加以考察，才能看得更清楚、更准确，才能找到正确、理性的对策与方略。”这是我的基本历史观。实践证明，采用历史与现实相结合的方法开展研究工作，思路是对的。

《中国农业通史》向世人展示了中国农业发展历史的巨幅画卷，是一部开创性的大型学术著作。这部著作的编写，坚持以马克思主义的历史唯物主义、毛泽东思想、邓小平理论和“三个代表”重要思想为指导，贯彻党中央确立的科学发展观和人与自然和谐的战略方针，坚持理论与实践相结合，对中国农业的历史演变和整个“三农”问题，做了比较全面、系统和尽可能详尽的叙述、分析、论证。这部著作问世，对于人们学习、研究华夏农耕历史，传承其文化，展示其文明，对于正确认识我国的基本国情、农情，制定农业发展战略、破解“三农”问题，乃至以史为鉴、开拓未来，都具有重要的借鉴意义。

以上，是我对中国农业历史以及编写《中国农业通史》的几点认识和体会。借此机会与本书的各位作者和广大读者共勉。

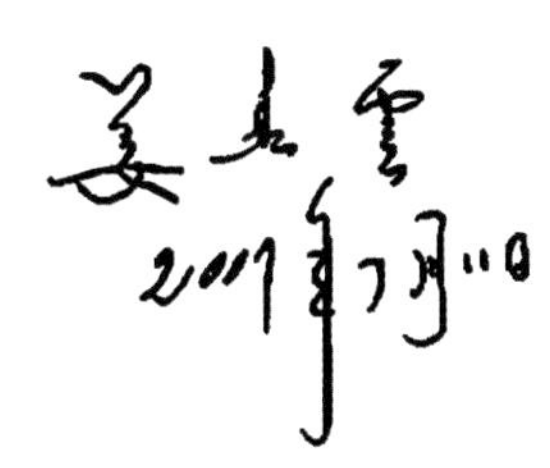

目　录

概　论

从前 21 世纪开始，地处黄土高原的中原地区首先跨入了文明的门槛，相继建立了夏、商、周国家政权，这个政权的经济基础就是相当发展水平的农业以及建立在农业基础之上的高度发达的青铜铸造业。

与原始农业相比较，夏商周农业的最大特点是有相当大的一部分劳动者不再是为满足自己的生活需要而劳动，而是被迫为少数统治阶级从事无偿的劳动，那些监督劳动的耤臣、田畯们的斥骂声在田野中回荡，他们手中的皮鞭在人们的头上挥舞，生机盎然的田间农活开始成为死气沉沉的痛苦劳动。不管学者们对这一时期的社会性质有何不同的认识和判断，夏商周已经进入阶级社会却是不争的事实，这一时期的农业被打上阶级烙印也是理所必然的。

由于商周贵族在公田中采用大规模的集体耕作方式，经常要征调成千上万的农民和奴隶在农田中劳动，需要有耤臣、田畯之类的大小管家来安排农活和监视督促。耤臣、田畯等是专门从事农业劳动管理的人，因职责所在，就要经常考虑生产技术和管理上的问题，总结经验教训，从而也促进了农业生产技术的提高。

商周时期的主要农业劳动者中有一部分是与统治阶级有一定的血缘关系、具有人身自由、领有一份私田的平民阶级。他们除了交纳十分之一的贡赋，剩下的产品归自己支配，具有较高的生产积极性。他们会努力改进生产技术以提高产量，以满足自己家庭的需要，因此也促进了农业生产技术的提高。

至于奴隶们，虽然是被迫为奴隶主们进行无偿的劳动，最没有生产积极性，但却是公田上的主要劳动力之一，在艰苦繁重的耕耘过程中积累了丰富的生产经验，也会推动农业生产技术的发展。

再加上商周时期已经进入青铜时代，青铜工具的出现使得农具的制作和改进更加容易，也会提高劳动效率，有利于开辟更多的农田，扩大耕地资源。

因此，比起原始农业，夏商周时期的农业显然已经跃上一个新台阶，具有鲜明的时代特征。本卷所指的周，是指西周和东周的春秋时期，之所以将春秋和夏商周合在一起叙述，是因为本书的编委会和笔者本人都认为春秋的社会性质与夏商西周相同，即都属于奴隶社会，而将东周的战国时期与秦汉合在一起放在《中国农业通史·战国秦汉卷》中叙述。这是因为不但学术界大多数学者仍然认为春秋战国是中国奴隶社会和封建社会的分界线，而且从农业生产技术和生产关系各方面考察，在商周春秋之间没有发生重大的变化，真正具有突破性的变革是发生在春秋战国之间，其显著标志就是铁农具与牛耕的普及和小农经济的产生（关于这个问题，后面将会论及）。也是由于这个原因，本卷凡是只提“夏商周”时，其“周”包括西周和春秋两个时期。

与《中国农业通史·原始社会卷》相比，本卷较为幸运，因为已有一些古籍可作依据，这就是古代的经典，即所谓“十三经”：《周易》《尚书》《诗经》《周礼》《仪礼》《礼记》《春秋左氏传》《春秋公羊传》《春秋穀梁传》《论语》《孟子》《孝经》《尔雅》。其中，《周易》《论语》《孝经》《孟子》为哲学类著作，《尚书》和《春秋左氏传》《春秋公羊传》《春秋穀梁传》为史学类著作，《周礼》《礼记》《仪礼》为社会学类著作，《诗经》为文学类著作，《尔雅》为语言类著作。这些著作都产生于商周时期，少数产生于战国以后，但也因离商周较近，而具有较大的史料价值。此外，还有一些史地类书籍如《竹书纪年》《世本》《穆天子传》等，诸子著作如《老子》《管子》等，其中都有一些农业方面的材料可供利用。

但是这些古籍都不是记载农业的专书，只有片段或零星章句涉及农业，仅依靠它们是无法全面了解夏商周时期农业情况的，因此必须仰仗各地出土的极为丰富的考古资料。

考古资料可分为文字和实物两大类。

文字类主要是出土的甲骨文和金文。甲骨文是刻在龟甲和兽骨上的文字，始于商代。商代崇拜鬼神，遇事必占卜。占卜后便刻录在龟甲和兽骨上，故甲骨文绝大多数是卜辞，其中便有许多涉及农事活动的记载，是研究商代农业的珍贵资料。如从卜辞中可以看出当时降水丰富、气候温暖，已有耕作、除草、培土、灌溉、治虫等技术，有管理农业的官吏，农作物有稻、麦、黍、稷，建有收藏粮食的仓廪，已经饲养马、牛、羊、鸡、犬、豕六畜，建有各种圈养牲畜的圈栏（牢）。金文是刻铸在商周青铜器上的铭文，也多是祀典、赐命、征伐、契约方面的记录，具有很高的史料价值。甲骨文以商代为大宗，金文则以西周为大宗，故对研究商周的农业历史尤显重要。

实物类是各地出土的农作物标本、家畜家禽的骨骼和艺术品、农具以及有关农业生产的遗迹。实物资料非常丰富，使我们可以直观地了解夏商周时期农业的具体情况，弥补了文献记载的不足甚至空白。比如有关夏代农业的文献极为稀缺，仅能从《夏小正》等古籍中搜得片言只语，甚至连夏代是否存在都曾有人怀疑过。但是考古学家们在河南偃师等地发掘出来的二里头文化，目前已被确定基本上是夏代文化，成为我们研究夏代农业的基本依据。同样，各地商周遗址和墓葬中出土的有关农业遗存也极为丰富，离开它们，我们就很难撰写出这部《中国农业通史·夏商西周春秋卷》了①。

---

① 如20世纪50年代出版的南京农学院中国农业遗产研究室主编的《中国农学史》，由于考古资料的缺乏，就只能从《诗经》写起。

第一章　农业生产环境

夏商周是以精耕细作为主要特征的传统农业萌芽时期，在我国农业史上占有重要的历史地位。精耕细作，摆脱了原始农业的那种刀耕火种之后“听其自生自实”的粗放状态，而于选种、整地、播种、中耕锄草、灌溉施肥、防治病虫害及至收获等整个大田生产的各个环节，都有意识地采取一些措施，给作物生长创造一定的条件，以达到增加单位面积产量的目的。这一传统农业的优良技术萌芽于夏商西周时期，至春秋战国时期已打下坚实的基础。

第一节　自然环境

一、气候温暖，湿度偏高

农业是以有生命物体为生产对象的自然再生产和社会再生产相结合的过程，自然条件是农业生产赖以进行的物质基础，具有决定性作用。正如《吕氏春秋·审时篇》所说：“夫稼，为之者人也，生之者地也，养之者天也。”“地”就是土壤，而“天”主要是指光照、温度、降水、空气等自然条件。

夏商周时期的农业中心地区是黄河中下游流域，本节所要讨论的主要也是这一地区的自然环境。该地区大部分被疏松肥沃的黄土所覆盖，上游地区的黄土高原属于由风积而成的原生黄土区，下游则属于由冲积、洪积而成的次生黄土区。黄土是在长期干旱条件下形成的。黄土由很细的土砂组成，疏松多空隙，土层深厚，一般厚达几十米，有的地方甚至深达一二百米。它是一种风化程度很微弱的土壤，故土壤中的各种矿物质（包括很容易溶解的碳酸盐）大多仍然保存着。再加上长期地表生长着茂盛的野草，腐朽后形成的有机质留在土中，使得土壤非常肥沃。这种疏松、肥沃的土壤是很容易使用原始简陋工具进行耕垦的。又因为黄土含有较多的碳酸钙，呈碱性，土层内形成垂直的柱状纹理结构，可以使很深的地下水通过毛细管作用升至地表层，供植物的根部吸收。这样，就使得气候的冷暖和降水的多少这两个自然因素在黄土地区农业生产中的作用显得特别突出。

据竺可桢先生的研究，这一时期黄河流域的气候，除了西周早期有过一个寒冷时期，一般比现在要温暖。《左传·昭公十七年》记载，位于今山东郯城县附近的郯国曾以家燕的最初到来确定春分，而现在家燕在春分时只到达上海，10～20天后才到达山东泰安等地。还有先秦时期竹类分布的北界比现在要往北推移1°～3°。以此来推算，当时黄河流域的年平均气温比现在高1.5～2℃。① 考古学家在华北地区的新石器时代和商代、西周遗址中也发现一些如象、犀牛、獐、竹鼠、貘、水牛等动物遗骨，这些动物后世只生活于热带和亚热带地区。甲骨文卜辞中也有“今夕，其雨，获象”的记载，《诗经》中也有反映黄河中下游地区有象、兕、梅、竹等亚热带动植物的存在。可见，当时的气候确实比现在要温暖，这自然有利于农作物的生长，也使农事的安排要比今天略早些。

黄河流域气候的一个主要特点是春季干旱多风，全年的降水量有70%左右，集中在七月、八月和九月，因而形成夏秋之际暴雨成灾的情形。这一现象在夏商西周时期也是如此。《夏小正》记载夏历正月“时有俊风”，《夏小正》的传曰：“俊者，大也。”俊风即大风。又记载三月“越有小旱”，四月“越有大旱”。殷墟出土的卜辞也反映在冬春两季盼雨、贞雨、求雨及缺雨的记载明显多于夏秋两季。据统计，卜雨次数凡超过十次者都在十三月（闰月）至第二年五月，而六月至十二月卜雨次数都在九次以下②，也说明当时安阳地区也和今天一样是冬春干旱缺雨。《诗经》中的篇章也反映这一现象，如《邶风·终风》的“终风且暴”“终风且霾”“终风且曀”等。《尔雅·释天》解释道：“风而雨土曰霾，阴而成风曰曀。”但是由于黄土疏松并呈垂直纹理结构，夏秋的雨水可以大量被吸收而储存于地下，在干旱的春季可以通过毛细管作用而输送到地表层中滋润作物的根须，从而保障一些耐旱作物（如黍稷等）的生长。

在黄土高原地区，除了山地，主要的地形有两种，一是平坦的高地，叫作原；一是低下的阶地，称作隰。在低湿地区分布着有宽阔水面的江河和不计其数的沮洳薮泽，到处都是充满积水的涝洼之地。据《禹贡》《周礼·职方氏》《吕氏春秋·有始》《淮南子·地形训》《尔雅·释地》等书记载的薮泽统计，面积较大的薮泽有16个，大部分分布在华北地区，其中在今河北省的有大陆（钜鹿），在山西省的有

① 竺可桢：《中国近五千年来气候变化的初步研究》，《考古学报》1972年1期。

② 胡厚宣：《气候变迁与殷代气候之检讨》，《甲骨学商史论丛》2集下册。

昭余祁、焦获，在山东省的有雷夏、大野、貕养、菏泽，在河南省的有孟诸、圃田、荥播，在陕西省的有弦蒲、扬纡，在宁夏、甘肃省间的有猪野等。在山东省海边一带的涝洼之地则称为“海隅”①。《管子·揆度》说：“共工之王，水处者什之七，陆处者什之三。”《淮南子·地形训》说大禹治水之前“凡鸿水渊薮，自三仞以上，二亿三万三千五百五十有九”。如此精确的数字当然不能相信，但可以想见当年到处都是涝洼积水的景象。

《诗经》中也同样反映这种现象。《诗经》现存305篇中，涉及河流、泉水、池泽、涧、溪、沮洳、行潦等与水资源有关的篇章就有70多篇。如《大雅·韩奕》歌颂为乐土的韩地（今河北固安县境）“川泽讦讦，鲂鲊甫甫”。《曹风·候人》：“维鹈在梁，不濡其翼”“维鹈在梁，不濡其咮”，描写了捕鱼的水鸟鹈鹕停驻在鱼梁上的情景。《曹风·下泉》“洌彼下泉，浸彼苞稂”“洌彼下泉，浸彼苞萧”，描写了地下水冒出地面的情形。《卫风·淇奥》“瞻彼淇奥，绿竹猗猗”“瞻彼淇奥，绿竹青青”，描绘了从山西流至河南的黄河支流淇水岸边修林茂竹的良好生态环境。《魏风·汾沮洳》“彼汾沮洳，言采其莫”，反映了汾河旁边就是大片的沮洳之地。

郑诗、卫诗、陈诗也有很多描写池沼水草和乘舟济涉等情况。

《周颂·振鹭》“振鹭于飞，于彼西雝”，《周颂·潜》“猗与漆沮，潜有多鱼”，描写的是黄土高原上岐周之漆沮（漆水，亦称沮水）。《小雅·吉日》：“漆沮之从，天子之所”，描写的则是另一条和石川河有关并与焦获泽连在一起的泾东漆沮，这里曾是沼泽密布、草木丛生、野兽出没的狩猎场所。此外，《秦风·蒹葭》“蒹葭苍苍”“蒹葭萋萋”，《小雅·鸿雁》“鸿雁于飞，集于中泽”等，也描写了莽莽泽国芦苇丛生的情景。

在这样的情况下，加上当时丘陵地区和低湿之地森林茂盛，地表蒿莱密布，低湿地及其周围地区形成了气候比现在湿润、植被较为丰富的生态环境，也是有利于农业生产的。

因此，在夏商周时期，黄河中下游流域是最适宜从事农耕的地区，也是农耕文化最为发达的地方，我国最早的国家形态在这一地区形成并首先进入历史时期并非偶然的。

二、自然资源丰富

夏商周时期，黄河流域的大部分地方还是地广人稀，就农业开发而言，自然资

---

① 杨毓鑫：《〈禹贡〉等五书所记薮泽表》，《禹贡半月刊》1934年1卷2期；顾颉刚：《写在薮泽表的后面》，《禹贡半月刊》1934年1卷2期。

源是相当丰富的。

首先当然是土地，这是农业的基础。黄河中游有着广袤而平坦的黄土高原，当时原的面积很大，不像今天这样千沟万壑，特别适合开垦为农田。黄河下游是辽阔的冲积平原，也覆盖着深厚的次生黄土层，其降水量又多于中游地区，也很适合从事农业种植。由于风化程度微弱，黄土中保留着丰富的矿物质及有机质，因而十分肥沃，有利于农作物的生长发育。《禹贡》将当时全国的土地划为九州，指出当时黄土高原的土壤为“黄壤”，并将地处关中的雍州、山东南部和江苏北部的徐州、山东东部的青州、河南及湖北北部的豫州，列为全国土壤的“上上”“上中”“上下”和“中上”等级。《周礼·职方氏》还明确指出这些种类的土壤是适宜种植何种粮食作物和饲养何种牲畜，如雍州“其谷宜黍稷，其畜宜牛马”，徐州“其谷宜三种（黍稷稻），其畜宜四扰（马牛羊猪）”，青州“其谷宜稻麦，其畜宜鸡狗”，豫州“其谷宜五种（黍稷菽麦稻），其畜宜六扰（六畜）”，等等。所以，黄河中下游地区的农业在上古时代长期处于领先地位。

其次是光照和昼夜温差。由于黄土高原纬度偏高，海拔也较高，因此阳光的照射比较强烈，光合作用强，有利于作物的生长。同时，因白天的日照而使温度增高，到了晚上因温度急剧下降，形成较大的昼夜温差，减少作物夜晚的呼吸作用，有利于作物的营养积累，使庄稼茁壮成长，所以北方的蔬菜、瓜果一般都要比南方长得粗壮、肥嫩。

再次是水源相对丰富。虽然北方属于半干旱地区，特别是春旱多风不利于农业生产，但是当时气候比较湿润，在平洼地区江河奔流，沼泽密布，地下水源还是充足的。又因黄土的垂直纹理结构，既可以大量吸收夏秋之季的暴雨激流和冬天的积雪，又可在作物生长季节将地下深处的水通过毛细管作用输送到植物的根部供其吸收，保证了作物的生长需要。所以，就旱作农业来讲，当时黄河流域的水资源还是能满足需要的。

复次是森林草地。当时黄河中下游的森林资源是颇为丰富的，主要是分布在山岭丘陵和低隰地。树种资源也是相当丰富的。据《诗经》提到的树木种类有楚、柏、椅、桐、梓、漆、竹、桧、松、杞、檀、柳、枢、榆、栲、杻、椒、杜、栩、杨、栎、棣、檖、枌、樗、枸、楰、榖、桋、柞、棫、楛、柽、椐、檿、柘等三十几种，此外还有一些果树如梅、杏、枣、桃、李、梨、橘以及桑树等。这其中有很多树木已经为人工所种植。众多的树木既满足了人们的生活和生产上的需要，也为野兽的生存提供了条件，从而为人们提供了丰富的狩猎资源。从卜辞中可以看出，殷商时期狩猎活动非常频繁，规模也很大，有时一次猎获的鹿可达数百头。当时捕获最多的野生动物是鹿、狐，还有野猪、野兔、野马、野鸡，以至老虎、兕、象等大型动物。在黄土高原和平原上则长满了茂盛的野草，其中主要是耐旱耐盐碱的蒿莱。在《诗经》记载的40多种旱生野草中仅蒿属就占了十多种。《小雅·鹿鸣》:“呦呦鹿鸣,食野之苹”“呦呦鹿鸣,食野之蒿”“呦呦鹿鸣,食野之芩”,说明莽莽原野上丰富的草本植物是草食动物栖息之地,也是狩猎的重要场所。未受破坏的森林和植被构成了当时良好的生态环境,对于涵养水分和改善农田小气候都会产生积极作用。

最后是水产资源。黄河流域江河众多,薮泽遍布,有利于鱼类等水生动物的繁殖,为人们提供了丰富的水产品,成为肉食的另一个重要来源。这当然也必定会导致捕鱼业发展,促进捕鱼技术的提高。卜辞中已有许多用鱼作为祭品以及商王参加捕鱼活动的记载。《诗经》中也有很多篇章歌咏渔业。如《卫风·硕人》:“河水洋洋,北流活活。施罛涉涉,鳣鲔发发,葭菼揭揭。”《周颂·潜》:“猗与漆沮,潜有多鱼,有鳣有鲔……”《诗经》中提到的鱼类有鳣、鲔、鳟、鲂、鲶、鲍、鲿、鲨、鳢、鰋、鲤、鳖、鲦等。除了江河湖泽所产的鱼,东方沿海地区还有海鱼。《禹贡》记载青州贡“海物”,徐州贡“鱼”,都指的是海产的鱼类。《小雅·六月》:“饮御诸友,炰鳖脍鲤。”《陈风·衡门》:“岂其食鱼,必河之鲂?岂其娶妻,必齐之姜?岂其食鱼,必河之鲤?岂其娶妻,必宋之子。”将河中的鲤鱼、鲂鱼与齐、宋的美女并提,可见在当时鱼类中占有重要地位。这两种鱼也一直是后代人工饲养的主要鱼类之一。

第二节 社会环境

一、阶级社会出现对农业生产的影响

自前21世纪起,中国的历史进入一个新时代,原始社会解体,产生了奴隶制阶级国家,相继建立夏、商、周三个王朝。夏朝的年代为约前21世纪至前17世纪。商朝的年代为约前17世纪至前11世纪。周朝的年代为约前11世纪至前256年。前770年周平王将国都迁往东边的洛阳,历史上将此之前的周朝称作西周,在此之后的周朝称作东周,东周相当于春秋战国时期。春秋时期是指自周平王迁都洛阳到周敬王末年,即前770年至前477年。战国时期是自周元王元年到秦始皇统一六国前一年,即自前476年至前222年。春秋战国是我国历史上由奴隶社会进入封建社会的社会制度大变革时期。从战国开始,中国就进入封建社会。本卷所要叙述的就是从夏、商、西周到春秋这一阶段的农业历史,也就是中国奴隶社会的农业历史。

在奴隶社会中,国王是最高统治者,也就是最大的奴隶主。全国的土地和人民

名义上都归他所有。国王统管着各级大小奴隶主贵族，并把土地和奴隶分配赏赐给他们。各级大小奴隶主贵族又把得到的土地分配给自由民和奴隶耕种，进行残酷的剥削。自由民和奴隶对土地没有所有权。奴隶甚至连使用权都没有，他们只是会说话的工具。正如恩格斯所指出的："在亚细亚古代和古典古代，阶级压迫的主要形式是奴隶制，即与其说是群众被剥夺了土地，不如说他们的人身被占有。"① 所谓自由民在政治上和经济上也都隶属于奴隶主贵族，随时都有丧失人身自由而沦为奴隶的危险。

总的来说，夏商周时期的阶级关系由三大部分构成，即奴隶主贵族、平民和奴隶。其中，占统治地位的阶级关系则是奴隶主贵族和奴隶这两个基本阶级，自由的平民属于中间的过渡阶级，少数人可能爬上奴隶主阶层，更多的则可能沦为奴隶，但却是人数众多的劳动阶级。

1. 奴隶主贵族　奴隶主贵族是由国王和各级官吏组成的。国王是奴隶主阶级的总代表，也是最大的奴隶主。他可以任意发号施令对民众处以酷刑或役为奴隶。在名义上是全国土地的最高所有者。他将土地以赏赐的方式分配给诸侯和各级官吏，诸侯和各级官吏又逐级分配，最后将土地交给平民耕种，或者直接让奴隶耕种，无偿地占有他们的劳动果实。商代的奴隶主贵族除了国王，还有如《尚书·酒诰》中所提到的，在内服有百僚、庶尹、惟亚、惟服、宗工，在外服有侯、甸、男、卫、邦伯等。所谓内服，就是中央，内服的官吏在王畿直接为国王服务。所谓外服，就是王畿以外的地方，外服的官吏就是统治地方的诸侯。这些中央的和地方上的奴隶主贵族是一个脱离生产过着骄奢淫逸生活和享有各种特权的剥削阶级。

西周的最高奴隶主贵族仍然是周朝的国王，亦称为天子，是上天派在人间的代表，即所谓"天立厥配"（《诗经·大雅·皇矣》）。他从天帝那里取得了统治人民和土地的权力，因此也就成了人民和土地的最高所有者。其次是诸侯，亦称公、公侯或伯。他们是一些地方上的统治者，诸侯国也就是小王国，所以这些诸侯也可称王，但要臣服于全国最高的统治者周王。再次是大夫，为天子、诸侯国内实际执行政务的官吏。大夫的封地叫"采邑"，是由天子或诸侯分封的。最小的奴隶主贵族就是士。《左传·桓公二年》："故天子建国，诸侯立家，卿置侧室，大夫有贰宗，士有隶子弟，庶人工商，各有分亲，皆有等衰。是以民服事其上，而下无觊觎。"《国语·晋语四》："公食贡，大夫食邑，士食田，庶人食力，工商食官，皂隶食职，官宰食加。"韦昭注"士食田"云："受公田也。"《荀子·富国篇》："由士以上，则必以礼乐节之。众庶百姓，则必以法数制之。"可见，士为最基层的

① 恩格斯：《美国工人运动》，见《马克思恩格斯全集》，第21卷，人民出版社，1965年，387页。

奴隶主贵族。

2. 平民阶级 这是由原始社会末期的农村公社成员分化而来的，他们与奴隶主贵族本是同宗，有着一定的血缘关系，但却因经济地位的低下而成为从事农业或手工业的劳动者。他们还有服兵役的权利和义务，也有接受教育的机会，属于有人身自由的自由民。如商朝的众、众人、民、工、百工等都是当时的平民。如卜辞："贞，燎，告众步于丁□？八月"（《殷虚书契后编》上 24.3），意思是举行燎祭，向祖先汇报"众人"出征于丁□事宜。说明"众"是商王的族众，才能参加本族的宗教集会活动。卜辞"王大令众人，曰：协田，其受年"（《殷契粹编》866），"贞惟小臣令众黍"（《卜辞通纂》472），"王往以众黍于□"（《卜辞通纂》473）以及《诗经·周颂·臣工》所提到的"命我众人，庤乃钱镈"等，都说明"众人"的主要任务是从事农耕劳动。"众人"在西周也叫作农夫、农人，如《诗经·周颂·噫嘻》："率时农夫，播厥百谷"；《诗经·小雅·甫田》："我取其陈，食我农人"，"黍稷稻粱，农夫之庆"，等等。《国语·周语》又说："庶民终于千亩。""庶民"即前述"庶人"。"庶人食力，工商食官。"他们都是自食其力的劳动者。庶人主要是居住在四郊以外的被征服者，也称为野人。住在城郭之内的称为国人。他们都是脱胎于原始公社的公社农民，灭商后的周族公社农民与奴隶主贵族一起分别驻守在城邦或都邑，被征服的商族等公社农民则居住在城郭之外的野、鄙，隶属于城邦和都邑。

国人因与当时的统治者同族，有着一定的血缘关系，有受教育的机会，平时从事农业生产，战时要当兵作战，还要供给国家兵甲车马之费，也要遭受统治者的剥削。野人则不能服兵役，也没有受教育的机会，其地位比国人要低，所以也被叫作甿。《周礼·遂人》："凡治野，以下剂致甿，以田里安甿，以乐昏扰甿，以土宜教甿稼穑，以兴耡利甿，以时器劝甿，以疆予任甿。"郑康成注曰："甿，犹懵懵无知貌也。"他们也要承受统治者的沉重剥削，交纳十分之一的贡物，还要服各种徭役，并被束缚在公社之内，不能随意迁徙。因此，虽是自由民，其自由实际上是很有限的。

3. 奴隶 殷商时期的奴隶主要来源于战争的俘虏。在原始社会生产力十分低下的情况下，战俘通常被杀掉或作为祭祀的牺牲品。当生产力发展到一定程度，劳动者的劳动能创造出超过本身需要的剩余价值之时，让战俘参加劳动就更合算。在商代战俘的名称有 30 种之多①，其中只有少数战俘能够成为奴隶而活下来，只有女性俘虏较多地被保留下来作为"贡物"进献给奴隶主贵族。如商王国西北方以游牧为生的羌族，经常受到商朝的征伐，甲骨文常有"伐羌""获羌"记载。卜辞中

---

① 姚孝遂：《商代的俘虏》，见中国古文字研究会、吉林大学古文字研究室：《古文字研究》第1辑，中华书局，1979 年。

的“三百羌用于丁”（《殷虚书契续编》2.16.3），说的是杀了三百个羌人用来祭祀祖先。但卜辞也记载了用羌人狩猎或从事农业生产，如“王令多羌裒田”（《殷契粹编》1222）就是商王命令许多羌人开垦土地进行耕种。西周时期的奴隶一般叫作“臣”“臣妾”“鬲”。如《尚书·费誓》：“马牛其风，臣妾逋逃。”令鼎的铭文：“姜赏令贝十朋，臣十家，鬲百人。”此外，还有皂、舆、隶、僚、仆、台等。《左传·昭公七年》：“天有十日，人有十等。下所以事上，上所以共神也。故王臣公，公臣大夫，大夫臣士，士臣皂，皂臣舆，舆臣隶，隶臣僚，僚臣仆，仆臣台。马有圉，牛有牧，以待百事。”这士以下的皂、舆、隶、僚、仆、台等就是奴隶，同时亦可知道，奴隶之中也是有不同等级的，一级隶属于一级。奴隶是其主人的一种从事生产和家务劳动的劳动力，是牛马一样的一种财物，是会说话的工具。他们没有人身自由，没有生产资料，完全依附于主人。他们的劳动所得完全归主人所有，而且其身份是世袭的，不能改变。当然，由于他们一无所有，也就不需负担国家的赋税。

这样的阶级关系决定了夏商周时期的农业生产面貌。

首先是奴隶主贵族占有生产资料（即大片土地）。他们将从国家得来的土地一部分分配给管辖下平民作为私田，让其耕种。同时征调众人、国人、庶人等平民到他们自己的公田中进行无偿的劳动，也直接使用奴隶从事农业生产。作为大小不同的奴隶主贵族，其农业生产所得除了满足自己的消费需要，也要向各自的上级统治者交纳贡物。而国王是最大的奴隶主，全国的土地和人民名义上都归他所有，如《诗经·小雅·北山》所说的：“溥天之下，莫非王土；率土之滨，莫非王臣。”除了将大部分土地分给各地诸侯和各级官吏，国王本身也拥有大片土地，征用大量自由民和奴隶进行无偿的劳动。由于农业是古代最重要的生产部门，是财政的主要来源，所以统治者对农业是非常重视，经常告诫臣民要注意农时，及时耕种，不然就会发生饥荒，众叛亲离，出现统治危机。先秦文献中就有反映夏代统治者重视农耕的零星记载。如“春三月，山林不登斧，以成草木之长。夏三月，川泽不入网罟，以成鱼鳖之长。且以并农力，执成男女之功。”① “小人无兼年之食，遇天饥，妻子非其有也。大夫无兼年之食，遇天饥，臣妾舆马非其有也。戒之哉，弗思弗行，至无日矣。”② “天有四殃：水、旱、饥、荒。其至无时，非务积聚，何必备之？”③如果农业遭到破坏，就会出现“民无食也，则我弗能使也”④ 的局面，发生统治危机。商代的统治者也很关心农业收成的好坏，《诗经·商颂·殷武》就说：“岁事来辟，勿予祸适，稼穑匪解。”卜辞中也有很多是涉及求禾、求麦、求黍、求雨以及

---

① 《逸周书·大聚》引《禹禁》。

② 《逸周书·文传》引《夏箴》。

③ 《逸周书·文传》引《开望》。

④ ［汉］贾谊：《新书·修政语上》。

殷王省黍、观耤、相田等内容。西周的国王每年春天开始耕作时，还要选定吉日良辰率领公卿百官到籍田里亲自举行象征性的耕作，以示重视农事并劝谕农民勤奋耕作。

作为各级奴隶主来说，在农业生产方面还有两件事必须经常过问，一是土地的分配，二是劳动的管理。

从事农业生产的众人、庶人等平民从奴隶主那里领取一份土地作为“私田”进行耕种，每年要交纳一定的赋税给官府。私田的面积和赋税的数额都是固定的，但是土地的自然条件却有很大差别，一次性的分配不可能做到公平，分到土质较差的就吃亏。因此，就需要及时调整，重新分配。这项工作早在夏代就开始进行了。《夏小正·正月》中有“农率均田”的记载，就是在每年正月农耕之前重新平均分配土地。但每年都要重新分配毕竟非常麻烦，后来就改为几年轮换一次。比如到了西周就实行三年轮换制。《公羊传·宣公十五年》何休注云：“是故圣人制井田之法而口分之，一夫一妇受田百亩……司空谨别田之高下、善恶，分为三品：上田一岁一垦，中田二岁一垦，下田三岁一垦。肥饶不能独乐，硗埆不得独苦，故三年一换土易居，财均力平。”到了春秋时期，才将农民耕种的私田固定化，不再三年轮换一次。为了做到公平，根据土地的好坏分配不同数量的土地。据《汉书·食货志上》记载，当时“民受田，上田，夫百亩；中田，夫二百亩；下田，夫三百亩。岁更种者，为不易上田；休一岁者，为一易中田；休二岁者，为再易下田。三岁更耕之，自爰其处。”“自爰其处”就是不复易居，可以长期定居在一个地方。显然，开展“谨别田之高下、善恶，分为三品”的农田调查工作，会积累丰富的土壤科学知识，对古代土壤学的发展起了积极的推动作用，自然也对农业生产非常有利。

奴隶主贵族占有大量的公田，由众人、庶人等自由民和奴隶耕种。众人等必须先耕种完规定的一定面积的公田之后，才能耕种自己的私田。奴隶则没有自己的私田，只能在主人的公田里进行无偿的劳动。一些大奴隶主的农田面积很大，管辖众多的自由民，又拥有很多的奴隶，因此在大田生产中采用大规模的集体劳动方式。如《左传·哀公元年》提到夏代的少康逃奔有虞国时，虞思给了他“有田一成，有众一旅。”即由500个“众人”替他耕种10里见方的田地。商代的卜辞也有“辛丑贞……人三千籍”（《殷契粹编》1299）。籍就是籍田，3 000人同时耕种籍田，可见规模之大。《诗经·周颂·噫嘻》：“十千维耦”，《诗经·周颂·载芟》“千耦其耘”，耦耕是两人一对，“十千维耦”就是有1万对的人在耕种。“千耦其耘”是2 000人在中耕锄草。这种大规模的集体劳动方式是商周时期农业生产的一个特点。这么多人在田里劳动当然不会是各行其是，杂乱无章，必须有人事先计划安排，现场指挥。奴隶主当然不会亲自到现场组织劳动，而是交给等级较高的奴隶管家去做。也就是说，产生了专门从事农业劳动管理的人，他要时常考虑农业生产中的许多技术上和管理上的问题，总结经验教训，这也会促进当时农业生产技术的进步和发展。

对平民阶级来讲，他们是商周时期的主要农业劳动者之一。他们有人身自由，可以从国家得到一份私田以养家糊口。除了要缴纳十分之一的贡赋，剩下的归自己支配。因此有较高的生产积极性，属于自耕农性质。他们会努力改进农业技术，尽力提高产量，以满足自己家庭的生活需要。有的平民也有少量的奴隶从事家务劳动或大田生产。因此也会带领自己的奴隶去参加公田的劳动。在集体劳动过程中，也有可能和伙伴们相互交流信息和劳动经验，提高生产技术水平。但是自由农民耕种国家的公田是在强制权力之下进行，首先要把公田耕种好了之后，才能耕种自己的私田，即“公事毕，然后敢治私事”①。因而经常会耽误私田的农时，影响自己的收成。结果就导致在公田劳动时尽量加快速度，匆匆收场，而回到自己的私田就精心耕作，以补救延误农时可能造成的损失。这当然也就会促进生产技术的进步。商周时期是我国以精耕细作为特征的传统农业的萌芽时期，平民阶级对此作出了重要贡献。

对奴隶来说，他们没有人身自由，在主人的农田里进行无偿的劳动，过着牛马不如的生活。因此，他们是最没有劳动积极性的，只能在主人或管家的皮鞭下被动地耕作。经常消极怠工，不爱惜生产工具，影响农业的收成。不过他们毕竟是当时公田的主要劳动力之一，是物质财富的创造者，在艰苦繁重的劳动中积累了丰富的生产经验，推动了农业技术的发展。据学者研究，西周时期直接使用在农业生产上的奴隶数量并不是很多②。过去一般认为夏商西周既然是奴隶社会，作为最重要的生产部门，农业的主要生产者应该就是奴隶，是广大奴隶创造了奴隶社会的物质财富，而忽略了广大自由民在农业生产中的巨大贡献。当我们分析了夏商西周时期的阶级关系之后，发现事情并不那么简单，应该给平民阶级对当时农业生产的巨大贡献予以足够的评价。

二、人少地多局面对农业生产的影响

夏商西周时期人口本来就不多，又经常发生战争，人口的增殖并不快。据《后汉书·郡国一》刘昭注引《帝王世纪》说，周公相成王时人口有 13 714 923 人。这当然不足为凭。姑且假定为事实，将这一千多万人口散布到广袤平坦的黄河中下游地区，显然是一个地广人稀的局面。在夏代和商初，生产工具以石器、木器和骨器

---

① 《孟子·滕文公上》。

② 白寿彝：《中国通史》第三章第二节，上海人民出版社，1994 年。

为主，青铜农具还未能普遍应用，其生产力比较低，劳动力也不十分充裕，只能开辟一些城邑近郊的土地作为农田，远郊和林边的草地则作为放牧的场所。当时的国王和各诸侯国都要在其领地的中心地区，选择地势开阔平坦、交通方便、水源充足的地方建立城邑，一般要建筑两道城墙，里面一道称为“城”，外面一道称为“郭”。城郭之内称为“国”，城郭之外称为“野”。与奴隶主贵族同族的农民居住在城郭之内，称为“国人”。被征服的外族农民居住在城郭之外，称为“野人”或“鄙人”，也就是“庶人”。贵族的身份等级不同，其城郭的规模也不同。如周王的王畿以距城百里为郊，郊内为乡，郊外为遂。王朝六乡六遂，大诸侯国三乡三遂。《孟子·公孙丑下》所说的“三里之城，七里之郭”，则是一些小诸侯国的城邑。按照《周礼》记载，广义的“国”包括“乡”在内，“乡”之外的“遂”则属于“野”。因此，“国人”的农田是在郊内的乡，“野人（庶人）”的农田只能在郊外的遂。郊内的农田因靠近城邑，面积有一定局限，人口密度相对较大，土质也较好。郊外的农田因距离城邑较远，范围更大，人口密度较小，人少地多的现象更为突出。再加上被征服者没有政治地位，经济条件更差，又没有受教育的机会，生产技术水平也较低，更多依靠广种薄收的办法来获取农产品以满足较低水平的生活需要，其耕作措施当然会较粗放些。相对而言，城郭之内的“国人”则有条件实行较为精细的耕作，以在固定的土地面积上获取更多的收成，这当然会有助于农业技术的提高。

由于开辟的农田有限，远郊的土地和山边的林地没有遭到蚕食，既为发展畜牧业提供了良好的牧场，也为采集和狩猎提供了广阔的天地。畜牧业一直是古代农业的主要组成部分。六畜中的马、牛、羊都是草食动物，需要有大面积的草地供其啃食。《诗经·鲁颂·駉》：“駉駉牡马，在坰之野。”《诗经·小雅·无羊》：“尔羊来思，其角濈濈。尔牛来思，其角湿湿。或降于阿，或饮于池，或寝或讹”，描写的正是在郊野放牧的生动情景。《周礼·夏官·牧师》中还有“孟春焚牧”的记载，郑玄注曰：“除陈草生新草”，以鲜嫩的新草作为优质牧草供牲畜食用。显然，这样的牧地也不可能是在遥远地方，只能是在郊外的荒野和林边草地。因此夏商西周时期，我国的畜牧业一直是相当发达的。同时，这些荒野草地和山边林地，也是一些野生动物出没之处，是狩猎的好场所，为人们补充了肉食来源。《夏小正·九月》：“熊、罴、貊、貉、鷈、鼬则穴。”穴即穴兽，都是狩猎的对象。《夏小正·十一月》“王狩”，指的是国王在冬天进行大规模的田猎。据《尚书·五子之歌》记载，夏朝国王启的儿子太康继位之后整天打猎游玩，嫌在都城附近狩猎不过瘾，跑到洛水之南“畋于有洛之表，十旬弗反”，结果被后羿堵在洛水南岸不能回朝。太康在洛水南岸一次狩猎长达100多天，可以想见当时地广人稀、野兽众多的程度。商代的狩猎活动也比较频繁，卜辞中常有狩猎的记载。狩猎的对象以鹿类和狐狸最多，还有野猪、野兔、野马、野鸡以及老虎、兕、象的。有时一次打鹿可达几百头，可见规模之大，也反映野兽之多。西周春秋时期的狩猎活动也常见于记载，《诗经》有很多篇章描述王室贵族大规模狩猎的场面。《周礼》中的一些官职如“山虞”“川虞”“迹人”等的职责都与狩猎有关。

地广人稀使得当时有良好的生态环境，生长着大量的野生植物，可让人们采摘充饥。《礼记·月令》：“山林薮泽有能取疏食、田猎禽兽者，野虞教导之。”“疏食”即蔬食，是可以佐食的野菜。从《诗经》等先秦古籍记载可以了解当时的野菜有荼、堇、荠、莫、葑、葍、蓫、荬、蕨、薇、卷耳、荇菜等，都可作为辅助食物以弥补粮食的不足。此外，野外的池沼江湖也蕴藏着丰富的水产资源，可让人们捕捞，作为肉食的补充。因此也促进采集、捕捞业的发展，进而重视对野生动植物资源的保护利用。《周礼》中记载的“虞衡”一职就是负责这一工作，也是这一时期的特有生产部门。

较为发达的渔猎采集，一方面，说明当时的农业还不是非常发达，不能充分满足人们的生活需要，所以需要靠渔猎采集来补充；另一方面，反映当时由于人口较少而生态环境良好，野生动植物资源丰富，减轻了人们（特别是下层平民）的生活压力。然而后者也有其负面影响，因为充裕的野生动植物资源也会使人们过于依赖大自然的恩赐，弱化了改进农业生产技术的迫切要求，从而延缓了农业生产力发展的速度。这一点在长江以南地区表现得特别明显。《史记·货殖列传》：“楚越之地，地广人稀，饭稻羹鱼，或火耕而水耨，果隋蠃蛤，不待贾而足，地势饶食，无饥馑之患。以故呰窳偷生，无积聚而多贫。是故江淮以南，无冻饿之人，亦无千金之家。”由于自然条件太过优越，导致了江南地区贫富分化慢，社会发展的速度不快，虽然早在新石器时代就已发展了较高水平的农耕文化，但其后的历史脚步却一直很缓慢，直到春秋之前依然无法与黄河流域相提并论，以至在先秦著作中找不到多少有关江南地区农业的记载。

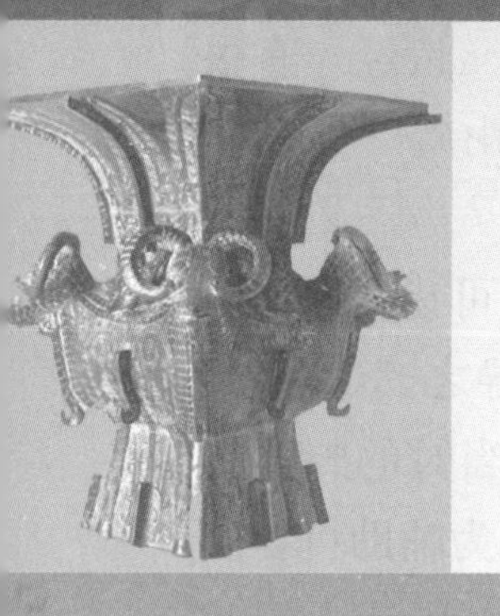

第二章 农业区的开发

第一节 夏商时期的农业区开发

夏王朝的势力范围大致是西起今河南西部、山西南部，东至今河南、河北、山东三省交界。商王朝的势力范围在今山西西南、河南、河北南部、山东、安徽西北、湖北北部这一带。大体上是在黄河中下游和长江中游以北地区，因此我们也只能在这个范围内来谈夏商时期的农业区开发。

一、夏代的农业区

夏代的统治中心地域在豫西和晋西南地区，其农业区的开发自然也是在这一地区进行。这一地区相当于《禹贡》所划分的“冀州”和“豫州”，这两个州的土质并不是最好的（冀州是“厥田为中中”，豫州是“厥田为中上”），但是其贡赋却是最高的（冀州是“厥赋惟上上错”，豫州是“厥赋错上中”），可见这两个州在当时农业生产比较发达，才能提供更多的赋税。不过由于文献资料太少，难以详尽了解其农业生产的具体情况。只是从《夏小正》中寻觅的一点零星材料，知道当时种植的粮食作物有黍和麦，使用的农具是耒耜，饲养的家禽家畜有鸡、羊、马，此外还从事采集、捕捞以及蚕桑等。不过考古工作者在这一地区发现了近百处夏文化遗址，使我们对夏代农业区的面貌有进一步的了解。

目前被考古界所确认的夏文化遗址是分布在豫西（主要是豫西的北部）和晋西南地区的“二里头文化”，经过发掘的有河南陕县七里铺，洛阳东干沟、矬李、东马沟，偃师二里头、灰嘴、高崖，渑池鹿寺，临汝煤山，郑州洛达庙、上街，淅川下王岗；山西夏县东下冯，翼城感军等遗址。根据考古界的研究结果，“二里头文化”分为两个类型：豫西地区以二里头遗址为代表，晋西南地区以东下冯为代表。晋西南地区属于汾河下游，豫西地区属于伊、洛、颍、汝诸水流域。既然这两个地区的文化属于不同类型，其居民的生活方式当然会有差异，那么其农业生产自然也会各有特色。所以，我们不妨将夏代的农业区也划分为晋西南和豫西两个区。

夏代虽然已经进入青铜时代，考古学家也在二里头文化遗址中发现了许多青铜兵器、工具、礼器和乐器，但没有发现青铜农具。主要还是使用石器、骨器、角器和蚌器。整地农具有石铲、骨铲、蚌铲，收割农具有石刀、石镰、蚌镰。木质的耒耜等工具也在使用。虽未出土粮食作物，但是根据文献记载以及这一地区新石器时代的考古资料判断，应该是种植粟、黍、稷、麻、麦、豆以及水稻等。饲养的家畜有猪、狗、鸡、羊、牛、马等。总的来说，是以种植业为主、畜牧业为副、渔猎为辅的生产结构。从生产力的角度观察，晋西南地区和豫西地区的农业没有太大的差别，均处于同一水平线上。

若从自然条件方面观察，这两个农业区还是有些差异的。从纬度上看，虽然都是处在北纬35°左右，但是晋西南处在此纬度北面，豫西则处在此纬度之南。从经度上讲，晋西南处于东经111°左右，而豫西则是处于东经112°～113°，偏东1°～2°。豫西自孟津县以东为巨大的黄河冲积扇地区，地势较平坦，土壤肥沃，地下水丰富，至今仍然是河南省的主要农业区。晋西南则位于黄土高原之上，地势较高，气候较冷，降水量较少，无霜期也较短。虽然因处汾河下游的黄河边上，灌溉便利，土质肥沃，但从总体上看，该地区的自然条件要逊于豫西地区。因此《禹贡》指出晋西南的农田肥力是“厥土惟白壤，厥田惟中中”，而豫西则是“厥土惟壤，下土坟垆。厥田惟中上”，明显地高一等级，以今天的观点看，也还是符合实际的。所以，夏族是先在晋西南一带虞舜版图内建立政权，后来却迁都豫西并在那里发展壮大，可能就是因为豫西的自然条件比晋西南更优越，更有利于农业生产的发展。

二、商代的农业区

商王朝统治的势力范围比夏朝有所扩大，主要是东面向黄河下游的华北平原发展，南面则扩展到长江中游的江汉平原，这个范围大体上就是《禹贡》书上所说的豫州、冀州、青州、兖州以及徐州、荆州一部分。邹衡先生曾根据考古发掘的材料，将早商文化划分为四个类型：一为二里岗型，以郑州二里岗遗址为典型代表，其分布范围大体上包括了今天的河南全省、山东省的大部、山西省的南部、陕西省的中偏东部、河北省的西南部和安徽省的西北部。二为台西型，以河北藁城县（今河北藁城市）台西遗址为典型代表，其分布地域主要在河北省境内，其北已抵河北中部的拒马河一带，南约与邢台地区相邻。三为盘龙城型，以湖北黄陂县（今武汉市黄陂区）盘龙城遗址为典型代表，主要分布在湖北中部和东部长江以北地区。四为京当型，以陕西扶风县壹家堡遗址和岐山县京当铜器墓为典型代表，分布地域大抵在陕西省中偏西部。由于二里岗型的商文化分布最广、所反映的生产水平最高，它在这四个类型中显然起着主导作用，因而可能代表早商王朝直接控制区的文化，其他三个类型的分布区可能只是早商王朝控制的边远据点。而晚商遗址的分布地域大体同早商文化相似①。

据此，我们可将商王朝的重点农业区划分为河南省、山西南部、河北西南部、山东省、安徽西北部、陕西中偏东部。

1. 河南省 又可分为两个主要农业区，一是以黄河为轴心的北部农业区，一是以淮河为轴心的东南部农业区。这两个农业区地处黄淮平原，属于华北平原的西南部，海拔在 100 米以下，土壤肥沃，地下水源丰富，自古至今一直是重要的农业区。河南是商代统治中心，自然也是农业最发达的地区。由于所处纬度不同（北部的黄河处于北纬 35°附近，南部的淮河位于北纬 32°～33°），南部的气候较北部温暖，无霜期较长，降水量也较大（北部年平均降水量约为 600 毫米，南部在 800 毫米以上，淮南以南则高达 1 000 毫米以上）。因而北部以旱作为主，南部（特别是淮河以南）则主产水稻②。

2. 山西南部 山西省的商代遗址，无论是早期还是晚期，都是以南部和西南部最多，而且其文化面貌都与河南相近，说明这里是商代的统治中心地区之一，也是商代的主要农业区。晋西南的自然条件前面已经提到，晋东南地区则因太行山、太岳山间有断层陷落而形成长治盆地，是全省的六大盆地之一，适宜于从事农业。由于东南部的经度处在东经 113°左右，比西部偏东 2°，因而其降水量比西部要大些，东南部降水量最高可达 700 毫米，依次向西北部递减（至西北部则只有 350 毫米），所以其自然条件要略优于西南部地区。无疑，晋东南的农业开发可以提供更多的粮食，对商王朝政权的巩固会产生积极的作用。

3. 河北西南部 这里属于华北平原的一部分，其文化面貌与河南安阳的商文化无异，显然是商王朝直接统治的地区。因地处太行山东麓，分布着大小河流，如漳河、清漳河、滏阳河、沙河等，地势平坦，土质肥沃，因海拔低（50～200 米），经度处在东经 114°～116°，所以温度较高，降水量也较大，也是适合发展农业的地区，因紧邻商王朝的都城安阳殷墟，且同为华北平原一部分，必然为商王朝所开拓

---

① 邹衡：《夏商文化研究》，《夏商周考古学论文集》第二部分，文物出版社，1980 年。参见白寿彝：《中国通史》第三卷《上古时代》（上册）第二章，上海人民出版社，1994 年。

② 本章各节所谈到的降水量和无霜期都是现代的气象资料，考虑到当时的平均气温要比现代高 1.5～2℃，因此当时实际降水量要比现在大，无霜期也要比现在长得多，但各地区之间的相对差别还是存在的，敬请读者注意。

而成为重要的农业区。

4. 山东省 商文化主要分布于鲁西、鲁北和鲁南地区，对山东半岛地区的影响很微弱。因此，农业区主要分布在山东的内陆地区。这里是华北平原的一部分，鲁西、鲁北地区是由黄河冲积而成的平原，绝大部分海拔在 50 米以下。因经度偏东，处于东经 116°左右，又靠近黄海和渤海，受海洋影响较大，属于半暖温带季风气候，较华北平原其他地区温和湿润，降水量也较大，鲁西平原年降水量为 600～700 毫米，因而也是适合发展农业的地区。

5. 安徽西北部 安徽省的商代遗址有近百处之多，主要分布在淮北和江淮地区，江淮地区较为集中。淮北平原是华北大平原的一部分，一般海拔 20～40 米，大部地表由淮河及其支流冲积物覆盖。淮河以北为暖温带半湿润季风气候，淮河以南为亚热带湿润季风气候，全年无霜期要比山东多一个月，淮北的年降水量 700～800 毫米，江淮地区则可多达 1 000 毫米以上。淮北地区毗连中原，属于旱作农业区，江淮地区则可稻麦兼种。

6. 陕西中偏东部 陕西发现的商代遗址，多集中在关中东部，分布范围已达西安、铜川一带。这里是关中平原，也称渭河平原，由河流冲积而成，海拔 300～600 米，土壤肥沃，为古称“八百里秦川”的主要部分，属于暖温带半干旱半湿润季风气候，是黄土高原中部最适合发展农业的地区，主要种植黍、稷、粟、麦等旱地粮食作物。

总的来说，商代的农业生产水平应较夏代为高，除了继续使用石制农具，已经出现了一些青铜农具，特别是青铜镬、锸之类的掘土工具的发明，无疑会提高开垦农田的效率。大规模地使用奴隶或农民集体劳动，有利于劳动经验的积累和生产技术的提高，再加上版图的扩张，几个重点农业区的开发，既为商王朝提供了大量的农业产品，有利政权的巩固，也为高度发达的青铜文明奠定了雄厚的物质基础。

第二节 西周春秋时期的农业区开发

一、西周时期的农业区

西周统治的范围比商代更为广阔，从考古资料判断，几乎遍及黄河与长江两大流域的中下游地区和部分上游地区。邹衡先生曾根据各地周文化的不同特点，将其分为西方、东方和南方三大类型。西方类型主要分布在陕西省的泾渭地区和甘肃省东部的部分地区，还有山西省的霍山以南和河南省的洛阳以西地区，这里是西周王朝的腹地。东方类型包括三个地区：一是洛阳以东黄河两岸的河南省中部地区，这里是周王朝的畿内之地。二是燕山以南、太行山东麓的河北省西半部和河南省北部、东部以及山东省西南部地区，这里是燕、卫、宋、曹等封国领地。三是山东半岛及其以南地区，这里主要是齐、鲁二国的封地。南方类型是西周文化向南方发展而形成，在长江流域居于统治地位，包括两个地区，一是顺汉水而下直至湖北省境内，这里在商末周初曾经是所谓“荆蛮之地”；二是顺淮水而下从河南省中部直达安徽省的江淮之间，这里在商末周初是所谓的“淮夷之地”①。

据此，我们也可以将西周的农业区分为下面几个区域：陕西省泾渭地区、甘肃省东部部分地区、山西省南部地区、河南省洛阳以西的中部地区、河南省洛阳以东中部地区、河北省中南部地区、河南省北部地区、河南省东部地区、山东省西南部地区、山东半岛及其以南地区、湖北省江汉地区、安徽省的江淮地区。

1. 泾渭地区 渭河是黄河的两大支流之一（另一为汾河），泾河则为渭河的主要支流。泾渭流域是黄土高原农业最发达的地区之一。这里地势平坦，土壤肥沃，水资源丰富，具有一定的发展水浇地潜力。年降水量 500～700 毫米，年均气温 10～14℃，≥10℃积温 3 600～4 500℃，无霜期最长可达 240 天。这里是周王朝的统治中心地区，是当时农业技术最为先进的地区，也是古代最早实行连年种植制的地区。泾渭地区属于古雍州境地，按《周礼·职方氏》载：“其畜宜牛马，其谷宜黍稷。”

2. 甘肃东部 这里处于渭河的中上游，为森林草原半湿润气候，年降水量 470～680 毫米，年均气温 7～12℃，≥10℃积温 2 000～3 400℃，无霜期最长可达 210 天。该地区水资源开发较困难，主要发展旱地耕作。甘肃东部古亦属雍州境地，故其生产结构亦是“其畜宜牛马，其谷宜黍稷”。

3. 山西南部 山西南部属于汾河流域。汾河是黄河的第二大支流，这里的自然条件大体与泾渭地区相当。自夏商以来一直是农业发达的地区，周人灭商以后，这里自然也成为西周王朝的重要农业中心区。山西古属冀州境地，《周礼·职方氏》载：“其畜宜牛羊，其谷宜黍稷。”

4. 河南洛阳以西中部地区 这里处于黄土高原东南部，区内的伊、洛盆地，土壤肥沃，水资源丰富，有一定的水浇地。年均气温 12～14℃，≥10℃积温 4 000℃以上，年降水量 500～700 毫米，无霜期最长可达 225 天，适宜于各种喜温作物生长。夏商以来农业发达，所以也成为西周王畿辖内之地。这里古属豫州境地，《周礼·职方氏》载：“其畜宜六扰（即六畜），其谷宜五种（黍、稷、菽、麦、稻）。”《周礼》还指出豫州“其利林漆丝”，说明经济作物也颇发达。

5. 河南洛阳以东中部地区 这里属于黄淮平原，为华北平原的西南部，主要

① 白寿彝：《中国通史》第三卷《上古时代》（上册）第二章，上海人民出版社，1994 年。

由黄河、淮河冲积而成，海拔在100米以下，年降水量在800毫米左右。地势平坦，土壤肥沃，地下水丰富，其自然资源大体与洛阳以西地区相当，都是夏商以来的重要农业区。这里也属于豫州境地，其农业生产结构亦是“宜六扰”和“宜五种”，经济作物也是同样发达的。

6. 河北中南部 属于华北大平原一部分，以黄河、海河冲积平原为主体，海拔多在50米以下，地势平坦辽阔，年平均气温13℃左右，年降水量800毫米左右，无霜期最长达220天。自商代以来，就是重要的农业区，到了西周有进一步发展。这里属于古冀州境地，故亦“其畜宜牛羊，其谷宜黍稷”。

7. 河南北部 河南北部与河北南部连在一起，同属于华北平原一部分。境内有卫河、淇河、金堤河和黄河等大小河流分布，水资源较为丰富，其自然资源大体与河北南部相当。这里是商代后期的国都所在地，向来农业发达，必然也成为西周的重要的农业区。这里与河北中南部同属古冀州境地，其生产结构亦相同。

8. 河南东部 主要是指开封以东黄河以南与山东、安徽接壤的东部，境内分布众多的淮河支流水系，地势平坦，水资源较丰富，自然资源与洛阳以东中部地区相当，但年降水量和平均气温都略高一些。这里大部分属于古兖州境地，据《周礼·职方氏》载：“其畜宜六扰，其谷宜四种（黍、稷、稻、麦）。”

9. 山东西南部 由黄河冲积而成的平原，海拔在50米以下，年降水量为600～700毫米之间。年平均气温13℃左右，无霜期可长达220天。境内有较多的河流湖泊，水资源丰富，特别是春天的降水量较冬季有显著增加，一般在100毫米左右，对庄稼的生长有利，是西周时期的重要农业区之一。这里古属徐州境地，“其畜宜四扰（马、牛、羊、猪），其谷宜三种（黍、稷、稻）”。

10. 山东半岛及以南地区 濒临海边，被胶州湾和莱州湾所环绕，东西两边为起伏的低山丘陵地带，海拔500米左右，中间为胶莱平原，海拔在50米以下。受海洋季风影响，属暖温带季风气候，降水量明显增多。在山东属于多雨区，降水量一般在700毫米以上，其南部可高达800毫米以上，甚至可达1 000毫米以上。年平均气温14℃左右，无霜期为220天。降水量的增多及春季降水明显增加均对农业有利。这里大部分古属青州境地，据《周礼·职方氏》载：“其畜宜鸡狗，其谷宜稻麦。”

11. 湖北江汉地区 这一地区实际包括陕南汉水流域的汉中平原和湖北江汉平原地区，属于长江中游地区，为长江多次泛滥和汉水三角洲不断伸长扩大而成的湖积冲积平原，平原上河网交织，湖泊密布。年平均气温13～18℃，无霜期200～300天，降水量750～1 500毫米，自古以来就是水稻种植区。这里属于古代荆州和扬州地区，《禹贡》指出“厥土惟涂泥”，《周礼·职方氏》指出“其谷宜稻”，是主要稻作区之一。

12. 安徽江淮地区 该地区为亚热带湿润季风气候，四季分明，年平均气温14～17℃，无霜期200～250天，降水量在800毫米以上，最高达1 700毫米。境内分布着众多的淮河和长江的支流和湖泊，水资源很丰富，淮河以南地区适合发展水稻种植，淮河以北则适合进行旱作种植。这里古属扬州地区，“其畜宜鸟兽，其谷宜稻”（《周礼·职方氏》），也是主要稻作区之一。

总的来看，西周时期的农业区不但从黄河中游扩展到下游，而且还扩展到长江中下游的北部地区，也使西周的农业生产结构发生变化，即在以旱作为主的情况下增加了水稻种植的比重。

二、春秋时期的农业区

春秋时期，周王朝已失去对全国的控制力。许多地处边陲的较大诸侯国都将封地内的大片土地垦为良田，农业生产得到进一步发展，各诸侯国经济迅速发展，形成具有明显地方特色的列国文化。邹衡先生从考古学的角度将其区分为七种文化：秦文化，主要分布在陕西和甘肃的泾渭流域；晋文化，主要分布在山西、陕西东部、河南西部和北部以及河北西南部；燕文化，主要分布在北京市至易县为中心的河北中部；齐鲁文化，主要分布在山东境内；楚文化，主要分布在以湖北为中心的长江中游及部分下游地区；吴越文化，主要分布在长江下游的江浙地区；巴蜀文化，主要分布在四川境内①。

据此，我们也可以将春秋时期的农业区概括为七个区，再加上周王朝本身还拥有的小地盘，一共划为八个区：

1. 周王畿农业区 春秋时期，周王朝只在名义上是天下的共主，实际上已降到诸侯国的地位，只拥有大体上西至今天的河南新安、洛阳、宜阳，北至沁阳、修武，东至原阳，南至临颍、鲁山等方六百里的属于原来王畿的土地。不过这里是黄河冲积扇地区，土壤和水资源都远远优于各诸侯国，夏商以来一直是农业最发达的地方，也是当时农业生产水平最高的农业区。

2. 秦农业区 这里原是西周的腹地，自秦襄公护送平王东迁有功被列为诸侯，又得赐岐以西之地，经过长期经营，打败犬戎，占据了以岐丰为中心的广阔地域，至秦穆公时已发展为一个大国。作为原西周的腹地，秦国向来农业发达，其农业生产水平在当时各国当中也是属于前列的。

3. 晋农业区 晋文化区以今天山西为主体，虽然山西南部自夏商以来农业就很发达，但境内还有很多土地没有得到开发。如晋国的“南鄙之田”，就是“狐狸

---

① 白寿彝：《中国通史》第三卷《上古时代》（上册）第二章，上海人民出版社，1994年。

所居，豺狼所嗥”的荒野，此时人们已“翦其荆棘，驱其狐狸豺狼”（《左传·襄公十四年》），将之开发成农田。发达的农业为晋国称霸创造了物质基础。

4. 燕农业区 地处华北平原的北部的河北平原，以黄河、海河、滦河冲积平原为主体，海拔多在50米以下，地势平坦辽阔，境内主要属于海河水系，水资源也较丰富，也是自商周以来的主要旱作农业区之一。

5. 齐鲁农业区 地处今天山东境内。齐鲁同居东海之滨，自商周以来农业得到发展，但仍是地广人稀，还有很多地方没有开发。如齐国原来“负海舄卤，少五谷而人民寡”（《汉书·地理志》），到了春秋时期已是“膏壤千里宜桑麻”（《史记·货殖列传》）的农业发达地区。

6. 楚农业区 楚国地处长江流域，气候温暖，降水充沛，适合发展稻作农业。为增强国力，大力开垦荒地，从“筚路蓝缕，以启山林”[①] 至“书土田，度山林，鸠薮泽，辨京陵，表淳卤，数疆潦，规堰潴，町原防，牧隰皋，井衍沃，量入修赋”[②]。不过50年，就使楚国的农业得到迅速发展，成为春秋时期的强国。

7. 吴越农业区 吴越地处长江下游，以长江三角洲的平原水乡为中心，地势低平，湖泊众多，河流纵横。主要湖泊有高邮湖、太湖。主要河流有长江和钱塘江，有“水乡泽国”之称。在古代属于“厥土为涂泥，其谷宜稻”的扬州，属亚热带季风气候，四季分明，夏季湿热，春夏多雨，年降水量高达1 200毫米以上，浙江部分地区甚至达到1 700毫米，历来是我国最发达的稻作区。吴越凭借发达的稻作农业提供的雄厚物质基础，和北方诸国争雄称霸。

8. 巴蜀农业区 主要分布在四川盆地，海拔约500米。长江横贯全境，有嘉陵江、涪江等支流。属于亚热带湿润季风气候，冬暖夏凉，降水充沛，年降水量1 000米左右，无霜期最长可达330天。境内河流纵横，灌溉便利，适合水田作业。早在商周时期，就是“土植五谷，牲具六畜。桑蚕麻纻鱼盐铜铁丹漆茶蜜……皆纳贡之”（《华阳国志》），农业非常发达，为巴蜀两国奠定了坚实的物质基础。

综观春秋时期农业区的开发，最主要的成就是黄河下游旱作农业的发展和长江中下游稻作农业的兴盛，前者的结果是齐、鲁等强国的出现，后者的结果是楚、吴、越等国的强大，都对当时的历史进程产生了深刻影响。

---

① 《左传·宣公十二年》。

② 《左传·襄公二十五年》。

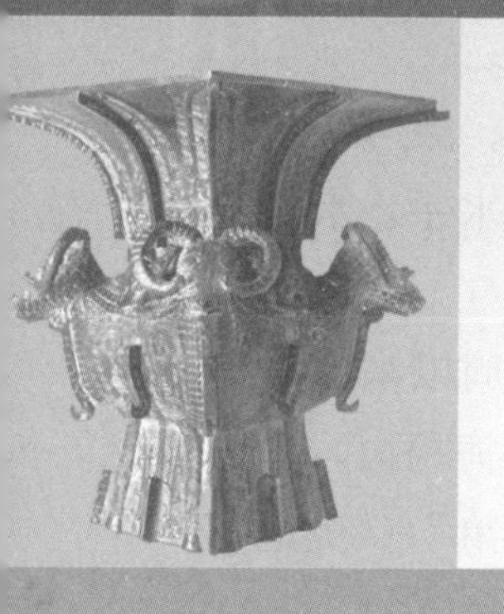

第三章　农业生产结构

第一节　农牧业在农业生产中所占的比重

夏商西周的活动中心地区在黄河流域中上游的黄土高原，这一地区早在新石器时代就已经从事相当发达的原始种植业和原始畜牧业生产，并且已显示出以种植业为主的特点。进入夏商时期以后，必然也保持着这一特点。

《夏小正》“正月”经文中提到：“农纬厥耒”“农率均田”“农及雪泽，初服于公田”及“囿有见韭”。“二月”经文中提到“往耰黍”。“三月”经文中提到“摄桑，委扬”“祈麦实”。“四月”经文中提到“囿有见杏”。“五月”经文中提到“启灌蓝蓼”“种黍”及“叔麻”。“七月”经文中提到“时有霖雨；灌荼”。“八月”经文中提到“剥枣”。“九月”经文中提到“树麦”。“十有一月”经文中提到“啬人不从（王狩）”，等等，都说明当时种植业占主导地位。其中提到的粮食作物有黍和麦，以黍为主。经济作物有麻和供染色用的蓼蓝。菜园里种着韭菜，果园中种植杏树、梅树、桃树和枣树。另外，还从事蚕桑。畜牧方面记载有“鸡桴粥”（产卵）和“初俊羔”（肥育小羊），还有“执陟”（管束种马）、“攻驹”（骟马）和“颁马”（分别马群于牧地）等，说明对养马很重视。看来畜禽的饲养并没有超过种植业，远未满足人们的需要，因此还需要依靠渔猎采集来补充。经文中关于渔猎的条文较多。如捕鱼，正月有“鱼陟负冰”和“獭祭鱼”，前者说明鱼的活动时期，后者说明捕鱼旺季的来临。二月的“祭鲔”又是一个捕鱼季节。十二月的“虞人入梁”，则是管理水泽的官员向最高统治者交纳渔业收入的账目。关于狩猎的有“豺祭兽”，指示一个猎兽的好季节。“熊、罴、貊、貉、鷈、鼬则穴”指示猎取穴兽的时期。“狸子肇肆”和“鹿从”都与猎事有关。十一月的“王狩”则是冬季奴隶主贵族举行的大规模田猎①。

进入商代，仍然保持这种生产格局。曾经有人认为商代是“畜牧业占主导地位”的社会。或者把商族人“成汤以前八迁”看作商族尚处在渔猎畜牧经济为主的阶段，把成汤以后至盘庚迁殷的“五迁”看作从渔猎畜牧经济向农业定居经济过渡的反映。如郭沫若在《中国古代社会研究》导论中即明确指出：“商代的末年还是以牧畜为主要的生产，卜辞中用牲之数每每多至三百四百以上，即其证据。农业虽已发明，但所有的耕器还显然在用蜃器或石器，所以农业在当时尚未十分发达。”②

但是，商代帝王祭祀一次用牛羊多达数百，只能说明大奴隶主的奢侈豪华，大量挥霍掠夺来的财富，并不一定说明畜牧业就非常发达，更不能说明当时的畜牧业超过种植业成为主要生产部门，因为就商王朝统治中心来说，农业早已成为最主要的生产部门。这已为近几十年来的考古发现所证实，如河南郑州南关外、河北藁城台西、山东济南大辛庄、湖北黄陂盘龙城等一系列商代中期遗址和其他商代晚期遗址都发现过大量的农业生产工具以及一些农作物遗存，其种植业比重也大大超过畜牧业。其实从古文献中也可说明这一点，如《尚书·盘庚》三篇中面对不愿搬迁的商族人，盘庚就说过：“若农服田穑，乃亦有秋。”（像农夫务农一样，只有尽力耕种，秋天才有好收成。）“惰农自安，不昬作劳，不服田亩，越具罔有黍稷。”（懒惰的农夫心安理得，不好好耕种田亩，便不会有谷物收获。）如果当时不是以农业生产为主的话，盘庚拿农业生产打比方又有多大说服力呢？

从甲骨文和考古材料看，商代的粮食作物有黍、稷、粟、麦、稻、菽、麻等，饲养的家畜有马、牛、羊、猪、狗等，家禽主要是鸡，鹅、鸭也开始驯养。马、牛是作为动力使用，肉食对象是羊、猪、狗及鸡等，人们（尤其是劳动大众）的食物对象主要是粮食和一些蔬菜瓜果，而不是肉食。因此，不存在以畜牧为主的生产结构。

西周时期，仍然如此。《诗经》中农作物的名称相当多，据统计，有 21 个：蕡、麦、黍、稷、麻、禾、稻、粱、菽、苴、谷、芑、藿、粟、荏菽、秬、秠、

---

① 夏纬瑛、范楚玉：《〈夏小正〉及其在农业史上的意义》，《中国史研究》1979 年 3 期。

② 参见郭沫若《中国古代社会研究》“导论”及第三篇“卜辞中的古代社会”，《郭沫若全集·历史编》第一卷，人民出版社，1982 年。此外，傅筑夫《关于殷人不常厥邑的一个经济解释》（《文史杂志》4 卷 5、6 期）、冯汉骥《自〈盘庚〉篇看商殷社会的演变》（《文史杂志》4 卷 5、6 期）、王玉哲《中国古史纲》、张政烺《卜辞裒田及其相关诸问题》（《考古学报》1973 年 1 期）等论著中也都持相近的观点。郭沫若后来修正了自己的观点，1944 年在《古代研究的自我批判》（《郭沫若全集·历史编》第二卷，16～17 页）中就写到：“就卜辞所见，殷代的畜牧应该还是相当蕃盛的，……但农业却已经成为生产的主流了。”1950 年，他在《奴隶制时代》（《郭沫若全集·历史编》第三卷，19 页）中重申：“我们可以断言，农业生产已经是殷代生产的主流。”

穈、稌、来、牟。其中有许多是同物异名，如禾（可能还有稷）是粟的别称，粱、穈、芑是粟的品种，秬、秠是黍的两个品种，稌是稻的别种，麦和来同指小麦，荏菽和菽都是指大豆，藿是豆叶，苴、蕡指大麻籽。《诗经》中提到的家畜有马、牛、羊、豕（即猪），家禽有鸡等。从《诗经·大雅·生民》“荏菽旆旆，禾役穟穟；麻麦幪幪，瓜瓞唪唪”，《诗经·周颂·噫嘻》“率时农夫，播厥百谷。骏发尔私，终三十里”，《诗经·豳风·七月》“六月食郁及薁，七月亨葵及菽。八月剥枣，十月获稻。……九月筑场圃，十月纳禾稼。黍稷重穋，禾麻菽麦”，以及《诗经·鲁颂·閟宫》“有稷有黍，有稻有秬”、《诗经·小雅·甫田》“黍稷稻粱，农夫之庆”等诗句，已可看出西周时期农业生产的发达程度，种植业已经在生产结构中占据主导地位。

到了春秋时期，由于生产力的发展，铁器和牛耕开始在农业中使用，城郊附近的土地得到广泛开发，促使种植业进一步发展，各国的赋税改革如齐国的“相地而衰征”①、鲁国的“初税亩”②、郑国的“作丘赋”和“用田赋”③、秦国的“初租禾”④ 等，都是根据农田生产力的变化进行调整的。这些改革在不同程度上促进了以家庭为基本生产单位的个体农户的发展，也导致小农经济的确立。小农经济的生产结构以种植业为主导而兼营牧副业，所以家畜家禽的饲养是从属于种植业的，不可能得到太大的发展。这一格局对后世影响甚大，以致到了战国时期，人们只能依靠家庭饲养的一些小型禽畜来提供肉食，典型的如孟子所说的“鸡豚狗彘之畜，无失其时，七十者可以食肉矣”⑤。

总的来说，夏商时期的人口较少，还有很多土地没有得到开发，可作为牧场来饲养草食家畜，畜牧业有较大的发展，但并没有超过种植业。西周以后，由于人口的增加，耕地的开辟，种植业的发展超过畜牧业，家畜家禽的饲养处于从属的地位，至春秋时期，这种格局已经开始定型，对后世产生了深刻的影响。

第二节 作物种类和种植业结构

本节所谈的作物是指在农田中种植的农作物，现代农学称之为大田作物，主要是指粮食作物和经济作物（商周时期见于文献记载的经济作物主要是纤维作物和染料作物）。

---

① 《国语·齐语》。

② 《左传·宣公十五年》。

③ 《左传·昭公四年》,《左传·哀公十二年》。

④ 《史记·六国年表》。

⑤ 《孟子·梁惠王上》。

一、粮食作物

粮食作物在商周文献中往往以“谷”泛称，先有“百谷”之称，后来才有“九谷”“八谷”“六谷”之称，最后概括为“五谷”。如：

《诗经·豳风·七月》：“其始播百谷。”

《诗经·小雅·信南山》：“既沾既足，生我百谷。”

《诗经·小雅·大田》：“俶载南亩，播厥百谷。”

《诗经·周颂·噫嘻》：“率时农夫，播厥百谷。”

《诗经·周颂·载芟》：“俶载南亩，播厥百谷。”

《诗经·周颂·良耜》：“播厥百谷，实函斯活。”

《尚书·洪范》：“百谷用成。”“百谷用不成。”

《周易·离象传》：“百谷草木丽乎土。”

《左传·襄公十九年》：“如百谷之仰膏雨焉。”

《淮南子·时则训》：“首稼不入”高诱注：“百谷唯稷先种，故曰首稼。”

“百谷”之称反映了远古时期人们采集的野生谷物种类非常繁杂，只要能充饥的都采来填饱肚子。农业发明之后，人们仍广泛种植各种谷物，后来经过选择、淘汰，才集中种植几种品质较好、产量较高的谷物，因而也就有了“九谷”“八谷”“六谷”等称呼。①

“五谷”这个名词最早见于《论语·微子》：“四体不勤，五谷不分，孰为夫子?”历来对“五谷”解释不一。如《楚辞·王逸注》：“稻稷麦豆麻。”《周礼·天官·疾医》注：“麻黍稷麦豆。”《周礼·夏官·职方氏》注：“黍稷菽麦稻。”故宫博物院收藏的“新莽始建国元年铜方斗”上的五谷图则刻有“禾麻黍麦豆”文字和图像。实际上，“五谷”只是几种主要粮食作物的代名词。随着时代不同、地区不同，各种粮食在人们口粮中的地位和比重也不同，很难强求同一，如王逸注《楚辞》根据南方的情况将“稻”摆在第一位，而郑玄在注《周礼·夏官·职方氏》时，根据北方的情况就将“稻”放在末位。不过，当时的政治经济中心毕竟是在黄河流域，因此，“五谷”中必然是旱作谷物占主要地位。

根据甲骨文、考古材料以及文献记载，夏商西周春秋时期的粮食作物主要有黍、稷、粟、麦、稻、菽、麻等。大体说来，夏商时期以黍稷为主，西周后期至春秋则更重视粟菽的种植。

---

① 如《周礼·天官·大宰》：“一曰三农生九谷。”《晋书·天文志》：“曰八谷，主候岁八谷。”《周礼·天官·膳夫》：“凡王之馈，食用六谷。”

1. 黍稷 黍、稷均为禾本科一年生草本作物，喜温暖，不耐霜，适应性广，抗旱力极强，生育期短，50～90天，因此特别适合在我国北方尤其是西北地区种植。黍、稷本是同种作物，农学界一般将圆锥花序较密，主穗轴弯生，穗的分枝向一侧倾斜，秆上有毛，籽实黏性者称为黍；将圆锥花序较疏，主穗轴直立，穗的分枝向四面散开，秆上无毛，籽实不黏者称为稷。这是从现代植物学的观点来区分黍和稷，古人不可能有现代植物学知识，不了解黍、稷是同种作物，而是从其穗形和籽实大小及黏性不同、种植期也不一样（稷早种早收，黍晚种晚收），将其视为两种作物，因而经常黍稷连称。《夏小正》中只有“黍”而没有“稷”。商代甲骨文中“黍”字出现300多次，“稷”字出现40多次。[①]《尚书·盘庚》中有：“惰农自安，不昬劳作，不服田亩，越其罔有黍稷。”《尚书·酒诰》：“（商族人）往其艺黍稷。”考古发掘中在河北邢台曹演庄和藁城台西的商代遗址里都发现过黍的遗存，说明黍稷是商代最重要的粮食作物[②]。《诗经》中提到的谷物最多的也是黍稷。[③] 如：

黍稷方华（《小雅·出车》）。

黍稷茂止（《周颂·良耜》）。

黍稷重穋（《豳风·七月》）。

黍稷彧彧（《小雅·信南山》）。

黍稷薿薿，……黍稷稻粱（《小雅·甫田》）。

彼黍离离，彼稷之苗（《王风·黍离》）。

有稷有黍，有稻有秬（《鲁颂·閟宫》）。

周民族的祖先叫弃，因为善于种植黍稷，当上农官后，被尊称为“后稷”。把稷（谷神）和社（地神）合在一起叫社稷，成为国家的代名词，可见黍稷地位之重要了。因此，宋罗愿《尔雅翼》说：“稷为五谷之长，故陶唐之世，名农官为后稷。其祀五谷之神，与社相配，亦以稷为名。以为五谷不可遍祭，祭其长以该之。”

商周时期所以大量种植黍稷，是因为黍类作物特别耐旱、耐瘠，分蘖力强，具有再生能力，生长旺盛，又比较耐盐碱。在当时耕作技术粗放落后、缺乏施肥灌溉知识、土壤未得到很好改良、田里杂草丛生的情况下，黍稷是最容易栽培的作物，也就成了人们的主要粮食。有人做过试验，将粟和黍混播在一起，粟苗就竞争不过黍苗，长不起来。而稻、麦、大豆等作物栽培技术要求更高，当时在黄河中上游地区不可能大面积种植。此外，黍稷的生长期较短，只要50～90天，植株较矮，株

① 于省吾：《商代的谷类作物》，《东北人民大学学报》1957年1期。

② 陈文华：《中国农业考古图录》，江西科技出版社，1994年，37页。

③ 据齐思和《毛诗谷名考》统计，《诗经》中提到谷物名称次数是：黍19、稷18、麦9、禾7、麻7、菽6、稻5、秬4、粱3、芑2、荏菽2、秠2、来2、牟2、稌1。

高只有75～100厘米。而粟的生长期为60～140天，株高为60～180厘米。因而，黍对地力的消耗要比粟弱些。黍因生长期短，可以在夏天播种，秋后收获。《氾胜之书》说："黍者暑也，种必待暑，先夏至二十日，此时有雨，强土可种黍。"粟因生长期较长，须在春天播种。《说文解字》说："禾，嘉谷也，二月始生，八月而熟。"而北方的春天干旱多风，如非具备保墒、灌溉条件和精耕细作技术，则难以获得好收成。所以，虽然粟的栽培历史很早，然而在早期较为粗放的农耕技术条件下，种植不如黍稷之普遍，也是可以理解的。

从考古资料来看，在北方地区的新石器时代遗址中常有黍稷遗存出土。目前最早的要算甘肃秦安县大地湾一期文化遗址出土的前5850年的炭化黍粒，可见黍在中国栽培的历史也有七八千年，与粟同样古老。其次是辽宁沈阳市新乐遗址出土的前5300—前4800年的黍粒。稍后是山东长岛县北庄遗址出土的前3500年的黍壳。陕西临潼县（今西安市临潼区）姜寨遗址出土距今5 000～5 500年的黍壳。甘肃东乡族自治县林家遗址出土的距今5 000年属于马家窑文化的稷穗和稷粒。此外，甘肃兰州市青岗岔遗址出土距今4 000年左右的糜子（即稷）颗粒，青海民和回族土族自治县核桃庄和陕西扶风县案板遗址也出土同一时期的黍或稷遗存。此外，在河北邢台曹演庄和藁城台西出土过商代的黍，在新疆哈密五堡出土过相当于商周时期的糜粒及糜子饼（图3-1，图3-2）①。

图3-1　商周糜子饼
（新疆哈密五堡出土）

图3-2　春秋时期糜子饼
（新疆哈密五堡出土）

① 上述出土文物的出处请见陈文华《中国农业考古图录》36页《农作物：黍、稷》，江西科技出版社，1994年，36页。河北邢台曹演庄和藁城台西的商代黍粒相关报道见《农业考古》1982年1期，82页。

由此可见，我国北方特别是西北地区应是黍稷的起源地。黍稷一直是当地的主要粮食。夏族和周族都起源于西北地区，他们的祖先长期种植黍稷，周弃还被封为农官、称为“后稷”，因而长期继承这一传统，以黍稷为主粮，这既是西北地区自然条件所决定，也是历史因素发挥作用的结果。

2. 粟 粟历来是黄河流域的主要粮食作物，从新石器时代一直到唐宋时期都是如此。但是《夏小正》中提到的粮食却只有黍和麦，而没有粟。甲骨文有“禾”（[illegible]）字，是粟的象形，一看就知道是粟的植株。甲骨文还有一些字是在“禾”上的分枝加一些小点或小圆圈，表示禾穗成熟掉下谷粒。这些都反映“禾”（即粟）在商代是主要粮食之一。河南洛阳市皂角树遗址出土过二里头文化的谷子，河南安阳市殷墟遗址也出土过商代的粟粒①。但是在西周文献中，特别是《诗经》中“禾”字只出现7次，而“黍”字出现了19次，“稷”字出现18次，似乎与粟的实际地位不相称。于是很多人认为《诗经》中的“稷”指的就是粟，成为一桩千百年来争论不休的文字公案②。近现代有些古文字学者将甲骨文“禾”字上加点或圆圈的字隶定为“稷”字，然后统计出殷墟卜辞中卜黍之辞有106条，卜稷之辞有36条③。据彭邦炯先生的最新统计，甲骨文中关于黍的记载有300多处，其中言“受黍年”（受黍稔熟之意，即希望神灵使黍有好的收成）的占卜有上百条。关于稷的记载“少也有半百以上”，其中“受稷年”的占卜有20多条，和黍的记载相比居于第二位④。由此看来，即使甲骨文中的“稷”指的就是粟，也可看出商代粟的种植不如黍普遍，在粮食中的地位也大不如黍。大约到了西周之后，粟的种植才有较大的发展，至春秋时期已上升到首位，如晋国饥荒就向秦国借粮，秦国就拨粟接济。鲁昭公一次拨调粮食赠人就多达粟米五千庾⑤。到了战国，文献中更是经常以“菽粟”并提而不是“黍稷”连称来代表粮食（图3-3，图3-4）⑥。

---

① 洛阳皂角树二里头谷子相关报道见《中国文物报》1993年11月21日1版。殷墟商代粟粒相关报道见《农业考古》1983年2期，243页。

② 游修龄：《论黍和稷》，《农业考古》1984年2期，277页。游修岭先生主张先秦文献中的“稷”就是粟。李根蟠也撰写《稷粟同物，确凿无疑》（《古今农业》2000年2期）一文，再次强调稷就是粟。

③ 于省吾：《商代的谷类作物》，《东北人民大学人文科学学报》1957年1期。

④ 彭邦炯：《甲骨文农业资料考辨与研究》，吉林文史出版社，1997年，545、546页。

⑤ 如《左传·僖公十三年》：“冬，晋荐饥，使乞籴于秦。……秦于是乎输粟于晋。”《左传·昭公二十六年》：“谓子犹之人高齮，能货子犹，为高氏后，粟五千庾。”一庾为16斗。

⑥ 如《管子·重令》：“菽、粟不足，末生不禁，民必有饥饿之色。”《墨子·尚贤中》：“是以菽粟多而民足呼食。”《孟子·尽心章句上》：“菽粟如水火。”《孟子·尽心章句下》：“有布缕之征，粟米之征。”

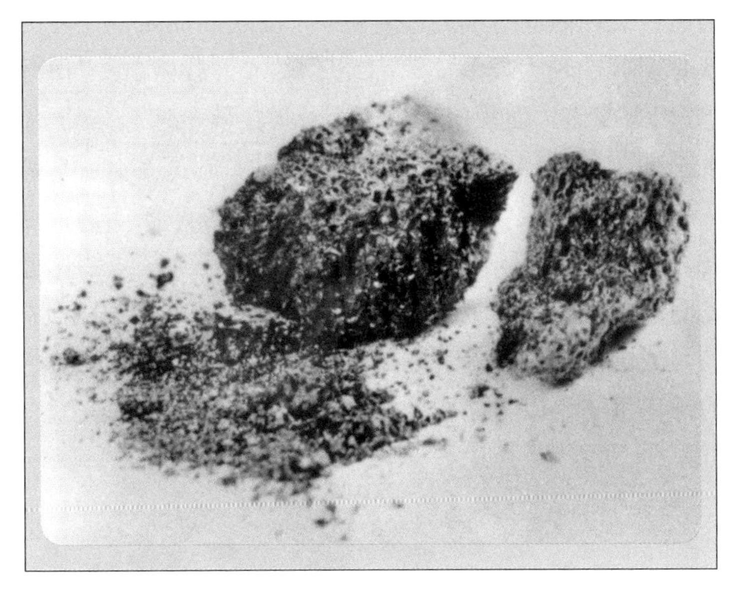

图 3-3　商周粟粒（吉林市猴石山出土）

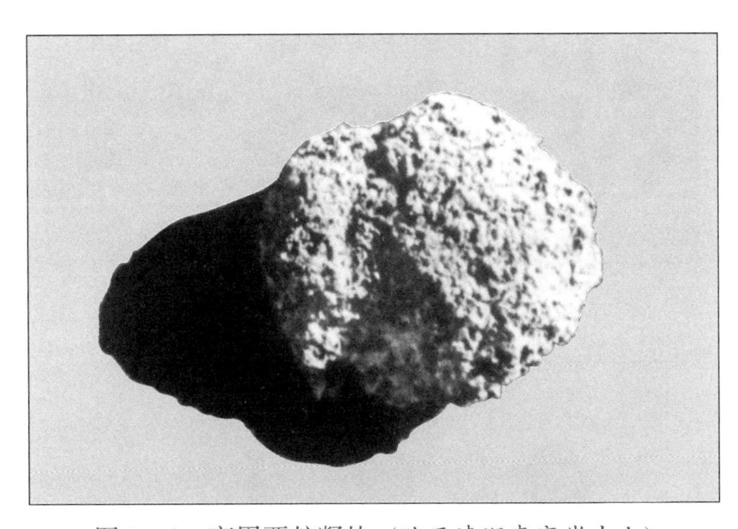

图 3-4　商周粟粒凝块（陕西清涧李家崖出土）

3. 麦　麦也是商周时期的粮食作物之一。《夏小正》中已有“祈麦实”“树麦”等记载，河南洛阳市皂角树遗址也出土过二里头文化时期的小麦遗存。夏代已种植小麦当无问题。甲骨文有“麦”“来”“辨”等字，并有“来麦”“受麦”“告麦”“田麦”“登麦”“食麦”等卜辞，可见商代对麦的种植是很重视的①。据齐思和统计《诗经》中有 9 次提到麦，如“爰采麦矣”（《鄘风·桑中》）、“禾麻菽麦”（《豳风·七月》）、“贻我来牟”（《周颂·思文》）等，其次数仅少于黍稷②。考古工作者

① 彭邦炯：《甲骨文农业资料考辨与研究》，吉林文史出版社，1997 年，385 页。

② 齐思和：《毛诗谷名考》，《农业考古》2001 年 1 期。

也在安徽亳州钓鱼台发现西周时期的小麦粒①，反映商周时期小麦的种植已有相当规模。到了春秋时期获得较大发展，《诗经·鄘风·载驰》："我行其野，芃芃其麦。"小麦的长势相当茂盛，面积似乎也不小。《春秋·庄公二十八年》："大无麦禾，臧孙辰告籴于齐。"《左传·隐公三年》："四月，郑祭足帅师取温之麦。秋，又取成周之禾。"看来，这时粟（禾）和麦已成为主粮，正如西汉董仲舒所说的："《春秋》它谷不书，至于麦禾不成则书之，以此见圣人于五谷最重麦与禾也。"②不过，在石磨发明以前，人们只是将麦粒煮成麦饭，还不会磨成面粉食用。只有到春秋末期，特别是战国以后，由于石磨的发明和普及，小麦的优越性才得以充分发挥出来，小麦的种植也才得以大面积推广（图 3-5，图 3-6）。

图 3-5　商周麦粒（新疆巴里坤石人子乡出土）

图 3-6　西周小麦粒（安徽亳州钓鱼台出土）

① 相关报道见《考古》1963 年 11 期，630 页。

② 《汉书·食货志》。

4. 菽　菽即大豆。大豆原产地为我国东北地区。目前有关大豆的较早考古发现多在东北地区。如黑龙江宁安县（今黑龙江宁安市）大牡丹屯和牛场都发现距今4 000年左右的大豆遗存，吉林永吉县大海猛和乌拉街也发现相当于中原商周时期的大豆遗存（图3-7）。中原地区最早的是河南洛阳市皂角树二里头文化遗址中出土的大豆[①]。甲骨文中是否有“菽”字，尚无定论。但金文中已有“菽”字，其左边下面写成三点，说明古人已注意到大豆根部长有根瘤[②]。虽然当时人们并不一定知道大豆的根瘤会从空气和土壤中吸取氮素，但必然是大豆的种植已相当发达，造字者才可能有如此精细的观察。大豆大概是商周之际才从东北传入中原地区。《逸周书·王令解》曾记载山戎向周成王进贡“戎菽”。《管子·戎》也说：“（齐桓公）北伐山戎，出冬葱及戎菽，布之天下。”《诗经》中有6处提到“菽”，2处提到“荏菽”，仅次于黍、稷、麦，而多于麻和稻。《大雅·生民》中追述周人先祖后稷从小就喜欢种植“荏菽”，说明大豆传入中原地区相当早，已成为中原民众的粮食和蔬菜（豆苗可做菜羹即所谓“藿羹”，豆子也可作为副食，还可制成豆豉和豆酱等调味品）。《豳风·七月》及《小雅》的一些篇章歌咏到“亨菽”“采菽”“获菽”，“中原有菽，庶民采之”，反映了当时大豆的种植已较为普遍。不过，和小麦一样，在石磨发明以前，当时人们只是将大豆煮成豆饭，将豆苗叶子煮成菜羹而已，如《战国策》所说的：“民之所食，大抵豆饭藿羹。”而大豆却是相当难煮，往往要煮上七八个小时才能煮烂，食用起来不大方便。所以大豆在商周时期不可能有太大的发展。只有石磨发明推广之后，才能将大豆磨成豆粉或豆浆，便于食用，也便于吸收，

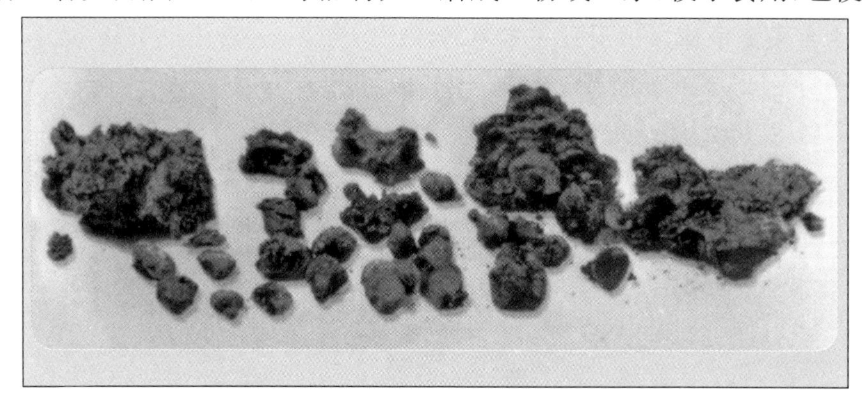

图3-7　商周大豆（吉林永青杨屯出土）

---

① 大牡丹屯的大豆遗存报道见《考古》1961年10期，549页。牛场的大豆遗存报道见《考古》1960年4期，20页。大海猛的大豆遗存报道见《考古》1987年4期，365页。乌拉街的大豆遗存报道见《农业考古》1983年2期，172页。洛阳皂角树的大豆遗存报道见《农业考古》2004年3期，225页。

② 胡道静：《释菽篇——试论我国古代农民对大豆根瘤的认识》，见《农书·农史论集》，农业出版社，1985年。

因而战国时期大豆很快得到发展，与粟并驾齐驱而成为主粮之一。此外，与黍、稷、粟等粮食作物比较，大豆对自然条件要求更高些，主要是大豆需水量较大而又不耐盐碱。大豆的需水量是粟的3倍。据实验分析，土壤中盐分高至1.2%～1.5%，菊科植物尚能生长，而豆科植物在土壤盐分0.5%～0.8%时即要死亡。因此，只有当水利灌溉事业发展，对盐碱地的改造达到一定程度时，大豆种植才能发展，这也是大豆到战国时期才在中原黄河流域得以普遍种植的另一个原因。

5. 稻 稻原产于长江流域，但早在七八千年前就已传播到淮河流域，考古工作者在淮河上游的河南舞阳县贾湖遗址和淮河下游的江苏高邮县龙虬庄遗址都发现了这一时期的稻谷遗存。至少在四五千年前的仰韶文化和龙山文化时期，黄河流域就已经种植水稻。因此夏商西周时期水稻的种植也有一定的规模。据《史记·夏本纪》记载：禹令伯益“予众庶稻”，说明大禹治水之后在北方发展水稻生产。甲骨文中是否有“稻”字，学术界还有争论，但考古工作者在河南郑州市白家庄、河南安阳市殷墟、江苏东海县焦庄和辽宁大连市大嘴子等遗址都发现商代的稻谷①，足见商代有许多地方也种植水稻。至西周，水稻种植有较大发展（图3-8），据《周礼·夏官·职方氏》记载，除了属于长江流域“其谷宜稻”的荆州和扬州，属于黄河流域的青州、幽州、兖州、豫州和徐州亦兼宜稻。只有雍州和冀州“其谷宜黍稷”，似乎不宜种稻。但是从《诗经》一些篇章来看，如：

有稷有黍，有稻有秬（《鲁颂·閟宫》）。

黍稷稻粱，农夫之庆（《小雅·甫田》）。

丰年多黍多稌（《周颂·丰年》）。

图3-8 西周稻米（湖北汉川出土）

---

① 陈文华：《中国农业考古图录》，江西科技出版社，1994年，8页。

十月获稻（《豳风·七月》）。

不能艺稻粱（《唐风·鸨羽》）。

滮池北流，浸彼稻田（《小雅·白华》）。

考古工作者在陕西岐山县孙家河遗址曾发现西周时期的稻谷印痕（图3-9）①。可见雍州、冀州有些水源条件较好的低湿地也种植水稻。

图3-9　西周稻谷印痕（陕西岐山孙家河出土）

尽管如此，水稻在当时黄河流域种植面积不会很大，在民众日常粮食中不占主要地位，因为直到春秋战国时期，“食乎稻，衣乎锦”仍然是王公贵族们的生活写照。

6. 麻　大麻为桑科一年生草本作物。大麻为雌雄异株植物，雄株古代称为枲，纤维细柔，可作为纺织原料；雌株称苴，籽实可以食用，因此古代曾被列入五谷之中。如郑玄在注《周礼》“五谷”时就说是“麻黍稷麦豆”，王逸在注《楚辞》“五谷”时就说是“稻稷麦豆麻”，新莽铜方斗上的五谷图中也有“嘉麻”图，都说明古人确曾将麻籽作为粮食。甘肃东乡县林家遗址曾出土过新石器时代的大麻籽②，河北藁城县台西商代遗址也出土过大麻籽（图3-10）③，可见麻籽也是商代的粮食之一。《诗经》中虽然有7处提到麻，但大多是指作为纤维作物的雄麻。总的来看，麻籽在商周粮食中所占的比重不大。

7. 高粱　高粱亦称蜀黍、蜀秫、芦穄，为禾本科一年生草本作物。高粱秆直立，叶片似玉米，厚而较窄，圆锥花序，穗形有扫帚状和锤状两类，颖果呈褐、

① 陈文华：《中国农业考古图录》，江西科技出版社，1994年，21页。

② 相关报道见《考古》1984年7期，654页。

③ 相关报道见《文物》1979年6期，37～44页。

橙、白或淡黄色；种子卵圆形，微扁，质黏或不黏；性喜温暖，抗旱，耐涝，我国南北都有种植，以东北各地种植最多。农学界多认为高粱原产于非洲中部。我国文献记载中只有晋代张华《博物志》才提到蜀黍，唐代路德明《尔雅释文》中才有高粱名称："按蔔黍，一名高粱，一名蜀秫，以种来自蜀，形类黍，故有诸名。"因此学术界多认为高粱是魏晋时期才从国外引进的。但是考古发现的材料却要早得多。新中国成立前在山西万荣县荆村新石器时代遗址中发现过高粱，1957 年在江苏新沂县三里墩发现了西周时期的炭化高粱秸秆和叶片，河北石家庄市市庄遗址也发现了战国时期的高粱。此后在陕西咸阳和西安、河南洛阳及辽宁辽阳等地相继发现西汉时期的高粱遗存。1980 年在陕西长武县碾子坡遗址的先周文化层发现了 3 000 多年前的炭化高粱（图 3－11、图 3－12），经中国科学院植物研究所鉴定为未去皮的高粱籽粒。1985 年又在甘肃民乐县东灰山遗址发现了 5 000 年前的高粱，经鉴定是高粱较古老的原始种①。于是有人认为古文献中的"粱""膏粱""秫""粱秫"等都是指高粱②，有的则认为"粱"是指一种品质优良的粟类作物③，至今没有统一结论。但不管如何，既然有这么多的考古发现，我国种植高粱的历史应该大大提前。商周时期，高粱也必然是人们的粮食之一，尽管其地位不如其他谷物。

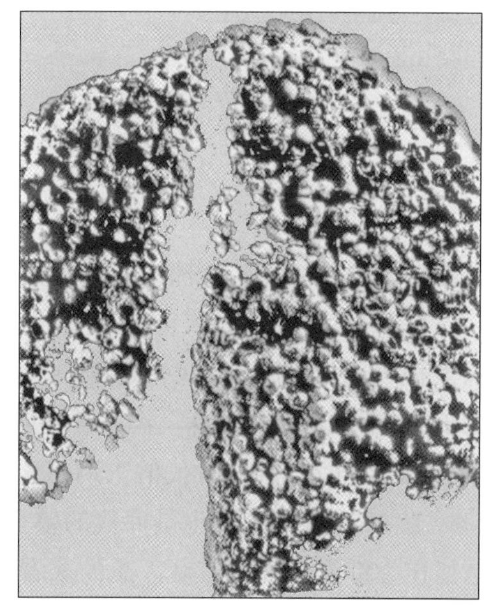

图 3－10　商代大麻籽

（河北藁城台西出土）

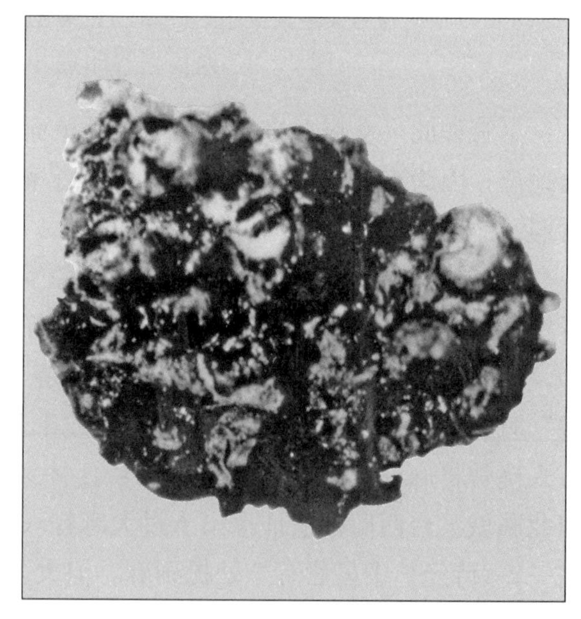

图 3－11　先周高粱

（陕西长武碾子坡出土）

① 以上考古发现均见陈文华：《中国农业考古图录》，江西科技出版社，1994 年，53 页。

② 李长年：《农业史话》，上海科学技术出版社，1981 年。

③ 缪启愉：《"粱"是什么?》，《农业考古》1986 年 1 期。

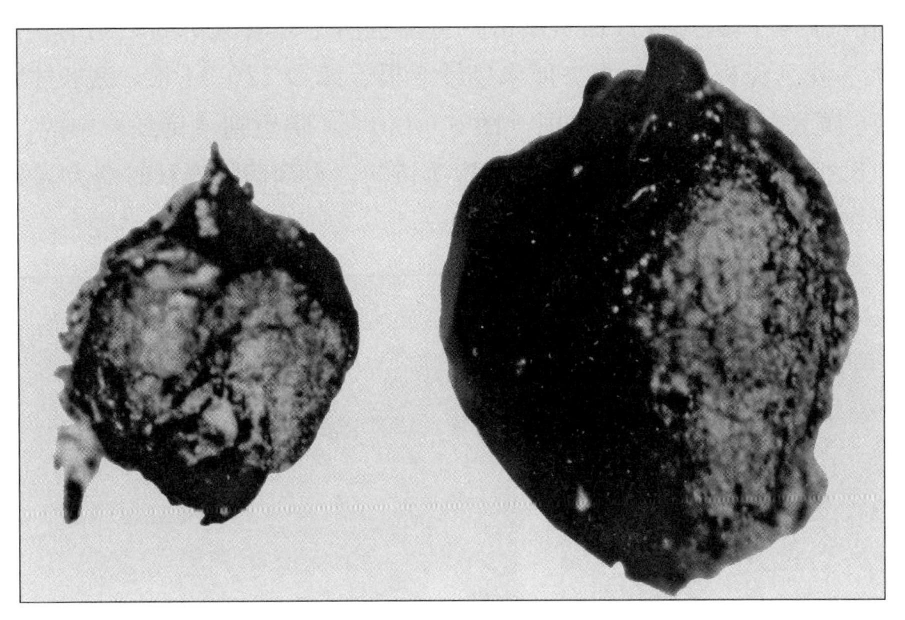

图 3－12　先周高粱（陕西长武碾子坡出土）

总的来说，夏商西周春秋时期的粮食作物生产结构在长江流域是以水稻为主，在黄河流域是以黍、稷和粟为主，麦、菽其次，麻、高粱等不占重要地位。由于夏商周春秋的政治、经济重心在黄河流域，所以，从全局来说，当时的粮食结构是以旱作谷物为主，其中又以黍、稷和粟为主，其次是麦、豆（菽），再次是水稻，最后是大麻和高粱。从地域上看，黄河中上游黍稷粟麦占主导地位，黄河中下游黍粟麦菽占主导地位，长江流域及其以南地区则是水稻占主导地位。从时序上讲，夏商时期黍稷比重最大，西周时期粟麦有较大发展，至春秋时期则以禾（粟）麦为主。菽的发展也较快，至战国时期则与粟并驾齐驱。

二、经济作物

经济作物主要指纤维作物和染料作物。纤维作物有麻、苎、葛、棉，染料作物主要是蓼蓝等。

1. 麻　大麻是古代最主要的纺织原料。大麻中的雄株纤维细柔，可以纺织成布料，早在新石器时代就已种植。辽宁北票市丰下遗址就出土过 4 000 年前的麻布残迹，新疆孔雀河古墓内也出土了 4 000 年前的大麻纤维。《夏小正・五月》中有“叔麻”记载，也就是“树麻”，即种麻。河北藁城县台西商代遗址发现一卷麻布，经舒展断裂成 26 片，由上海纺织科学院鉴定是属于平纹组织的大麻纤维（图 3－13）。1978 年在福建崇安县武夷山的商代悬崖船棺里发现棕色大麻布、土黄色大麻布、棕黄色大麻布三块，每平方厘米经纱 20～22 根、纬纱 15 根。

1979年在江西贵溪县（今江西贵溪市）崖墓也出土几块大麻布，均为平纹组织，其中最大一块为深棕色，每平方厘米经纱8根、纬纱12～14根，残长110厘米，宽12～26厘米，时代为春秋战国（图3-14）①。联想到《诗经》中的“丘中有麻”“东门之池，可以沤麻”“禾麻菽麦”等诗句，夏商西周春秋时期大麻的种植是相当发达的。

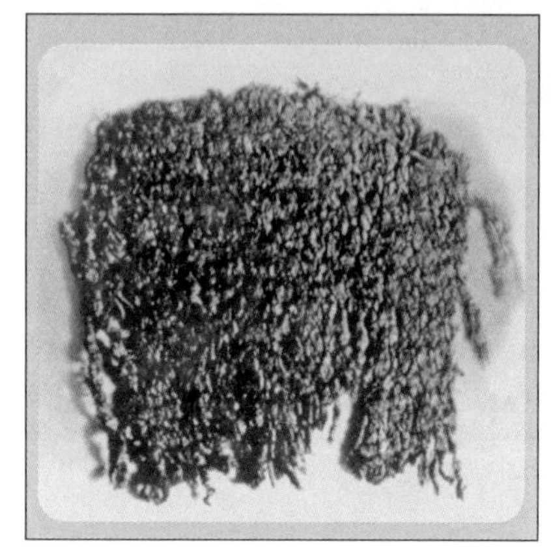

图3-13 商代麻布（河北藁城出土）

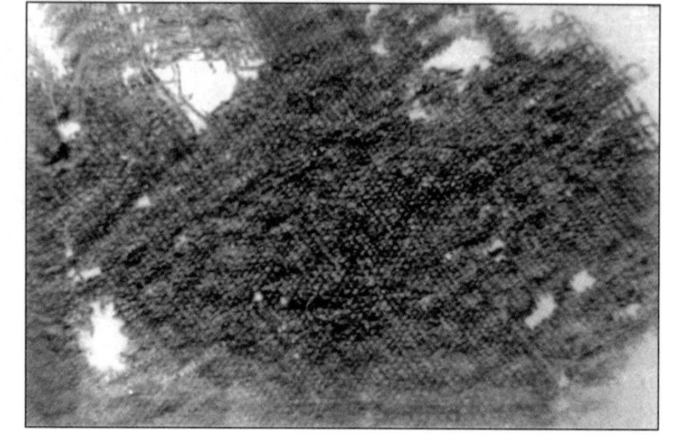

图3-14 春秋苎麻布（江西贵溪仙岩出土）

2. 苎 苎麻为荨麻科多年生草本作物，雌雄同株，喜光和温暖湿润气候，耐旱，一年可收获两三次，其栽培历史也很古老。1958年在浙江吴兴县（今湖州吴兴区）钱山漾遗址出土了一些麻布和细麻绳，经鉴定为苎麻，距今4 000多年。上述武夷山船棺中也发现两块苎麻布，每平方厘米经纱为20～25根、纬纱15～15.5根。陕西扶风县杨家堡发现西周时期的苎麻布。安徽舒城县凤凰嘴的春秋中期墓出土了苎麻布破片残迹，分粘在铜器的表面。湖南长沙市浏城桥1号墓发现麻织鞋底残片，经鉴定为苎麻织物。江西贵溪县崖墓也出土了土黄、深棕和印花三种苎麻布。其中土黄色苎麻布保存较好，尚有拉力，每平方厘米经纱14根、纬纱12根。江苏六合县（今南京六合区）和仁东周墓也发现苎麻纤维。《诗经·陈风·东门之池》之中也有“可以沤纻”的诗句，纻就是苎麻。可见苎确是商周时期的主要纤维作物之一。

3. 葛 葛是豆科纤维作物，生长于路边、草坡、疏林中，块根含淀粉，可食用，茎皮纤维可织葛布。葛本是野生，但早已被利用，江苏吴县（今苏州吴中区）草鞋山遗址就出土过新石器时代（马家浜文化）的葛纤维纺织残片。很可能原始先民已经有意识地保护利用它，从而成为半野生状态的经济作物。《诗经》中也多次提到葛，如：

葛屦五两（《齐风·南山》）。

纠纠葛屦（《魏风·葛屦》）。

① 陈文华：《中国农业考古图录》，江西科技出版社，1994年，63页。

葛之覃兮，施于中谷。维叶莫莫，是刈是濩。为絺为绤，服之无斁。（《周南·葛覃》）

可见，至迟在商周时期，葛就被培育成为栽培作物了。

4. 棉　棉花为锦葵科一年生草本或多年生灌木。性喜温暖，适宜在砂壤土种植。棉花在古代又叫吉贝、白叠。《禹贡》："淮海唯扬州，岛夷卉服，厥篚织贝。"这"织贝"古人认为是织成贝纹的棉布。福建武夷山船棺中曾发现一片棉布，时代距今3 000年前后，经鉴定为平纹棉布，经纱宽约0.5毫米，纬纱亦宽约0.5毫米，每平方厘米密度经纱14根、纬纱14根。这是我国目前最早的一块棉布。看来，当时的棉花只在南方一带种植，尚未传入中原地区。

5. 蓼蓝　蓝是古代种植最多的染料作物，其叶可以制作蓝色染料，即靛青，叶子形状似蓼，同属于蓼科，又称蓼蓝。《夏小正·五月》中有"启灌蓝蓼"，当即蓼蓝。可见，至少在夏代就已经人工栽培。据《夏小正》的"传"注曰："启者，别也，陶而疏之也。"即将聚生在一起的蓼蓝分栽，说明当时对蓼蓝的种植已掌握了移栽技术，这也反映了当时蓼蓝的种植一定是相当发达，才可能促使种植技术的进步。到了商周时期，蓼蓝的种植继续发展，《诗经·小雅·采绿》歌曰："终朝采蓝，不盈一襜。"《礼记·月令》也记载："仲夏令民勿刈蓝以染。"因为蓼蓝的成熟期一般在七至九月间，五六月（仲夏）间就割取蓼蓝明显太早，故制止老百姓割取。《周礼·地官·司徒》中就有"掌染草"的官职，"掌以春秋敛染草之物。以权量受之，以待时而颁之"。虽未言明是何物，但既以"染草"总称之，其草当不止一种，蓼蓝之外，应还有多种颜色的染草（如今之茜草、紫草之类），可见当时染草作物的种植已颇为发达。到了西汉，有人就靠种植染料作物而发大财（《史记·货殖列传》"千亩栀茜……此其人与千户侯等"）。

此外，夏商西周春秋时期的经济作物还应该包括桑树的种植，当时的丝织业已经出现并有一定程度的发展，因第六章有专节论述蚕桑业，这里暂且从略。总的来说，这一历史时期的经济作物以纤维作物为主，纤维作物中又以大麻的种植为主。因为麻纤维纺织的麻布是当时人们最主要的衣着原料，苎、葛次之。至于丝织品，主要供少数贵族们享用。

第三节　牲畜种类和畜养业结构

夏商西周春秋时期，畜牧业在社会经济中占有重要地位。马、牛、羊、鸡、犬、猪六畜在这一时期都有很大程度的发展。

六畜开始都是作为食用的（其次才是利用其羽、毛、皮、革、齿、牙、骨、角来为人们的日常生活服务），如《穆天子传》："甲子，天子北征，……因献食马三百、牛羊三千。”“壬申，天子西征，至于赤乌。赤乌之人献酒千斛于天子，食马九百、牛羊三千。”六畜也成为奴隶主贵族祭祀的牺牲（祭祀之后，多数还是被食用）和随葬品。商代帝王祭祀时的用牲量很大，常常多达几百头，如“贞，……御牛三百。”“丁亥……卯三百牛。”① 这也从一侧面反映当时的畜牧业已有一定的发展，才能提供众多牲畜用以祭祀和殉葬。不过从商代开始，马、牛等大牲畜已开始作为交通运输的动力使用，所谓“王亥作服牛”“相土作乘马”的传说可作为旁证。殷墟也出土过很多车马坑，除极少数为一车四马，大多数都为一车二马，大部分为乘车，小部分为战车②。这一情况似乎表明马已开始成为六畜之首了。

1. 马 《夏小正》：四月“执陟，攻驹”，五月“颁马”。执陟是将配种后的种马加绊以制其风放，可保护已受孕的母马免受其骚扰。攻驹即牡马去势，俗称骟马。颁马则是将已受孕的母马分别放牧。既反映当时已积累了一定的牧马经验，也反映了夏代养马业已有一定的发展。甲骨文中已有“马”字，是马的侧视图形的简化。各地也经常发现商代的车马坑，出土许多马骨架，如河南安阳市殷墟和大司空村、郑州市二里岗、陕西西安市老牛坡、甘肃永靖县大何庄都发现过商代的马骨架，安阳市殷墟妇好墓中还出土过玉马（图 3－15）。《诗经》中有很多描写牧马、养马的诗句，反映西周时期养马业的兴盛。《周礼·夏官·司马》中有“校人”一职，“掌王马之政”“辨六马之属”，对养马业非常重视。甘肃灵台县白草坡、陕西长安县的普度和张家坡、陕西扶风县黄堆、北京市琉璃河、河南洛阳市以及青海都兰县诺木洪和新疆巴里坤哈萨克自治县等地都出土过西周的马骨架。到了春秋以后，盛行车

图 3－15 商代玉马（河南安阳妇好墓出土）

---

① 《殷虚书契前编》4.8.4；《殷虚书契后编》2.8.4。

② 杨宝成：《殷代车子的发现与复原》，《考古》1984 年 6 期。陈达志：《商代晚期的家畜和家禽》，《农业考古》1985 年 2 期。

战和骑兵，马已成为军事上的动力，它在六畜中的地位就更显突出了。各地的春秋时期遗址和墓葬中也时常有马的遗骸出土，如山西侯马市呈王路、太原市金胜村、陕西凤翔县西沟道和大辛村、宁夏固原县彭堡、山东淄博市齐故城、甘肃永昌县蛤蟆墩等都出土过春秋时期的马骨架，有的数量还很大，如淄博市齐故城一次就出土了 83 匹马骨架，反映了春秋时期养马业的兴盛①。

图 3－16　西周铜马簋（湖南桃江连河冲出土）

2. 牛　《夏小正》中虽然没有提到养牛，但中原地区的新石器时代遗址中已普遍发现牛骨，湖北、辽宁等地也出土过夏商时期的牛骨，夏代已有养牛业当无问题。商代的甲骨文已有“牛”字，是牛头正视图形的简化，甲骨文的牧、牡、牝、牲等字都从牛。殷墟出土的大量卜骨，多取材于牛的肩胛骨。牛也大量用于祭祀，动辄数十数百，甚至上千，如“罾千牛”“丁巳卜，争贞，降罾千牛。不其降罾千牛千人”②。考古工作者在甘肃、陕西、河南、河北、云南等数十处遗址和墓葬中发现过商代的牛骨、石牛和玉牛（图 3－17）。还有一些牛尊、牛面等青铜器（图 3－18）③。可见牛在商代已大量饲养，其重要地位可能不在马之下。《诗经・小雅・无羊》描写西周时期的养牛情况：“谁谓尔无牛，九十其犉。”《周礼・地官・司徒》中有“牛人”一职，“掌养国之公牛，以待国之政令”。其中记载了牛的各种用途，有“享牛”“求牛”“积膳之牛”“牢礼、膳羞之牛”“槁牛”“奠牛”以及“兵车之牛”，也反映社会对牛的需要量很大，必然促进西周养牛业的发展。考古工作者在陕西扶风县云塘制骨作坊遗址发现 2 万多斤废骨料及大量骨制半成品，均以

① 陈文华：《中国农业考古图录》，江西科技出版社，1994 年，492～493 页。

② 郭若愚等：《殷虚文字缀合》，科学出版社，1955 年，301 页。

③ 陈文华：《中国农业考古图录》，江西科技出版社，1994 年，475～476 页。

牛、马、羊、猪、狗、鹿、骆驼等动物的骨骼为原材料，仅其中的21号灰坑的兽骨中，就包含了1306头牛、21匹马，亦可见西周养牛业之盛[1]。春秋时期，牛开始用来拉犁耕田，《国语·晋语九》记载："夫范、中行氏不恤庶难，欲擅晋国。今其子孙，将耕于齐，宗庙之牺，为畎亩之勤。"牛耕的推广，无疑极大地提高了牛在六畜中的地位，养牛业在春秋时期出现了繁荣局面。

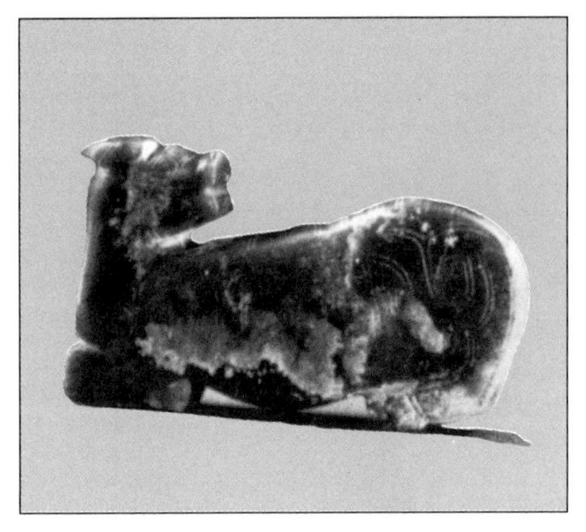

图3-17　商代玉牛
（河南安阳妇好墓出土）

图3-18　商代铜牛尊
（湖南衡阳包家台出土）

3. 羊　《夏小正》中有"初俊羔"记载，即肥育小羊，河南偃师县二里头发现了夏代的羊骨架，甘肃永靖县秦魏家、武威县（今甘肃武威市）皇娘娘台、湖北江陵县荆南寺和张家口白庙、山东牟平县照格庄等地都发现相当于夏商时期的羊骨架。夏代已有养羊业是确定无疑的。甲骨文的"羊"字是羊头正视图形的简化。卜辞中有大量关于用羊祭祀的记载，有时一次多达数百甚至上千，如"贞：钔自唐、大甲、大丁、祖乙百羌，百宰"[2]，"五百宰"[3]。河南安阳、郑州、辉县，河北邢台、武安，陕西绥德以及湖北秭归和新疆巴里坤等地都发现商代的羊骨，其中郑州二里岗就出土了133块羊骨[4]。《诗经》中有13篇提到羊，《小雅·无羊》："谁谓尔无羊？三百维群。"《周礼·夏官·司马》中有"羊人"一职，专"掌羊牲"，陕西、湖北、湖南、青海等地也出土不少西周羊骨架和二羊尊、四羊尊等商周青铜器（图3-19，图3-20），都表明商周时期养羊业有较大发展。湖南地区的商周青铜器盛行以羊为纹饰，亦反映南方养羊业颇为发达[5]。

① 周原考古队：《扶风云塘西周骨器制造作坊遗址试掘简报》，《文物》1980年4期。
② 岛邦男：《殷墟卜辞综类》，汲古书院，1977年，518页。
③ 董作宾等：《殷虚文字乙编下辑》9098，科学出版社，1956年。
④ 陈文华：《中国农业考古图录》，江西科技出版社，1994年，514页。
⑤ 高至喜：《湖南商周农业考古概述》，《农业考古》1985年2期。

图 3-19　商代四羊尊（湖南宁乡月山铺出土）

图 3-20　西周铜羊尊（陕西宝鸡出土）

4. 猪　《夏小正》中未提到养猪，并不能说明夏代养猪业不发达。因为猪的饲养在我国新石器时代饲养业中占有极为重要的地位。在各地考古发现中，一直是以猪的遗骸数量最大，这是因为猪为杂食动物，种植业没发展到一定程度，养猪业是发展不起来的。在河南、湖北、辽宁、四川、山东等地的夏商遗址中都发现有猪的遗骸，其中如辽宁建平县水泉夏家店文化遗址中一次就出土 87 个猪的个体，反映了在夏代猪仍然是主要的肉食对象之一。甲骨文中的“猪”字是猪的侧视图形的简化。猪也是商代主要肉食对象和祭祀用牲，卜辞有“丙寅卜……卯卅豕”①，“丁酉卜……豚十，又大雨”②。在河南、河北、甘肃、黑龙江、云南、江西、天津各地都有商代猪骨或陶猪的出土。其中尤以河南最多，如郑州二里岗在 20 世纪 50 年代初期，一次就出土猪骨 234 块③。地处西北的甘肃永靖县秦魏家和武威县皇娘娘台也各出 430 块猪下颚骨④。黑龙江牡丹江市莺歌岭商代遗址中一次出土了 13 件陶猪（图 3-22）⑤。在盛行牧养草食家畜的西北、东北地区出土这么多的猪骨和陶猪，很能说明猪在当时六畜中的突出地位。可以说，在当时的肉食对象中，猪的重要性丝毫不亚于羊。这也从一个侧面反映了商代种植业的发达。西周也是如此，据《逸周书·世俘解》记载，周武王一次祭祀就用了数千只牲畜，其中就有用猪为牲：

① 郭沫若：《殷契粹编》430。
② 郭沫若：《殷契粹编》27。
③ 相关报道见《考古学报》1954 年 8 期，91 页。
④ 相关报道见《考古学报》1975 年 2 期，88 页；《考古学报》1978 年 3 期，431 页。
⑤ 相关报道见《考古》1981 年 6 期，486 页。

“越五日，乙卯，武王乃以庶祀馘于国周庙……用小牲羊、豕于百神水土社二千七百有一。”到了春秋战国时期，“鸡豚狗彘之畜，无失其时，七十可以食肉矣”（《孟子·梁惠王上》）。猪更是成了主要肉食对象。

图 3-21 商代青铜猪尊（湖南湘潭九华出土）

图 3-22 商代陶猪（黑龙江宁安莺歌岭出土）

5. 狗 狗在新石器时代就已经成为家畜，除了帮助狩猎、守御田舍，也是肉食的对象。商周时期仍然如此，并成为祭祀的牺牲之一。河南殷墟和陕西长安、湖北沙市、新疆木垒的西周墓中也经常出土狗的遗骸和陶塑。《礼记·少仪》记载狗在当时有三种用途：“一曰守犬，守御宅舍者也；二曰田犬，田猎所用也；三曰食犬，充君子庖厨庶羞用也。”《周礼·秋官·司寇》专设“犬人”一职，专门掌犬牲供祭祀，并主相犬和牵犬。前述《逸周书·世俘解》记载周武王祭祀中：“告于天于稷。用小牲羊、犬、豕于百神水土，于誓社。”社会上也出现专业屠狗的行业，如春秋时期的朱亥就是历史上以屠狗卖肉出身的历史名人。春秋战国时期经常“犬彘”“狗彘”或“鸡豚狗彘”并提，都表明狗也是当时的重要肉食对象之一（图 3－23，图 3－24）。

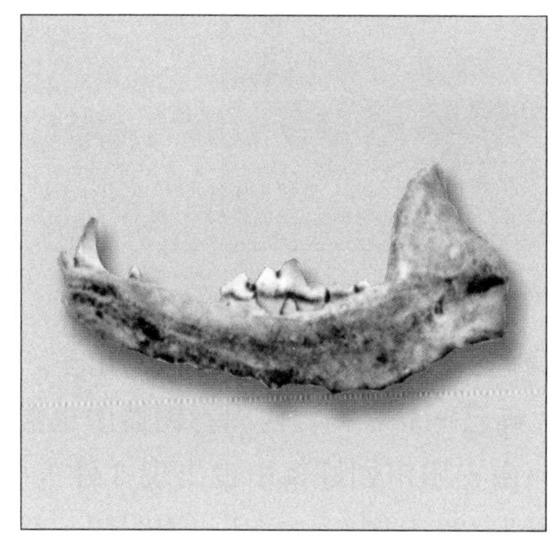

图 3－23　商代狗下颌骨

（湖北沙市周梁玉桥出土）

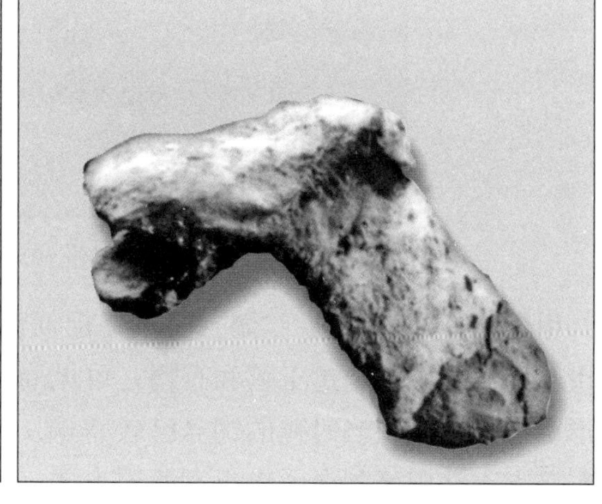

图 3－24　商周陶狗头

（新疆木垒四道沟出土）

6. 鸡、鸭、鹅　在夏商时期的家禽中，鸡无疑是占最重要地位。《夏小正》中有“鸡桴粥”（产卵）记载，养鸡已成为重要的副业了。甲骨文的“鸡”字是鸟旁加奚为声，是个形声字。鸡也用作祭祀和殉葬，殷墟已发现作为祭祀殉葬的鸡骨架①。《诗经·王风·君子于役》中有“鸡栖于埘”“鸡栖于桀”的诗句。《周礼·春官·鸡人》：“掌共鸡牲，辨其物。……凡国事为期，则告之时。”专门负责掌管祭祀和报晓。鸡是唯一能够身列“六畜”之中的家禽，可见其在饲养业中的重要地位（图 3－25，图 3－26）。

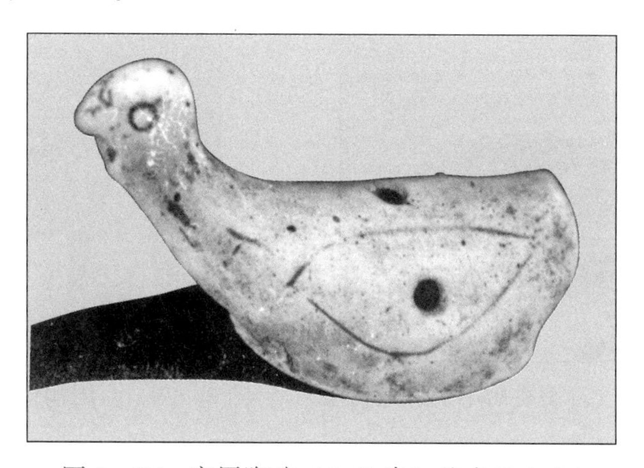

图 3－25　商周陶鸡（江西清江营盘里出土）

① 相关报道见《考古学报》1955 年 9 期，31 页。

图 3－26　西周鸡蛋（江苏句容浮山出土）

甲骨文中没有“鸭”“鹅”等字，但河南辉县琉璃阁殷墓中已有铜鸭出土，安阳市小屯商墓中出土过玉鸭和石鸭，可见商代确已饲养家鸭。西周青铜器中也常有鸭形尊出土，反映当时鸭的饲养已较普遍。河南安阳市妇好墓中也出现 3 件玉鹅。山东济南市济阳区刘台子出土过西周玉鹅（图 3－27 至图 3－30）①。说明鹅、鸭在商代已经驯养成功。鸭是从野鸭驯化来的，鹅是从野雁驯化来的。在先秦古籍中，鸭称作鹜、家凫或舒凫（见《尔雅·释鸟》《左传》等），鹅称作舒雁。《尔雅·释鸟》：“野曰雁，家曰鹅。”“鹅”字首见于《左传·昭公二十一年》：“宋公子与华氏战于赭丘，郑翩愿为鹳，其御愿为鹅。”《吴地志》载：“吴王筑城以养鸭，周围数十里”，说明春秋时期江南水乡养鸭业已有很大的发展。

图 3－27　商代石鸭（河南安阳小屯北地出土）

图 3－28　西周铜鸭尊（辽宁喀左出土）

① 铜鸭报道见《辉县琉璃阁报告》科学出版社，1956 年，26 页。玉鸭报道见《考古》1976 年 4 期，图版柒。石鸭报道见《考古》1976 年 4 期，269 页。玉鹅报道见《考古学报》1977 年 2 期，87 页。西周玉鹅报道见《文物》1981 年 8 期，20 页。

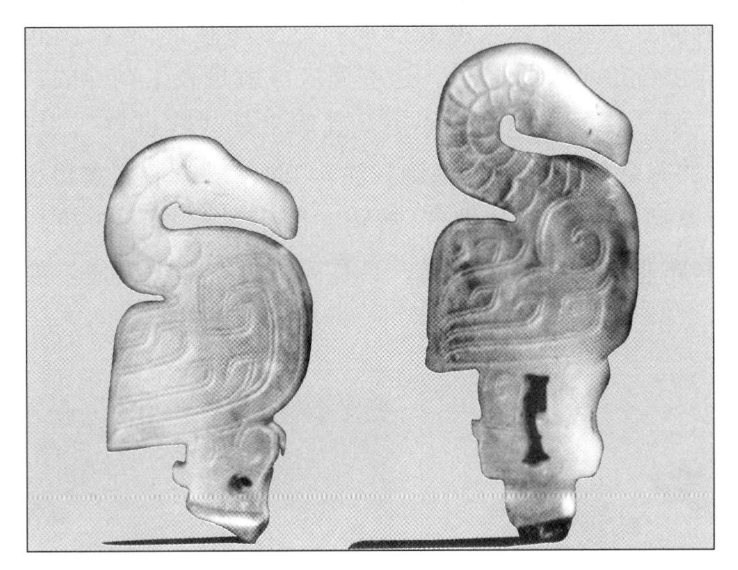

图 3－29　商代玉鹅（河南安阳妇好墓出土）

图 3－30　西周铜鹅尊（选自《殷周青铜器》）

此外，在商周的畜牧业中值得一提的还有鹿和象的驯养。

7. 鹿　甲骨文“鹿”字也是鹿的侧视图形，形象非常逼真。卜辞中常有“禽鹿”“获鹿”的记载，如：“□己卜……禽鹿十又五”，“卜贞……兹钔获鹿五十”。[①] 殷墟发掘中也时有鹿骨鹿角出土，看来大多是猎捕来的野鹿。但是河南安阳市妇好墓出土一件玉鹿，“圆眼小耳，前后肢均屈于腹下，从形象观察，似为幼鹿。这给我们以启示，当时可能已知道驯鹿”[②]（图 3－31）。《诗经·大雅·

① 岛邦男：《殷墟卜辞综类》，汲古书院，1977 年，518 页。

② 陈志达：《商代晚期的家畜家禽》，《农业考古》1985 年 2 期，209 页。

灵台》："王在灵囿，麀鹿攸伏。麀鹿濯濯，白鸟翯翯。"麀就是牝鹿。周天子的灵囿中有很多鹿供统治者游乐享受，这些鹿应该就是人工饲养的。《周礼·地官》中有"囿人"一职，就是管理囿的小吏，其职责是"牧百兽"，其中必然包括牧养鹿。《说文》："养禽兽曰囿。"《毛诗》注："囿，所以域养禽兽也。"孔颖达疏："囿者，筑墙为界域而禽兽在其中。"动物在囿中虽然自由活动，但仍须人工喂养。因此我国养鹿业至少开始于西周，只是后世没有继续发展，鹿在黄河流域未能成为家畜。

图 3-31 商代玉鹿
（河南安阳妇好墓出土）

图 3-32 商代玉象
（河南安阳妇好墓出土）

8. 象 甲骨文的"象"字已抓住长鼻、长牙、大耳、大腹等特点，造字者必然对象十分熟悉，才能有此准确的表现。卜辞中有"今夕，其雨，获象"①，说明象已成为捕猎物之一。但是《吕氏春秋·古乐篇》有"商人服象，为虐于东夷"的记载，说明商代已有可能对象进行驯养。殷墟曾发现埋有象和象奴的象坑两座②。妇好墓出土有两头站立的玉象，小眼细眉大耳，长鼻上伸，身体肥硕，四肢粗短，稚气可掬，似为两头小象，也可作为旁证（图 3-32）③。可能是由于后来气候和环境的变迁，象群无法在中原地区继续生活下去，被迫南移，象的驯养因而中断，未能成为家畜之一。

综观夏商西周春秋时期的畜养业，传统的六畜结构已经形成。开始都是作为肉食，但至少从商代开始，随着车辆的发明和使用，马、牛等大牲畜逐渐成为主要动力，更加受到重视。肉食的对象逐渐集中到猪、羊、狗、鸡等小动物。西周春秋时，盛行车战，马匹是重要的军事物资，受到高度重视，已成为六畜之首。牛开始

① 《殷虚书契前编》3.31.3。

② 胡厚宣：《殷墟发掘》，学习生活出版社，1955 年，89 页。王宇信、杨宝成：《殷墟象坑和"殷人服象"的再探讨》，见胡厚宣等：《甲骨探史录》，生活·读书·新知三联书店，1982 年，467 页。

③ 陈志达：《商代晚期的家畜家禽》，《农业考古》1985 年 2 期，290 页。

是作为社会和农村交通运输的动力，但至迟从春秋开始，牛耕已开始推广，牛也因此成为农业生产中最受重视的牲畜，对农业生产贡献巨大。作为家禽重要成员的鸭和鹅，也开始驯养于这一时期，它们提供的肉、蛋日益受到人们的喜爱，特别是在南方水乡地区得到很大发展。在北方地区，由于有充足的草地，养羊业得到发展，但是在人口相对集中的中原地区，种植业很发达，牧羊的野地有限，所以养羊业未能得到发展，人们重点发展养猪以解决肉食问题。此后猪一直在农区的畜养业中占据突出地位，对后世影响深远。至于鹿、象等则因自然条件的局限和变化，未能进入家畜的范围。

第四节　采集、渔猎占有相当重要的地位

由于生产力还不够发达，农牧业还无法提供充分的产品来满足人们的生活需要，与后代相比，当时的黄河中下游地区还是处于相对地广人稀状态，分布着不少大片的原始森林和许多薮泽之地，既生长着繁盛的野生植物可供采摘，也养育着众多的野兽和水生动物，可供人们狩猎、捕捞，作为农牧生产的补充。因此，采集、渔猎在夏商西周春秋时期占有重要的地位。

一、采集

野生植物的采集是先秦时代人们生活资料的来源之一，对贫苦人民来说更是如此。不过这些野生植物主要是作为佐食的蔬菜，其次是作为衣着原料（如葛、菅等）、染料和药材及饲料、燃料等，人们的主要食物来源还是人工栽培的粮食作物。但是在灾荒年月，采集野生蔬菜和果实可以充饥，其重要性就显得更大些。

因文献材料不足，夏商时期的采集情形尚难以详细了解，但从《诗经》《周礼》《礼记》等先秦著作中可以了解到当时采集活动的一些基本情况。

《诗经》的众多诗歌因直接描写当时各地人民的生产生活，因而有不少的篇章涉及采集活动，从中可以知道当时采集的很多是佐食的野菜，如荼、堇、荠、芑、莫、葑、葍、蓫、荬、蕨、薇、卷耳、荇菜等。《豳风·七月》中除了反映当时农业生产状况，也提到了采集荼（苦苣菜）、郁（郁李）、薁（野葡萄）等野生植物，“六月食郁及薁”，“九月叔苴，采荼薪樗，食我农夫”。

明确描写了农民们除了种植粮食、蔬菜、瓜果，还需采集野生植物来维持生活。《召南·采蘋》：“于以采蘋？南涧之滨。于以采藻？于彼行潦。予以盛之？维筐及筥。”《周礼·天官·冢宰》记述“大宰”的职守之一是“以九职任万民”，其中第八职是“八曰臣妾，聚敛疏材”。疏材，据郑玄注“百草根实之可食者”。《礼

记·月令》："山林薮泽有能取疏食、田猎禽兽者，野虞教导之。"疏食即疏材，都是指可食用的野生植物。《左传·隐公三年》："蘋蘩蕰藻之菜……可荐于鬼神，可羞于王公。"野菜可以用来祭祀鬼神、供给王公，当然是因其可以食用，而且还可能是比较适口的野菜。这也反映了直到春秋时期，采集仍然是不可缺少的一项经济活动。

二、狩猎

夏商时期，狩猎是一项重要经济活动，受到人们的高度重视。《夏小正》中已有关于狩猎的记载。如："豺祭兽"，指示一个猎兽的好季节；"熊、罴、貊、貉、鼶、鼬则穴"，指示猎取穴兽的时期；"狸子肇肆"和"鹿从"都与猎事有关；十一月的"王狩"则是冬季奴隶主贵族举行的大规模田猎。

商代的狩猎活动就更加频繁，卜辞中常有狩猎的记载，有时一次猎获野兽可达几百头，规模是很大的。如：

获鹿二百。(《佘》12.3)。

丁卯［卜贞王］狩正……获鹿百六十二，□百十四，豕十，兔一。(《殷虚书契后编》下1.4)

翌戊午，焚擒？戊午卜，……之日狩，允擒虎一，鹿四十，狐百六十四……(《殷虚文字丙编》284)

从卜辞中可以看出，猎获最多的是鹿类、狐以及野猪，此外还有野兔、野鸡等，甚至还有猎到野马、老虎、大象等大动物。据罗振玉《殷虚书契》收集的1 200余条甲骨卜辞统计，卜猎者有186条，涉及刍牧者仅4条。这并不等于商代的畜牧业远远不如狩猎，因为畜牧家畜是日常生产活动，较少异常的现象需要人们来占卜，而狩猎的对象和数量是个未知数，该次狩猎的成绩如何是难以预料的，故需占卜，留下的卜辞也就较多。不过既然有这么多的关于狩猎的卜辞，也反映了当时贵族们对狩猎的重视和狩猎活动的频繁。

西周时期，由于文献资料相对较多，使我们对其时的狩猎活动有较详细的了解。

《周易》中已有涉及狩猎的内容：

即鹿无虞，惟入于林中（《屯》六三）。

田有禽，利执言（《师》六五）。

王用三驱，失前禽（《比》九五）。

明夷于南狩，得其大首（《明夷》九三）。

田获三狐，得黄矢（《解》九二）。

射雉，一矢亡（《旅》六五）。

公弋，取彼在穴（《小过》六五）。

不过猎获的大多是禽、鱼、狐、鹿等中小动物，很少有如商代所猎的野牛、老虎之类的猛兽。这可能是西周前期统治者还忙于巩固政权，无暇醉心于田猎，只能是带少量人员进行短期的带有游乐性的活动。后期的王公贵族们就热心于进行大规模的狩猎。从《诗经》中的许多篇章就可以看到这种情况，如《小雅·吉日》：

吉日维戊，既伯既祷。
田车既好，四牡孔阜。
升彼大阜，从其群丑。

吉日庚午，既差我马。
兽之所同，麀鹿麌麌。
漆沮之从，天子之所。

瞻彼中原，其祁孔有。
儦儦俟俟，或群或友。
悉率左右，以燕天子。

既张我弓，既挟我矢。
发彼小豝，殪此大兕。
以御宾客，且以酌醴。

这是描写周宣王田猎时选择吉日、祭祀神灵、野外田猎、射杀猛兽、满载而归、宴饮群臣的宏伟场面。又如《小雅·车攻》：

我车既攻，我马既同。
四牡庞庞，驾言徂东。

田车既好，四牡孔阜。
东有甫草，驾言行狩。

之子于苗，选徒嚣嚣。
建旐设旄，搏兽于敖。

驾彼四牡，四牡奕奕。
赤芾金舄，会同有绎。

决拾既佽，弓矢既调。
射夫既同，助我举柴。

四黄既驾，两骖不猗。
不失其驰，舍矢如破。

萧萧马鸣，悠悠旆旌。
徒御不惊，大庖不盈。

之子于征，有闻无声。
允矣君子，展也大成。

这是叙述周宣王在东都会同诸侯举行田猎的壮观场面。《墨子·明鬼篇》曾说："周宣王会诸侯而田于圃，车数万乘。"与诗中所描写的情形相符，可见这次田猎的规模是何等之大。

狩猎的规模既然如此之大，无论是人员的组织、日程的安排或是猎物的处理诸多问题都需有人负责。《周礼》中就记载了很多关于狩猎管理人员的职责。如《天官·冢宰》中的"兽人"，其具体任务是："掌罟田兽，辨其名物。冬献狼，夏献麋，春、秋献兽物。时田，则守罟。及弊田，令禽注于虞中。凡祭祀、丧纪、宾客，共其死兽、生兽。凡兽入于腊人，皮、毛、筋、角入于玉府。凡田兽者，掌其政令。"《地官·司徒》中也记载不少和狩猎有关的官职和机构，如"山虞""林衡""川衡""迹人""角人""羽人""囿人"等。《夏官·司马》中有"服不氏""射鸟氏""罗氏""山师"。《秋官·司寇》中还有"冥氏""穴氏""翨氏"等，都可看出狩猎在当时社会经济生活领域中所占的重要地位。

先秦时期的狩猎除了直接获取猎物的经济目的，还与军事演习相结合（前引的《车攻》即是），同时，射杀野兽也具有保护庄稼、利于农业生产的作用，当然还可供贵族们游乐享受（多在园囿中进行）。西周贵族们经常要带领役属的人民从事田猎活动，规模一般很大，场面也很壮观。《诗经·郑风·大叔于田》：

叔于田，乘乘马。
执辔如组，两骖如舞。
叔在薮，火烈具举。
襢裼暴虎，……

其他两段还有"火烈具扬""火烈具阜"等诗句，都描写了田猎时大火熊熊的情景，这是"焚林而田"的传统狩猎方法。《尔雅·释天》："火田为狩。"放火烧山之后，野兽被驱赶出来，惊慌恐惧之中，在浩浩荡荡的车马人员围歼下，猛兽也成了猎获物。

《诗经·齐风·卢令》《诗经·秦风·驷驖》《诗经·小雅·巧言》等诗篇还描写了猎犬驰驱追逐野兽的捕猎场面：

卢（黑毛猎犬）令令，其人美且仁。（《卢令》）

輶车鸾镳，载猃歇骄。（《驷驖》）

跃跃毚兔，遇犬获之。（《巧言》）

《逸周书·世俘解》记载西周早期武王田猎时的巨大收获："武王狩，禽虎二十有二，猫二，麋五千二百三十五，犀十有二，牦七百二十有一，熊百五十有一，罴百一十有八，豕三百五十有二，貉十有八，麈十有六，麝五十，麋三十，鹿三千五百有八。"虽然这些具体数字未必可靠，但其中各种野兽的种类和比重还是有参考价值的，比如其中猎获物以麋、鹿为最多，牦牛其次，野猪又次，猛兽最少，与商代卜辞中所反映的情况类似，因此应该是符合当时的客观实际的。

长期进行这种大规模的狩猎活动，无疑会破坏生物资源，造成生态的失衡，以致捕猎不到多少的野生动物，影响人们的生活。难得的是，当时人们已开始意识到这个问题。至少到了春秋时期，在人口比较密集的地区，人们已实行封山育林保护动物资源的措施。提出"不杀胎""不覆巢"（《礼记·王制》），就是禁止杀害怀孕的野兽和覆巢取鸟卵。"不殀夭""不麛不卵"（《礼记·王制》），就是禁止猎取一切鸟兽的幼仔。"牺牲毋用牝"（《礼记·月令》），不用母鸟母兽作为祭祀的祭品。"（季春三月）田猎、罝、罘、罗、网、毕、翳、餧兽之药，毋出九门"（《礼记·月令》），因为三月是一切鸟兽的孵乳时节，禁止使用各种捕捉野兽的器具和毒饵。只有到了秋后，动物长大以后，才可以进行捕猎。在两千多年前，人们就能考虑到生物资源的保护问题，实在难得。但这也说明当时狩猎活动非常频繁，造成资源的枯竭，才会引起人们的重视。

三、捕捞

先秦时期薮泽众多，江河纵横，水产资源十分丰富。因而，水生动物的捕捞是商周时期采集渔猎经济中的重要组成部分。

《夏小正》以"鱼陟负冰""獭祭鱼"作为捕鱼季节到来的物候标志，又有"虞人入梁"的记载，反映当时的捕鱼活动。《禹贡》中记载了沿海地区青州进贡"海物"，徐州贡"鱼"，都是海产，可见沿海一带的捕捞业也是相当发达的。同样，《周礼·职方氏》记载青州、兖州"其利蒲鱼"，幽州"其利鱼盐"，其中有部分的鱼也是海产。

卜辞中也有捕鱼的内容：

辛卯卜贞今夕……，十月，[在] 渔（《殷虚书契前编》5.45.2）。

贞众有灾。九月，鱼（《殷虚书契前编》5.45.5）。

癸未卜丁亥渔（《殷虚书契前编》4.56.1）。

王渔（《殷虚书契前编》6.50.7）。

不过，与狩猎相比，卜辞中有关捕鱼的记录甚少，据郭沫若统计，只有寥寥数例而已①。

《诗经》中则有很多篇章描写到捕鱼活动。如：

牧人乃梦，众维鱼矣，旐维旟矣。大人占之：众维鱼矣，实惟丰年（《小雅·无羊》）。

河水洋洋，北流活活。施罛涉涉，鳣鲔发发（《卫风·硕人》）。

猗有漆沮，潜有多鱼。有鳣有鲔，鲦鲿鰋鲤（《周颂·潜》）。

鱼丽于罶，鲿鲨（《小雅·鱼丽》）。

之子于钓，言纶之绳（《小雅·采绿》）。

无逝我梁，无发我笱（《小雅·小弁》）。

敝笱在梁，其鱼鲂鳏。……敝笱在梁，其鱼鲂鲊。……敝笱在梁，其鱼唯唯（《齐风·敝笱》）。

从《诗经》中可以了解到，当时的捕鱼方法主要是钓、网、梁、笱、潜等。笱为人工鱼梁，潜是人工鱼礁。当时的网具有罛（即大拉网）、罩（竹鱼罩）、九罭（百袋网）、汕（撩网）等。当时捕的鱼类有鳣、鲔、鳟、鲂、鲦、鲊、鲿、鲨、鰋、鲤、鳖、鲦等，鱼的品种十分丰富，反映了捕鱼业的繁荣。

《周礼》中设有专门管理渔业的机构“渔人”和“鳖人”，各有管理范围。“渔人”是“掌以时渔，为梁（水堰）。春献王鲔。辨鱼物，为鲜薨，以共王膳羞。凡祭祀、宾客、丧纪，共其鱼之鲜薨。凡渔者，掌其政令。凡渔征，入于玉府。”“鳖人”则是负责龟、鳖、蜃、蛤之类的水产，“春献鳖蜃，秋献龟鱼。”分工如此之细，也反映当时捕捞对象非常丰富，需要有多人来管理。

随着捕捞业的发展，随之而来的是养鱼业的出现。卜辞中有“贞，其雨，在圃鱼”（《殷虚书契后编》上 31.2），“在圃渔，十一月”（《殷虚书契后编》上 31.1）。虽然郭沫若考证认为“圃渔”在这里可能是作为地名使用②，但很可能这里曾经是养过鱼的园圃，才成为地名。如是，在圃中生长的鱼，可能是人工饲养的，因此商代已有养鱼业的萌芽，似是合理的推断。而《诗经·大雅·灵台》“王在灵沼，於牣鱼跃”，似乎更能说明问题。灵沼是周文王在丰京宫城修建的水池，鱼在池中欢蹦乱跳，这鱼当然是人工养殖的了。至少在西周就已经开始人工养鱼当是没有问题的。

至春秋时期，养鱼业有较大的发展，特别是江南地区更是如此。据《吴越春秋》记载：“越王既栖会稽，范蠡等曰：臣窃见会稽之山，有鱼池上下二处，水中

①② 郭沫若：《卜辞中的古代社会》第一章第一节“渔猎”，《郭沫若全集·历史编》第一卷，人民出版社，1982 年，202 页。

有三江四渎之流，九溪六谷之广。上池宜于君王，下池宜于民臣。畜鱼三年，其利可以致千万，越国当富盈。”可见吴越之地的人工养鱼已经有了相当的规模。

与保护幼鸟、幼兽一样，先秦时期的人们对水产资源的保护意识也相当强，已懂得捕捞鱼类要“取之有时”，“数罟不入洿池”（《国语·鲁语》），不许用细小的渔网到池塘里捕捞小鱼。战国时代也继承这一传统，如《荀子·王制》也指出鱼类“孕别之时，网罟毒药不入泽”。

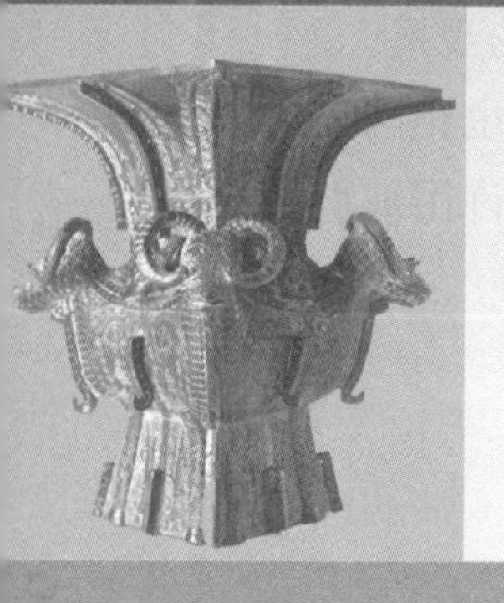

第四章 农业生产工具和水利建设

第一节 农业生产工具的进步

夏商西周春秋时期是我国农具史上的一个具有重大意义的历史阶段，即金属农具开始登上历史舞台，逐渐代替原始的木、石、骨、蚌农具，不过这是一个颇为缓慢的过程，并非一蹴而就。

一、木石农具向金属农具转变

虽然夏代已经有了青铜冶炼，但是《夏小正》中只有“农纬厥耒”一句记载，并未言明是金属农具，看来可能还是继承原始农业的木耒或石耜之类的起土工具。考古发掘中也未发现典型的青铜农具。如二里头遗址发现的铸铜作坊的规模很大，其总面积在1万米^{2}以上，表明铸铜业已较发达，进入青铜时代的发展时期。但二里头文化出土的铜器多是礼器、乐器和兵器，主要出自墓葬。出土于遗址的生产工具只有刀、锛、凿、鱼钩等。铜刀刃部只有3～4厘米，显然不是用来收割庄稼的。铜凿和铜锛均为木工工具，不是农具①。相反，山西、河南、湖北、河北各地二里头文化遗址都出土了很多石质或骨质的农具，如石铲、骨铲、石刀、石镰等②。可见夏代尚未在农业生产中使用青铜工具。

商代的铸铜业远较夏代发达，已出现真正的青铜农具，如整地农具锸、镬、铲、犁和收割农具镰等。湖北黄陂县盘龙城早商墓葬中发现两件青铜锸，长约

---

① 张之恒、周裕兴：《夏商周考古》，南京大学出版社，1995年，33页。

② 陈文华：《中国农业考古图录》第二篇“农具”，江西科技出版社，1994年。

13～17 厘米，刃宽约 10 厘米，器身中部都有一个銎孔，体中空，用以安装木柄[①]。湖北随县淅河、河南罗山县蟒张和天湖也出土了商代的青铜锸。河南郑州市二里岗、淇县摘心台、陕西武功县滹沱村、湖北黄州下窑、江西新干县大洋洲出土了青铜䦆[②]。郑州市南关外商代城址还发现以铸造铜䦆为主的铸铜遗址，说明当时对铜䦆的需要量较大[③]。1953 年在河南安阳市大司空村晚商文化层中发现一把青铜铲，全长 22.45 厘米，刃宽 8.5 厘米，上端有方銎，可以安装木柄，有明显的使用痕迹。1960 年安阳苗圃也出土一件青铜铲，长 21 厘米，刃宽 11 厘米。此外，河南洛阳市东郊、安阳市殷墟妇好墓、安阳市梅园庄、罗山县蟒张和天湖、江西新干县大洋洲等地都出土过商代的青铜铲[④]。1953 年山东济南市大辛庄出土过青铜镰刀，1975 年安徽含山县孙家岗也出土过青铜镰刀，新干县大洋洲商墓还一次出土了 5 把青铜镰，也十分罕见[⑤]。更为难得的是，1990 年在大洋洲商墓还出土了两件青铜犁铧，呈三角形，上面铸有纹饰，一件宽 15 厘米，长 11 厘米，高 2.5 厘米；另一件宽 13 厘米，长 9.4 厘米，高 1.7 厘米。这是目前仅有的两件经过科学发掘、有明确的出土地点和年代判断的商代铜犁铧[⑥]。过去虽然也偶有出土商代青铜犁的报道，但多系传世品或窖藏，其时代难以确断[⑦]。因此对商代是否使用过青铜犁铧，人们总是持保留态度。大洋洲商墓出土的两件青铜犁铧，证明商代确实使用过铜犁。虽然没有犁架出土，仍不明其具体结构，但从铜犁铧的形制观察，已和后代的铁犁铧相类似，因此推测其犁架结构应和西汉画像石上耕犁相近，早已摆脱了石犁的原始状态。因其器形较小，宽只有 13～15 厘米，高度只有 1.7～2.5 厘米，估计可能不是用牛牵拉，还是用人力牵引。即使如此，其历史意义还是很大的，因为青铜犁的出现为以后铁犁的使用开辟了道路，在我国农具史上占有非常重要的地位。

西周时期的青铜农具也时有发现。湖北圻春县毛家嘴西周遗址和河南三门峡市

---

① 湖北省博物馆：《盘龙城商代二里岗期的青铜器》，《文物》1976 年 2 期。

② 陈文华：《中国农业考古图录》，江西科技出版社，1994 年，283 页。黄州下窑铜䦆相关报道见《文物》1993 年 6 期，59 页。

③ 《中国大百科全书·考古卷》“郑州商代遗址”条，中国大百科全书出版社，1986 年，649～650 页。

④ 陈文华：《中国农业考古图录》，江西科技出版社，1994 年，194、171 页。梅园庄铜铲相关报道见《考古》1998 年 10 期，63 页。

⑤ 济南大辛庄铜镰相关报道见《大辛庄遗址勘察记要》，《文物》1959 年 11 期；含山县孙家岗铜镰相关报道见《安徽含山县孙家岗商代遗址调查与试掘》，《考古》1977 年 3 期；新干大洋洲铜镰相关报道见《文物》1991 年 10 期，8 页。

⑥ 相关报道见《农业考古》1990 年 2 期，130 页；《农业考古》1991 年 1 期，297 页。

⑦ 如山东济南市就发现过窖藏的认为是属于商代的青铜犁铧，相关报道见《济南发现的青铜犁铧》，《文物》1979 年 12 期。

上村岭虢国墓都出土过青铜锸①。江西奉新县和浙江玉环县（今浙江玉环市）三合潭也出土过西周青铜锸②。河南洛阳市下瑶西周早期墓中出土过青铜铲，陕西临潼县出土过4件西周青铜铲，陕西扶风县天度乡和宝鸡市竹园沟以及浙江玉环县三合潭等地都出土过西周青铜铲③。陕西临潼县、宝鸡市和辽宁宁城县（今属内蒙古）南山根、湖北孝感县自古墩等地都出土过西周青铜䦆④。湖北汉阳县（今武汉汉阳区）纱帽山出土过商周时期的铜镰，江苏仪征县（今江苏仪征市）破山口出土过西周青铜镰，江苏连云港华盖山出土过西周至春秋时期的铜镰⑤。

春秋时期的青铜农具基本上是继承西周传统，除了中原地区，在南方也有所发展，考古工作者在江苏、浙江、江西、福建、湖南、湖北以及云南等地都发现许多青铜农具，种类也比较齐全⑥。显示这一时期南方的农业生产力有较大的提高。

显然，青铜农具的使用大大提高了劳动效率，对推进农业生产的发展和农业科技的发展产生很大作用。如青铜䦆提高了挖土功效，金属中耕农具钱、镈等的使用促进田间管理技术的发展，青铜铚、镰可以提高收割功效。但是若将这些青铜农具的发现放在夏商西周春秋这一长达千余年的大背景下来考察，又会发现这些数量有限的青铜农具在当时农业生产实际中所发挥的作用是有限的。因为考古发掘的材料表明，这一时期出土的绝大部分是木、石、骨、蚌农具，与成千上万的青铜武器和手工工具相比，出土的青铜农具实在数量太少。不但在夏代文化遗址中未见青铜农具，就是在商代遗址中最常见的仍然是木、石、骨、蚌制成的农具，其中尤以石镰为多。如20世纪30年代对安阳小屯商代晚期遗址进行多次发掘，出土的石镰多达3 600余件，其中一个窖穴就储存了444件⑦。石铲、石锄、石䦆等起土农具各地多有出土，尤其是石铲最为常见。又比如河北藁城县台西村商城遗址，从1973年

---

① 中国科学院考古研究所湖北发掘队：《湖北圻春县毛家嘴西周木构建筑》，《考古》1962年1期。中国科学院考古研究所：《上村岭虢国墓地》，科学出版社，1959年。

② 江西奉新县铜锸相关报道见《文物》1977年9期，61页。浙江玉环市三合潭铜锸相关报道见《考古》1996年5期，19页。

③ 洛阳下瑶铜铲相关报道见《考古学报》1955年9期，116页。临潼铜铲相关报道见《文物》1977年8期，7页。扶风县天度乡和宝鸡市竹园沟铜铲相关报道见陈文华：《中国农业考古图录》，江西科技出版社，1994年，185页。玉环县三合潭铜铲相关报道见《考古》1996年5期，19页。

④ 临潼铜䦆相关报道见《文物》1977年8期，1页。宝鸡市铜䦆相关报道见陈文华：《中国农业考古图录》，江西科技出版社，1994年，280页。宁城县南山根铜䦆相关报道见《考古学报》1973年2期，31页。孝感县自古墩铜䦆相关报道见《考古》1994年9期，733页。

⑤ 汉阳县纱帽山铜镰相关报道见《江汉考古》1987年3期，12页。仪征破山口铜镰相关报道见《江苏省出土文物选集》图版六八（文物出版社，1963年）。连云港华盖山铜镰相关报道见《农业考古》1985年2期，100页。

⑥ 陈文华：《中国农业考古图录》第二篇“农具”，江西科技出版社，1994年。

⑦ 相关报道见《安阳发掘报告》1933年4期。

起至1997年，前后进行了四次发掘，出土了数千件文物，其中的农具全为石器、骨器和蚌器。如前两次发掘出土了骨铲、石铲、蚌铲共132件，石镰336件，蚌镰29件，却没有一件青铜农具①。再如陕西长安县张家坡西周居住遗址和墓葬中，出土了约600余件工具，其中只有一件铜斧和一件铜刀，也没有一件是青铜农具②。这些地区的考古资料表明，当时商周王朝经济最发达的统治中心地区尚且普遍使用木、石、骨、蚌农具，其他地区更是可想而知了。

于是，如何评价青铜农具在夏商西周时期农业生产中的作用，就成为学术界关注的问题。学术界历来存在两种截然不同的意见：一种是以陈梦家、于省吾等先生为代表，认为商周时代中原地区很少（或不普遍）使用青铜农具③。另一种是以唐兰先生为代表，认为“商周时代确实曾经普遍地使用青铜农器”，甚至还主张“远在商代以前就早已使用青铜农器”。④

后者虽然也承认出土的青铜农具数量很少，但提出许多理由来解释出土的青铜农具数量很少的原因，主要是下列几点：一是出土铜器的地方主要是贵族墓葬，贵族生前不亲身参加农业生产，不使用青铜农具，死后自然很少以青铜农具入墓，因此今天就出土不多。二是青铜农具因使用而磨损而不能再用时，可以改铸新农具，不会随便丢弃而留下较多的遗物。三是青铜农具被后代政府搜刮去铸造货币。四是因青铜农具没有铭文和纹饰，不为古代金石学家所著录，不为后代古董家所收藏，故而传世的青铜农具很少⑤。

---

① 河北省文物管理处台西考古队：《河北藁城台西村商代遗址发掘简报》，《文物》1976年6期。文物出版社：《新中国考古五十年》，文物出版社，1999年，45页。

② 中国科学院考古研究所：《沣西发掘报告》，文物出版社，1962年。

③ 20世纪50年代较有代表性的文章有：雷海宗：《世界史分期与上古史中的一些问题》，《历史教学》1957年7期；陈梦家：《殷虚卜辞综述》，科学出版社，1956年，541～542页；于省吾：《从甲骨文看商代社会性质》，《东北人民大学人文科学学报》1957年2、3期合刊；于省吾：《驳唐兰先生“关于商代社会性质的讨论”》，《历史研究》1958年8期；黄展岳：《近年出土的战国两汉铁器》，《考古学报》1957年3期。20世纪80年代较有代表性的文章有：陈文华：《试论我国农具史上的几个问题》，《考古学报》1981年4期；赵世超：《殷周大量使用青铜农具质疑》，《农业考古》1983年2期；白云翔：《殷代西周是否大量使用青铜农具的考古学考察》，《农业考古》1985年1期；徐学书：《商周青铜农具研究》，《农业考古》1987年2期；白云翔：《殷代两周是否大量使用青铜农具之考古学再观察》，《农业考古》1989年1期。

④ 唐兰：《中国古代社会使用青铜农器的初步研究》，《故宫博物院院刊》1960年总2期，17页。郭宝钧：《中国青铜器时代》第二章第一节，三联书店，1963年。20世纪80年代较有代表性文章有：陈振中：《殷周的铚艾——兼论殷周大量使用青铜农具》，《农业考古》1981年1期；张鸣环：《商周没有大量使用青铜农具吗?》，《农业考古》1983年2期；王克林：《关于古代青铜农具的研究》，《农业考古》1985年1期；陈振中：《青铜生产工具与中国奴隶制社会经济》上编，中国社会科学出版社，1992年。

⑤ 陈振中：《殷周的铚艾——兼论殷周大量使用青铜农具》，《农业考古》1981年1期。

上述的观点，应该说还是有点道理的，但是根据并不充分，难以使人信服。比如关于第一点，就不大符合实际情况。有许多青铜农具就是出土于商代奴隶主贵族墓葬中的，如江西新干县大洋洲商代大墓中就出土了铜犁铧、铜锸、铜铲、铜镢、铜镰，河南罗山县天湖商墓和蟒张商墓中都出土了铜铲、铜锸，安阳殷墟妇好墓也出土了铜铲和铜镰，湖北黄陂县盘龙城早商墓葬中也出土了铜锸。这些墓葬的主人有的身份都是很高的，可见因身为贵族不参加劳动而不随葬农具并非普遍的规律。第二点和第三点说的都是青铜农具可以被改铸为其他器物，这是客观事实。但是青铜兵器和手工工具也是可以被改铸，但它们出土物的数量就非常之大，远非青铜农具可比，这只能以社会对青铜兵器和手工工具的需要量远远大于农具来解释。第四点也是事实。然而考古发掘中考古工作者对青铜农具却是极端重视的，没有一个考古学家会对出土的青铜农具视而不见。可是自 20 世纪 20 年代以来长达四分之三世纪的考古发掘，出土的青铜农具仍然很少，应该是可以说明一些问题的。据统计，至 1987 年为止，河北省只发现 1 件商代的青铜铲，陕西省只发现 12 件西周青铜铲，河南省发现了 19 件商代青铜铲、6 件西周青铜铲，山西省则一件也没有。即使是这些青铜铲都是真正用于农田生产（因为有些铜铲很可能是手工工具，汉代的《说文解字》就说铲“一曰平铁。”宋代的《广韵》也明确指出：“铲，平木器也。”现代许多地方的木匠也还在用铁铲来铲削木器），对于时间长达近千年的商周，地域广达 70 多万千米^2 的夏商西周中心地区晋、冀、豫、陕来说，实在难以说明当时是在大量使用青铜农具。但是有人就是根据这个统计得出相反的结论：“铜铲在这一地区使用较早，特别是殷和西周王朝统治的中心地区是大量使用的。”① 当然，考古发现是带有一定的偶然性。不过，偶然性之中又包含了一定的必然性。暂时撇开墓葬不说，在各地商、周的遗址中出土了那么多的青铜兵器和手工工具，偏偏青铜农具就那么少，用上述四点理由来解释是很难自圆其说的。比如前面提到的安阳小屯出土了 3 600 件石镰，其中的一个窖穴出土了 444 件石镰，说明当时是有意收藏的。像石镰这样原始石质收割工具都要集中保管，如果当时在大田中大量使用铜镰的话，它比石镰要珍贵得多，也一定要集中保管，那么出土的铜镰就不该那么

---

① 陈振中：《青铜生产工具与中国奴隶制社会经济》，中国社会科学出版社，1992 年，202 页。据陈振中先生在该书第 6 页“各省（区）不同时代出土青铜生产工具统计表”的统计，河北省共出土商代青铜铲 1 件、铜镢 5 件，西周铜镢 2 件；河南省共出土商代青铜铲 19 件、铜耜 7 件、铜镢 42 件、铜锄 4 件、铜镰 2 件，西周青铜铲 6 件、铜锄 1 件、铜镢 12 件；陕西省共出土商代青铜镢 17 件、西周青铜镢 112 件，铜锄 4 件、铜铲 12 件、铜镰 1 件；山西省共发现商代铜镢 6 件、西周铜镢 7 件、铜锄 1 件、铜耜 1 件，共计 262 件。姑且不论这些青铜器的命名是否准确，也不论其中的部分“铜镢”有否可能是作为加工建筑木材用的手工工具或者是建筑工地上的掘土工具，权且全部都当作农具，也仍然无法证明商周时期是在大量使用青铜农具。

少。在商代晚期的国都所在地都还这样大量使用石质农具，其他地方就更可想而知了。

商、周为何不可能大量（普遍）使用青铜农具呢？理由是如陈梦家等诸位先生所说的：铜在当时是珍贵的，首先要用来铸造武器、工具和礼器，“当时的农业生产者还是奴隶阶级，连粗糙的石质收获工具还要集中管理，当然不容许他们用金属农具的”①。我们拿功能相近的农具铜镰和手工工具铜刀作一比较：据统计，至1987年为止，河北省出土商代至东周的铜镰为0，但出土铜刀106件，是0∶106。河南省出土商代至东周的铜镰4件，但出土的铜刀211件，是4∶211。陕西省出土商代至东周的铜镰只有1件，但是出土同期的铜刀180件，是1∶180。山西省出土的同期铜镰为0件，但出土的同期铜刀54件，是0∶54。同样，各地出土的手工工具铜锛和铜斧也比用于农业生产的铜锄、铜铲多得多②。可见，当时青铜工具在手工业上的使用远远比青铜农具在农业中的使用要普遍得多。这个统计数字应该是有一定说服力的。

还有一个现象也值得讨论，就是各地出土的所谓农具中，以铜䦆的数量最多，大大高于同样是作为起土工具的铜铲。如根据上引的统计材料，河北省出土商至东周的铜䦆17件，铜铲只有4件。河南省出土的同期铜䦆70件，铜铲28件。陕西省出土的同期铜䦆138件，铜铲只有12件。山西省出土同期铜䦆17件，铜铲只有2件（还全是东周时期的）。如果说青铜农具已在农业生产中大量使用的话，那么“一农之事，必有一耜、一铫、一镰、一鎒、一椎、一铚，然后成为农”（《管子·轻重》）。每家农夫都应该有一整套青铜农具，为何其他农具那么少见，惟独铜䦆保存下来那么多呢？在我们看来，当时社会对铜䦆的需求量显然比其他掘土工具大，因为它的掘土性能最好，功效最高。这个需求者有可能是农业，但是更可能是建筑业。须知当时修筑城墙、建设宫殿和房屋以及挖掘坟墓，都有大量的土方工程要靠铜䦆来完成，它要比农业更迫切得多。也就是说，铜䦆可能是农具，但更可能是建筑业的工具，从目前许多铜䦆（还有一些铜铲）都是出土于建筑遗址和墓坑来看，也可证明此论不谬。同理，当我们看到铜镰的时候，也不要一口咬定它就是用来收割庄稼的，它同样可以是用于手工业，如可以割锯竹枝和木棍，还可以割取席草用来编织草席，割取茅草铺盖屋顶或当柴火烧。而当时收获庄稼往往只是摘取谷穗，用石刀、石镰或者蚌刀、蚌镰就可以完成。如果我们从这个角度来观察问题的话，那么手工业者和建筑工人所使用的铜䦆、铜镰就不能通通算作农具，更不能将一些

---

① 陈梦家：《殷虚卜辞综述》，科学出版社，1956年，549页。

② 陈振中：《青铜生产工具与中国奴隶制社会经济》，“各省（区）不同时代出土青铜生产工具统计表”，中国社会科学出版社，1992年，6页。

手工工具铜斧、铜锛以辅助农具的名义划到农具行列中，从而作为商周已经大量使用青铜农具的论据。那是无法使人信服的。

有人可能会说，既然铜镬等工具是可以在建筑行业和农业通用，为什么就不能把它们都划归农具之类呢？这是因为当青铜材料有限而造成青铜器价格昂贵的情况下，各个行业对它的需求迫切性就不尽相同。手工业需要青铜工具（兵器业也一样）的迫切性往往要大于农业。因此其他行业已经大量使用青铜工具不等于农业生产中也一定会大量使用青铜农具。

那么，当时的农业为什么对青铜工具的需求不像手工业和建筑业那么迫切呢？这是因为农业生产和其他行业的性质不同。其他行业的生产过程和劳动过程完全一致，劳动过程的中断就造成生产过程的中断，因此对劳动手段（劳动工具）的依赖性极强。而农业是自然再生产和社会再生产相结合，它的生产过程和劳动过程不一致，其劳动过程是间歇性的，当劳动过程中断后，生产过程还继续进行。比如播种之后，就得等待它发芽生长，庄稼长到一定时候才能进行中耕、锄草、施肥等农活，然后又得等它生长、开花、结实之后才能收割。因此农具在农业生产中的地位和其他行业中工具的地位是不一样的。当新的工具材料发明之后而又比较难得之时，总是先用到兵器制造业和其他行业而不会先在农业中使用，青铜是这样，后来的钢铁也是这样，今天的合金钢、不锈钢还是这样。即使人类已经跨进 21 世纪的今天，连餐厅和厨房都在大量使用不锈钢的餐具和刀具，可就是不会用不锈钢去制造农具。因为当铁制的农具能够完成今天的农业生产任务的情况下，人们是不会去采用更加昂贵的其他金属材料来制造农具的。同样，当木、石、骨、蚌农具能够适应商周奴隶制社会的农业生产力要求的话，当时的奴隶主贵族就不可能让奴隶去使用昂贵的青铜农具。商周的统治中心是在黄河中游地区，广袤的黄土高原土质松软、肥沃，易于开垦，使用木、石、骨、蚌农具是可以取得一定收成的。当时奴隶主阶级占有大量土地和众多的奴隶，这些奴隶通过简单的协作（如商代的协田、西周的耦耕），使用木、石、骨、蚌农具所生产的农产品已足够供奴隶主阶级消费。奴隶主阶级又是一个寄生的阶级，他们占有奴隶的全部劳动果实并不是要将它们变成商品出售以换取利润，只要奴隶们的生产足以保证他们的生活享受，就不需要更多地去考虑如何提高生产力。在他们看来，使用木石农具要比使用青铜农具更为合算。而奴隶们则根本没有劳动积极性，也没有条件去制造青铜农具。不但农业如此，就是在冶矿业中也有这个现象，比如在铜矿里开采矿石来冶炼青铜时，照说更有条件使用青铜工具，但是在江西瑞昌县铜岭商周铜矿遗址和湖北大冶县铜绿山周代采铜冶铜遗址中却都出土许多用来铲运矿石的木锹和木铲，而不是使用铜铲和铜锄，合理的解释只能是当时使用木质工具比使用青铜工具成本更低，更合算。

因此，我们承认商周的农业生产中已经在使用青铜农具，但是并不大量，也不普遍。当时能够使用青铜农具的地方，主要是在商周统治阶级直接掌管的私田里和园圃中，有许多青铜农具就是从贵族坟墓中出土的，这些农具不可能是在郊外大田中劳动的低贱奴隶们所使用过的农具，而是身边的宠幸臣吏和家奴所使用，有的则是墓主人自己在为表示重视农业生产所举行的籍田仪式时使用过的。如江西新干县大洋洲商代大墓中出土的青铜犁铧和青铜锸，两面都铸有花纹，不可能是奴隶在田间使用过的农具，而应该就是墓主人在举行籍田仪式中进行象征性劳动时所用的农具。此外，有部分经济条件较好的平民（自耕农）也可能会使用一些青铜农具，但数量不可能很多。

总之，目前还没有充分材料来证明商周时期已经大量和普遍使用青铜农具，或者说，青铜农具在当时的大田生产中并不占主导地位。

有的学者认为：以木、石、蚌工具为代表的生产力水平是与没有剥削没有压迫的原始公社制相适应的。青铜工具则是与奴隶制社会相联系，而夏、商、西周已经是奴隶社会，“很难设想，在当时社会的最主要生产部门农业中仍普遍使用木、石、蚌农具”。“农业是全部古代世界一个决定性的生产部门，人们需要善于生产的工具中，农具必然要占重要地位。很难设想，人们获得冶铜技术后，铜及其合金只用于生产其他用器，而不用于生产农具”①。“如果说商代虽然有了青铜农器，但本来就不多，那么，又怎么能推动当时的生产向前发展呢?”② 其实，生产力并不仅仅是指生产工具，而是由生产工具和有相当劳动技能和生产经验的生产者所构成，而人是生产力中最重要也是最活跃的因素。当我们看到商、周大量的木、石、骨、蚌农具时，不要以为它和原始社会的农具差不多，就认为当时的生产力一定很低。新的生产工具的出现，固然会推动生产力的发展，但是，当生产工具没有明显改进的时候，由于生产者的生产经验、劳动技能以及运用生产工具本领的积累和提高，田间生产技术的进步，生产管理制度的完善等原因，都可以促进生产力的提高。古代是这样，现代也是这样，只要想想改革开放以后农村实行包产到户的情况，当时的农具没有任何变化，可农村生产力却有飞跃的发展。应该是有助于我们对商周农具历史地位的认识。

当然，处于铜器时代的商周奴隶制社会，青铜工具当然应该作为当时生产力的代表，但是更多的是表现在青铜工具和青铜武器上，而不是表现在农具方面。同时还应指出，说商、周没有普遍使用青铜农具，并不是说青铜器对当时农业生产力毫无作用。恰恰相反，用青铜斧、锛、凿、削等手工工具就可以又快又好地制造出更多更适合耕作、中耕、收获的木、竹、骨、蚌、石农具，对当时农业生产力的提高

① 陈振中：《青铜生产工具与中国奴隶制社会经济》，中国社会科学出版社，1992年，28、29页。

② 唐兰：《中国古代社会使用青铜农器的初步研究》，《故宫博物院院刊》1960年总2期。

仍然发挥很大的促进作用。

在我国南方一些地区（如云南、江浙等地）也曾出土一些春秋时期的青铜农具，但并不等于商周时期就一定也大量使用青铜农具。同时，江浙、云南并非是商、周的中心地区，铜矿资源丰富的边远地区较多使用青铜农具并不等于统治中心也一定大量使用青铜农具。更要认识到，当春秋时期边远地区在较多地使用青铜农具的时候，中原地区却已经开始使用铁制农具，实际上是种落后的表现。

应该说，春秋时期在金属农具方面的突出成就并不表现在青铜农具的大量使用，而是铁制农具的发明和使用。中国的冶铁业至迟可以上溯到西周末期，虽然开始时其质量还不能与青铜媲美，无法制作精良的兵器，但人们已经尝试用铁来制造工具和农具。《国语·齐语》记载管仲对齐桓公说："美金以铸剑戟，试诸狗马；恶金以铸锄、夷、斤、斸，试诸壤土。"许多学者认为"恶金"指的就是铁，"铁在未能锻成钢之前，品质赶不上青铜，故有美恶之分"①。《管子·海王》亦记载管仲的话："今铁官之数曰：一女必有一针、一刀，若其事立。耕者必有一耒、一耜、一铫，若其事立。"可见春秋时期，铁器已经在农业生产中使用。考古材料也证明春秋时期已经使用铁农具。据陈振中先生统计，截至 1987 年 6 月，共有下列几处出土春秋时期的铁农具：甘肃永昌县三角城出土铁锸 1 件，陕西凤翔县雍城秦国贵族墓出土铁镈多件，凤翔县纸坊乡马家庄出土铁锸 1 件，山西侯马市北西庄出土残铁犁铧 1 件，河南扶沟县西南隅古城出土铁镬 1 件，湖南长沙市识字岭出土铁锸 1 件，湖南长沙市一期楚墓出土铁铲 1 件，长沙市丝茅冲出土铁口锄 1 件，湖北大冶县铜绿山铜矿出土铁锄 1 件②。此外，河南洛阳市水泥厂出土过 1 件春秋战国时期的铁镈，湖北宜昌市白庙子出土过 1 件东周时期的铁锸③。湖北宜城县郭家岗出土春秋铁锸 4 件，湖北宜昌市上磨齿也出土春秋铁锸多件④。以此推测，铁农具的历史可能上溯至西周晚期，到春秋已有所发展。虽然铁农具要到战国以后才得到广泛使用，但从西周晚期至春秋却是铁农具登上中国历史舞台的关键时期，其意义是非常巨大的，也可以说是夏商周时期农具方面的最突出的成就。

春秋时期在农具方面另一个突出成就是牛耕的出现。牛耕起源于何时，历来意见不一，主要有起源于商周、春秋、战国、西汉 4 种不同看法。"西汉说"系贾思勰在《齐民要术》序中说："赵过始为牛耕，实胜耒耜之利。"实际上赵过是推广耦

---

① 郭沫若：《希望有更多的古代铁器出土——关于古史分期问题的一个关键》，《文史论集》，人民出版社，1961 年，96 页。

② 陈振中：《青铜生产工具与中国奴隶制社会经济》"已出春秋铁器一览表"，中国社会科学出版社，1992 年，454 页。

③ 陈文华：《中国农业考古图录》，江西科技出版社，1994 年，172、195 页。

④ 相关报道见《考古学报》1997 年 4 期，523 页；《中国文物报》1999 年 8 月 15 日 1 版。

犁和耧车，并非发明牛耕，“西汉说”显然过晚。“战国说”为清人杭世骏在《牛耕说》（《道古堂全集》卷二四）中提出，现代学者亦有赞成此说。但是考古材料表明战国时期铁犁铧已相当普及，牛耕的发明当在此之前。目前以郭沫若、范文澜等先生主张的商周说影响最大。郭沫若认为甲骨文中的“物”字，右边的“勿”下有两点，像是犁头起土，左边为“牛”，辔在牛上，就是后来的“犁”字，从而“证明殷代是在用牛从事耕作了”①。范文澜先生也同意这种解释，并举出甲骨文的“畴”字像牲畜犁地时拐弯的犁纹作为旁证②。但是仅从字形来推测很难成为定论，因为各家对甲骨文的解释经常不一样。如康殷先生就认为“物”字其本意是用刀在杀牛，刀旁的小点表示牛肉或牛血，可解作“刎”，后转化为表示东西的“物”字③。虽然江西省新干县大洋洲曾出土了两件铜犁，但是器形较小，宽度只有13～15厘米（战国的铁犁宽度一般都在20厘米以上），估计是用人力牵引，无须用牛作动力。商代的畜牧业虽然发达，当时的牛主要用来拉车和充当“宗庙之牺”。在牛马的价格远远超过奴隶的情况下，奴隶主是宁可使用奴隶拉犁而不会用牛来代替奴隶的。直到西周，养牛仍然是为了拉车和食用。《周礼·地官·司徒》记载了牛的各种用途，有“享牛”“求牛”“积膳之牛”“牢礼、膳、羞之牛”“槁牛”“奠牛”以及“兵车之牛”，惟独没有谈到耕地之牛，这至少可以说明当时在国家和大奴隶主的田地里是不用牛耕田的。大约到了西周晚期和春秋之际，随着奴隶制的衰败，井田制的崩溃，私田的大量开垦，社会上迫切需要一种效率更高的耕地工具，这时候牛耕才应运而生。春秋时期的文献已有初步的反映，如《国语·晋语·昭公》：“夫范、中行氏不恤庶难，欲擅晋国，令其子孙将耕于齐，宗庙之牺，为畎亩之勤。”《论语·雍也》：“犁牛之子骍且角，随欲勿用，山川其舍诸？”这“犁牛”学者多解释为耕犁之牛。此外，据《史记·仲尼弟子列传》记载：孔子的弟子中有“冉耕，字伯牛”，“司马耕，字子牛”，取名和字都将耕和牛联系在一起，说明当时用牛在耕田已是较为普遍的事情，因而也反证牛耕的发明很有可能要早到春秋之前，大约是西周晚期的事情。和铁农具一样，牛耕的普及是在战国中期以后，但牛耕的发明和推广却是我国农耕史上的一件大事，它首次将牲畜动力引进农业生产领域，克服了人类自身体力的局限，从而极大地提高了耕地的效率，推动了农业生产力向前发展。可以说，牛耕和铁农具为战国时期以家庭为基本生产单位的小农经济登上历史舞台奠定了物质基础，成为封建生产关系诞生的催化剂，对以后两千多年的封建社会的农业经济产生了极为深远的影响。

---

① 郭沫若：《奴隶制时代》，人民出版社，1972年，21页。

② 范文澜：《中国通史》第一册，人民出版社，1978年，44页。

③ 康殷：《文字源流浅说》，荣宝斋，1980年，226页。

二、农具种类增多

夏商西周春秋时期的农业生产技术比原始农业有很大的进步，因而农具也有所改进，种类增加，虽然仍以木、石、骨、蚌农具为主，也出现了青铜农具（晚期还出现了铁农具）。整地农具有耒、耜、耰、铲、锸、锄、钁、犁等，中耕农具有钱、镈等，收获农具有铚、艾、镰等，加工农具为磨盘、杵臼等。我国传统农业大田生产中所使用的农具种类已基本齐备，已能满足当时生产技术的要求。

（一）整地农具

1. 耒、耜 耒耜是夏商西周时期最重要的整地农具。《夏小正》有“农纬厥耒”之句，表明耒是当时最有代表性的农具；甲骨文有很多用“耒”作偏旁的字，如(男)、(耤)、(协)；金文中也有、、等字，都是耒的象形。《易经·系辞下》：“神农氏作，斫木为耜，揉木为耒。耒耜之利，以教天下。”虽然是说原始社会的事，反映西周时期还在使用耒耜的事实。过去有很多学者都将耒耜视为同一种农具，但从《易经》的这条记载看，先说“斫木为耜”，再谈“揉木为耒”，其加工方法不同。耜是用砍削工具“斫”的，耒则要借助火的力量“揉”的，从文义上看并没有说耒耜是一种农具的两个部件。《世本·作篇》说：“垂作耒，垂作耜。”《管子·海王》也说：“耕者必有一耒、一耜、一铫，若其事立。”显然，耒耜是两种独立使用的整地农具。耒是最古老的挖土工具，从采集经济时期挖掘植物的尖木棍发展而来的。早期的耒就是一根尖木棍，以后在下端安一横木便于踏脚，入土容易。以后木耒由单尖变为双尖，成为双齿耒。单尖木耒的刃部发展成为扁平的板状

图 4-1 商周木耜（新疆哈密五堡出土）

刃，就成为木耜。从考古材料、甲骨文和金文的象形观察，商周的木耒主要盛行双齿耒。考古工作者在河南安阳市殷墟小屯西地 H306 坑发现双齿耒的挖土痕迹，齿长 29 厘米，齿径 7 厘米，齿距 8 厘米。在安阳大司空村 H112 坑也发现了小型双齿耒的挖土痕迹，齿长 18 厘米，齿径 4 厘米。说明耒是主要起土工具，并且有大小不同的规格①。在河北沧县倪杨屯还发现了商代的角耒，在山东省海阳县嘴子前发现了春秋时期的木耒实物②。

耜的历史也同样古老，在北方和南方的新石器时代遗址中就出土过许多木耜、骨耜和石耜。考古发掘中出土的一些石铲、骨铲，实际上都是耜的刃部。在商代的墓葬中也发现过木耜和石耜。如河南安阳市殷墟 260 墓的墓坑中就发现 8 件形态完整的木耜（图 4-2）。洛阳市西高崖发现过商代石耜，青海省都兰县诺木洪发现 60 多件西周时期的骨耜，湖北大冶市铜绿山发现春秋时期的木锹（也就是木耜）③。周代的文献中也经常提到耒耜，如："三之日于耜，四之日举趾"（《诗经·豳风·七月》），"以我覃耜，俶载南亩"（《诗经·小雅·大田》），"有略其耜，俶载南亩"（《诗经·周颂·载芟》），"畟畟良耜，俶载南亩"（《诗经·周颂·良耜》），"匠人为沟洫，耜广五寸，二耜为耦"（《周礼·冬官·考工记》），"孟春之月……天子亲载耒耜。……季冬之月……命农计耦耕事，修耒耜，具田器"（《礼记·月令》），"是故昔者天子为籍千亩，冕而朱纮，躬秉耒"（《礼记·祭义》）等，说明到了西周，耒耜（尤其是耜）的使用更为普遍，是耦耕的主要农具，有时也成为农具的总称。

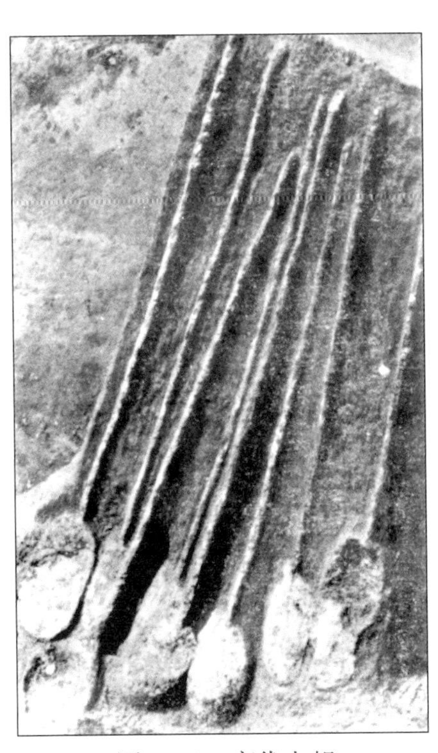

图 4-2　商代木耜
（河南安阳武官村北出土）

2. 铲　铲是一种直插式整地农具。铲和耜是同类农具，在原始农业的生产工具中并无明显的区别。各地出土的商周石铲、骨铲和铜铲，都是考古学家们根据其

① 相关报道见《1958—1959 年殷墟发掘简报》，《考古》1961 年 2 期。

② 倪杨屯商代角耒相关报道见《考古》1993 年 2 期，119 页；嘴子前春秋木耒相关报道见《中国文物报》，1994 年 7 月 31 日 1 版。

③ 殷墟木耜相关报道见《考古学报》1987 年 1 期，110 页；洛阳西高崖石耜相关报道见《文物》1981 年 7 期，45 页；都兰县诺木洪骨耜相关报道见《农业考古》1986 年 1 期，86 页；大冶市铜绿山木锹相关报道见《考古》1974 年 4 期，253 页。

形状类似现代的铁铲而套用的，实际上其中一些较大型的铲都应该是耜。现在一般将器身较宽而扁平、刃部平直或微呈弧形的称为铲，而将器身较狭长、刃部较尖锐的称为耜。由于这类器物出土较多，且多以铲的名字出现在各种考古发掘报告中，我们暂且从俗，单独将它列为专项。只是这里专指器形较大用于挖土的整地农具，至于一些小型的铲是用来中耕除草，古代叫作“钱”，放到中耕农具类再介绍。在山西、河北、河南、陕西、山东、四川、湖北、湖南、江苏、江西、辽宁、甘肃、青海等地都出土很多商周时期的石铲、骨铲和蚌铲。在河南安阳殷墟、大司空村和洛阳东郊以及罗山蟒张和天湖，江西新干大洋洲，都出土过几件商代青铜铲（图 4 - 3，图 4 - 4）。陕西临潼、河南洛阳等地出土过西周青铜铲。安徽贵池县、舒城县九里墩，湖南湘乡县、祁东县小米山，江苏六合县等地都出土过春秋时期的铜铲。陕西凤翔县西村、河北邯郸市赵王陵及江陵县纪南城还出土了几件铁铲，这是目前所知的几件最早的铁农具①。

图 4 - 3　商代铜铲
（河南安阳殷墟出土）

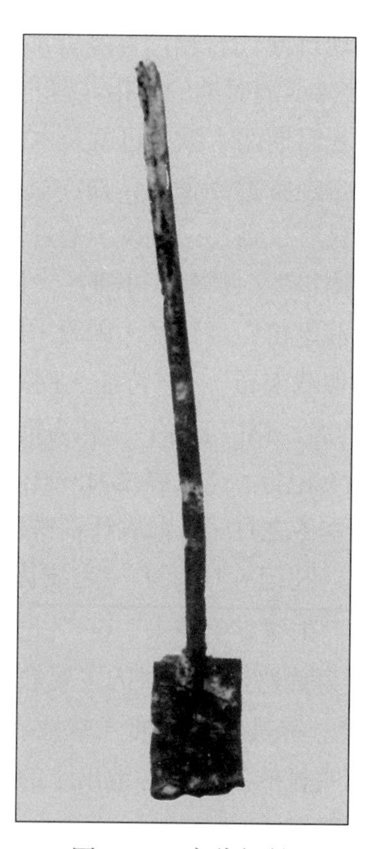

图 4 - 4　商代铜铲
（河南郑州人民公园出土）

3. 耰　耰是一种碎土的工具，《说文》：“耰，摩田器也。”实际上就是敲碎土

① 陈文华：《中国农业考古图录》，江西科技出版社，1994 年，172 页。

块的木榔头，用耒耜翻耕农田之后，需用耰将田中的土块敲碎，才便于播种。《夏小正·二月》："往耰黍墠。"推测当时已使用耰来碎土。春秋的文献也经常提到耰："耰而不辍"（《论语·微子》），"及耕，深耕而疾耰之"（《国语·齐语》），"深耕均种疾耰"（《管子·小匡》），"耰"在这里都作为动词，其所使用的工具也叫耰。《淮南子·氾论训》注："耰，椓块椎也。"可知耰在古代也叫作"椎"。《管子·轻重乙》："一农之事，必有一耜、一铫、一镰、一耨、一椎、一铚，然后成为农。"说明椎（耰）已成为农夫的必备农具之一。耰为木质农具，很难保存下来，至今尚未见有商周春秋时期的木耰出土，不明其具体形状。但是甘肃嘉峪关魏晋墓的壁画"播种图"中已有持木耰碎土的场面，其形状即与木榔头相似①。推测商周时期木耰的具体形状应与此相去不远。

4. 锸 锸是直插式挖土工具。最早的锸是木锸，与木耜差不多。在木耜的刃端加上金属套刃可减少磨损和增强挖土功能。锸在古代写作臿，东汉的《释名》解释："臿，插也，插地起土也。"《韩非子·五蠹》说夏禹"身执耒臿，以为民先"，耒臿即耒耜。夏禹用它挖掘沟洫，可见它是重要的挖土工具。目前已经发现多件商代的铜锸，看来夏代有锸是可能的。目前出土的商周铜锸都是金属套刃部分，主要有长方形和凹字形两种。如湖北随州淅河出土的铜锸就是长方形的，可直接将木柄插进銎中使用。而江西新干县大洋洲商墓、湖南岳阳出土的铜锸则是典型的凹字形铜锸，它是套在木耜的刃端上使用的（图4-5，图4-6）。西周的铜锸基本上继承商代锸的形制。江苏丹徒县丁岗和苏州葑门等地出土的春秋铜锸，其形状则为尖弧形和半圆形。湖北宜城县郭家岗和宜昌县上磨齿还发现几件春秋铁锸，是目前所见的时代较早的铁农具之一②。

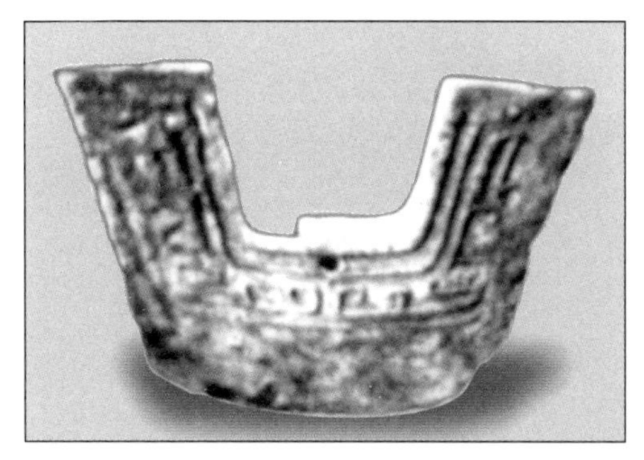

图4-5　商代铜锸（江西新干大洋洲出土）

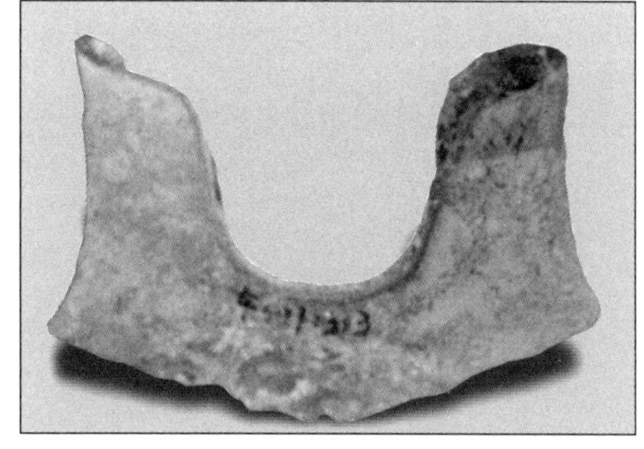

图4-6　西周铜锸（湖南岳阳出土）

① 陈文华：《中国农业考古图录》，江西科技出版社，1994年，421页。中国农业博物馆编：《中国古代耕织图》，中国农业出版社，1995年，17页。

② 陈文华：《中国农业考古图录》，江西科技出版社，1994年，198～199页。湖北宜城县郭家岗和宜昌县上磨齿的春秋铁锸相关报道分别见《考古学报》（1997年4期，523页）、《中国文物报》（1999年8月15日1版）。

5. 锄、镬 锄与镬都是横斫式挖土工具，其装柄方法与铲、锸明显不同，柄向与刃向垂直，使用时都是向下掘地向后翻土。大型的锄可用于掘土，小型的锄则用于中耕除草。锄的挖土部件较宽，镬的挖土部件则狭长，上端都有銎，可安装横柄。镬是深掘土地的得力工具，多用于开垦荒地或深挖沟洫。商周农器除了盛行石锄、石镬，已经出现青铜镬，当时叫作榍。《国语·齐语》："恶金以铸鉏、夷、斤、榍，试诸壤土。"鉏即锄，榍即镬。韦昭注："榍，斫也。"《尔雅·释器》："斫谓之鐯。"郭璞注："镬也。"《说文解字》："镬，大锄也。"目前各地出土的青铜镬较多，其形制有直銎式和横銎式两种。前者的装柄方法是在镬的顶部銎口插入长方形木块，在木块上横凿一孔以装木柄，或直接安装树杈形的弯曲木柄。后者则是銎口横穿镬体的上方，直接横装木柄，加塞木楔，更加紧固牢靠，使用时不易脱落，其镬土功效更高。不过各地出土的一些铜镬中，有相当部分是用于建筑工程开挖土方，并非都是在农田中使用的农具（图 4-7，图 4-8）。

图 4-7 商代铜镬（河南出土）

图 4-8 商代铜镬（河北藁城台西出土）

6. 犁 犁是用动力牵引的耕地工具，也是农业生产中最重要的整地农具。早在新石器时代末期，在中原和江南都已出现一种原始的石犁，是用石板打制成三角形的犁铧，上面凿钻圆孔，可装在木柄上使用，用人力牵引。商周时期也在使用石犁，南北各地都有实物出土（图 4－9）①。大约在商代晚期，开始出现青铜犁铧。江西新干县大洋洲商墓出土了 2 件商代晚期的青铜犁铧（图 4－10），证实了商代确已出现犁耕。只是因犁铧较小，不像是用牛做动力，可能还是用人力牵引。即使如此，铜犁的形制与扁平的石犁完全不同，是个突变，具有创新意义，它的出现为以后铁犁的诞生开辟了道路，在我国农耕史上具有伟大的意义。

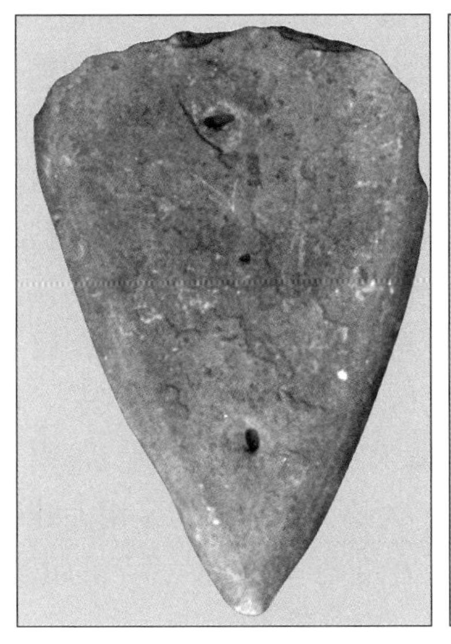

图 4－9　商周石犁

（浙江长兴出土）

图 4－10　商代铜犁

（江西新干大洋洲出土）

（二）中耕农具

商周时期已经出现了中耕技术，需要相应的生产工具来为之服务，这是原始农业中所没有的。甲骨文有[illegible]、[illegible]、[illegible]、[illegible]等字，胡厚宣先生认为“从两手持‘用’，在土上有所作为”，释为“贵”字，“贵田者，贵亦读作溃……溃田者，谓以镈类田器锄地”，“‘贵’字从用。用为镈锄。贵田者正是耨田之义”。② “用”是除草农具的象形，可能就是西周时期的钱、镈。《诗经·周颂·臣工》：“命我众人，庤乃钱镈，奄观铚艾。”《诗经·周颂·良耜》：“其镈斯赵，以薅荼蓼。荼蓼朽止，黍稷茂止。”镈即是薅锄野草荼蓼的中耕农具，钱与镈同类，亦当是中耕农具无疑。

1. 钱　《庄子·杂篇·外物》：“春雨日时，草木怒生，铫鎒于是乎始修。”可知铫鎒为锄草工具。《说文解字》：“钱，铫也，古农器。”钱即与铫同，当然也是锄草农具。《晏子春秋·内篇·谏上》：“君将戴笠衣褐，执铫耨，以蹲行畎亩

① 陈文华：《中国农业考古图录》，江西科技出版社，1994 年，220 页。

② 胡厚宣：《释贵田》，《历史研究》1957 年 7 期。

之中。”既然是“蹲行畎亩之中”锄草的工具，其形制必然短小轻巧，和站立用双手执握翻土的耜、铲、锸等整地农具应该有所不同，可能是单手执柄贴地平铲。因此各地出土的一些刃宽在五六厘米以内的小铲就是中耕锄草的钱。这种小铲至今在西北地区的农村中还在使用，当地的农民就是手执小铲蹲行在麦田里锄草松土。

2. 镈　《诗经》既然钱镈并提，镈必与钱有所区别。《释名》：“镈，迫也，迫地去草也。”“镈亦锄类。”《广雅》也说：“镈，锄也。”说明镈是和锄相类似的锄草农具。镈也就是先秦文献中经常提到的“耨”。汉代《释名·释用器》就指出：“耨似锄，妪薅禾也。”耨既作动词，也作名词，是种锄草工具，因是金属制成，故也写作鎒。上述《晏子春秋》提到“执铫鎒以蹲行畎亩之中”，铫既然是钱，鎒也就是镈。《管子·禁藏》：“推引铫鎒，以当剑戟。”说明使用铫的方法是推，使用鎒的方法是引，一个向外推，一个向内拉，证明鎒的使用方法与锄相同。据《吕氏春秋·任地》记载：“耨柄尺，此其度也。其耨六寸，所以间稼也。”耨柄只有一尺长，可见也是单手执柄在田间锄草的小型工具。正适合“妪薅禾”的要求。又据《淮南子·氾论训》：“古者剡耜而耕，摩蜃而耨。”注云：蜃，大蛤。远古人们是用大蚌壳来锄草，后来的鎒镈就是仿照蚌壳的形状来制造的，宽度与“其耨六寸”的记载相符，与锄的形状也相同。由此可见，镈就是鎒（耨），也就是小锄。

（三）收获农具

《诗经·周颂·臣工》：“命我众人，庤乃钱镈，奄观铚艾。”铚就是考古发掘报告中的石刀、陶刀、蚌刀，艾就是镰刀，是商周时期的主要收获农具。

1. 铚　铚是古代割取谷穗的收获农具。《小尔雅·广物》：“禾穗谓之颖，截颖谓之铚。”《说文解字》：“铚，获禾短镰也。”《释名·释用器》：“铚，获禾铁也。铚铚，断禾穗声也。”铚是从原始农业收获工具石刀、蚌刀发展而来的，因此早期的铚就保留石刀、蚌刀的形态。夏商西周时期盛行的石刀、陶刀和蚌刀，就是铚（图4-11，图4-12）。前述安阳殷墟小屯遗址出土了3 600多件石刀，其中一个窖穴就藏有444件石刀，可见石刀是当时最主要的收获工具。据报道，江西新干县大洋洲商墓曾出土1件铜铚，长20厘米，宽5.2厘米①。以铚的标准观察，实在太长太宽，并不符合单手执握割取禾穗的特点，从其肩脊部有明显的柄把夹持的痕迹来看，应是切割物品的铜刀，而不是割取禾穗的铚。真正的铜铚是春秋以后才开始在江南流行，安徽贵池县和江苏苏州市、句容县等地都出土过春秋时期的铜铚。贵池和句容出土的铜铚呈腰子形、蚌壳状，刃部铸有斜纹锯齿，更为锋利，可明显看出

---

① 彭适凡等：《江西新干大洋洲商墓出土的青铜农具》，《农业考古》1991年1期。

是按蚌刀仿制的，也是蚌刀向镰刀演变过程中的过渡形态，对镰刀的起源和演化历史有参考价值①。战国以后，铁铚代替了铜铚，所以汉代的《释名》称之为“获禾铁”。《管子·轻重乙》：“一农之事，必有一耜、一铫、一镰、一鎒、一椎、一铚。”说明铚是当时农民家家必备的基本农具之一。

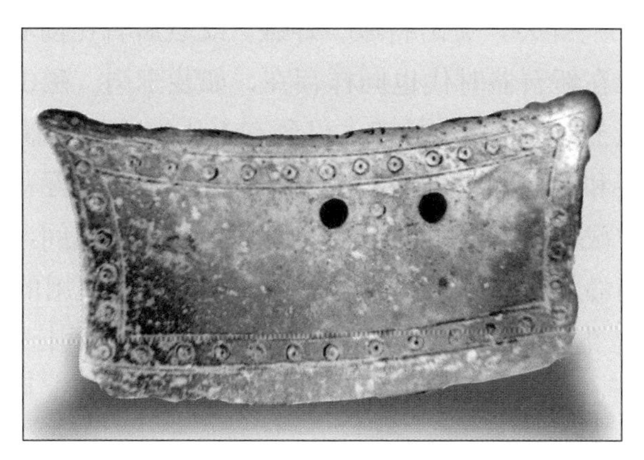

图 4－11　商代陶刀（江西清江吴城出土）

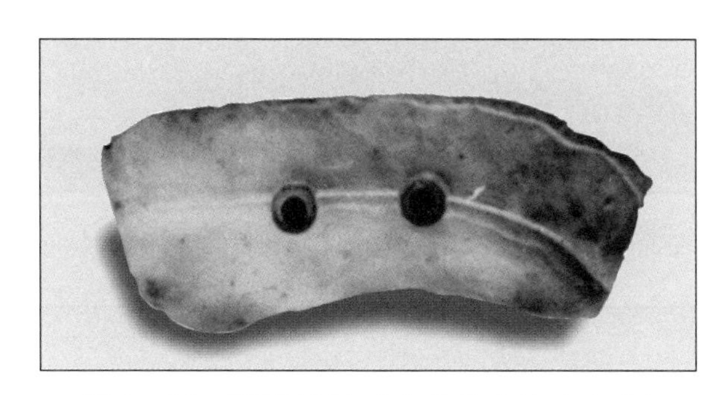

图 4－12　西周蚌刀（陕西长安沣西出土）

2. 艾　艾是收获农具，也可作为动词使用：“一年不艾而百姓饥。”（《穀梁传·庄公廿八年》）。艾与刈通，《国语·齐语》：“挟其枪、刈、耨、镈。”韦昭注：“刈，镰也。”《方言》：“刈钩，……自关而西或谓之钩，或谓之镰。”《急救篇》：“钩即镰也，形曲如钩，因以名云，亦谓之锲。”《说文解字》：“锲，镰也。”“镰，锲也。”由此可知，艾就是镰刀。目前各地出土的夏、商、西周时期的镰刀绝大多数是石镰（图 4－13）和蚌镰，只有江西新干大洋洲（图 4－14）和湖北汉阳纱帽山出土几件商代铜镰，江苏仪征破山口出土 1 件西周铜镰，江苏、浙江、安徽、湖北等地出土一些春秋铜镰。后者经常是一面铸有篦齿纹，至刃部成为镰齿（故亦有称之为锯镰），可省去磨砺之工，比起商周的铜镰是个进步。目前所有出土的镰刀都是没有带柄的，其安装情形只能按后代的镰刀来复原，一般是木柄与镰身呈垂直

① 陈文华：《中国农业考古图录》，江西科技出版社，1994 年，309 页。

或大于90°的交叉状。但是安阳妇好墓出土的1件商代玉镰，其柄和镰身却是同一方向，有点类似今天的农村中使用的镰刀。虽然不是实用器，而且至今也未发现这种“形曲如钩”的商代镰刀实物，但至少现实生活中一定使用过这类器物，才会有玉器的仿制品。还有一个现象也值得研究，即夏商西周春秋时期的收获农具是铚艾同出，往往既出石刀、蚌刀，又出石镰、蚌镰。既然后者比前者先进，为何不将之淘汰掉呢？这一现象在新石器时代也同样存在，如裴李岗、磁山文化的石镰已制作得相当精致，但又出土很多石刀和蚌刀，以致有人认为这些石镰可能不是收获农具。依笔者之见，这可能和它们的各自功能不同有关。商、周之际，收获庄稼往往是只摘取谷穗（即所谓“截颖”“断禾穗”也），而将禾秸留在田间，等需要利用禾秸时再去割取，过去海南岛黎族在收割稻穗时还是如此。前者使用的工具就是铚（刀），后者使用的工具就是艾（镰），所以两者并行不悖。因此上引《管子·轻重乙》在指出“一农之事”所必须具备的农具中既提到镰，又提到铚，可能就是这个道理。

图4-13　商代石镰（河北藁城台西出土）

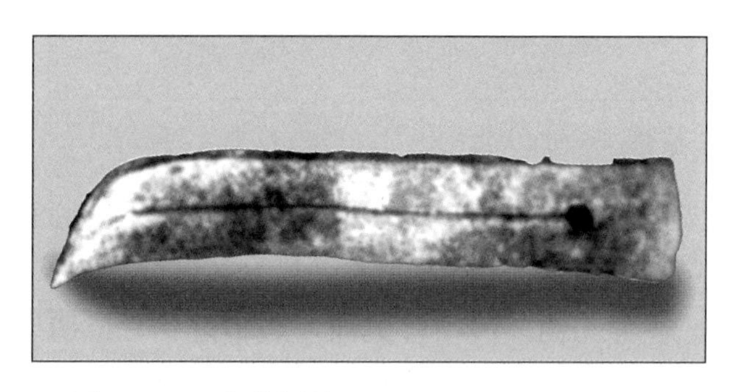

图4-14　商代铜镰（江西新干大洋洲出土）

3. 推镰　春秋时期，江南地区使用一种形制奇特的青铜农具，有呈V形，有呈菱形，有不带銎，有带銎的，两侧一面铸有类似锯镰的篦齿纹，至两侧刃部成为锯齿。主要出土于江苏、浙江一带的吴越地区，因不见于文献记载，亦无其他考古材料可资比较，暂按其功能与锯镰相近，推测其使用方法，姑且称之为“推镰”。有的考古报告和研究文章将这种农具称为V形铧，作为整地农具。或者称为“铜耨”，划归中耕农具。称“铧”显系错误，现已很少有人赞同。但认为是耨者还有人在。其实耨是北方旱田的中耕农具，但北方至今没出过一件这种器物，目前出土者都是在长江下游的安徽南部和江苏南部以及浙江等地，显然是在水田生产中使用的农具，而不是北方旱田中使用的耨。《释名》曾说："耨，似锄，妪薅禾也。"历代农书都认为耨似锄。《王祯农书》和徐光启《农政全书》所绘的耨图都与锄相似。而"推镰"的形状却与锄毫无相同之处，显然不是耨。《吕氏春秋》说耨的尺寸是"耨柄尺，此其度也。其耨六寸，所以间稼也"。当时的一尺合今 23 厘米，六寸则只有 13.8 厘米。而出土的"推镰"宽度多数在 15 厘米以上，有的甚至宽达 20 厘米，远远大于当时的六寸。这样大的器物如果要装柄的话，其柄也绝非只有一尺长（23 厘米）。可见"推镰"并不是《吕氏春秋》所说的耨。《汉书·食货志》："苗生叶以上，稍耨陇草，因隤其土以附苗根。"说明耨是用来在垄间锄草的，这是当时北方旱田采用垄作法，实行条播，人们才能在垄间进行锄草、松土等中耕技术。《吕氏春秋·任地》就是在谈到"上田弃亩，下田弃甽，五耕五耨必审以尽其深殖之度"之后，才指出"耨柄尺，此其度也，其耨六寸，所以间稼也"。但南方水田种稻是到了汉代才发明育秧移栽技术，春秋时期的江南地区种稻不是实行垄作制，而是采用撒播方法，田间根本没有株行距，人是无法下田耘禾的。既然如此，就不可能有耨这种工具的存在。可见将"推镰"解释为耨是没有根据的。根据对实物的观察，大多数"推镰"的一面都铸有篦齿纹直至刃边形成锯齿，既有锯齿，其功能主要是割取，其工作对象必然要具有一定硬度才能进行割取。可是用耨锄垄间小草（《汉书》说的是"苗生叶以上，稍耨陇草"，此时的垄草与苗俱生，当是小草无疑），根本无须使用带锯齿的工具，柔软的小草是无法割取的，只能锄之。因此，当时的耨必是没有锯齿的小锄，而非"推镰"之类带有锯齿的工具。此外，江南出土的一些 V 形推镰中，带篦齿纹两翼形成非常尖锐的夹角，这种锐角也不适合用来锄草松土，所以它不是中耕农具的耨，而是属于收割农具一类（图 4－15）。由于有些"推镰"中部带有长条形的銎（图 4－16），可以推论其装柄的方法是将木柄直接插入銎中，使用时双手握柄向前推割，犹如后代的推镰，故暂取此名。那么，"推镰"作何用处呢？我们认为，春秋时期收获稻谷是用石铚、蚌铚或铜铚割取稻穗，而将稻秆留在田里，等需要时再来割取。此时一般是用镰刀。但因撒播的稻田中秸秆杂乱无章，用镰刀割取相当费力，如果使用这种"推镰"，人可站着双手持"推镰"奋力向前推割，那锋利的锐角窜入秸秆下部，两翼的锯齿就可将两旁的稻秆切割下来，比起低头弯腰持镰收割当要轻快得多。可以说，这是当时劳动人民在收割农具方面的一个非常聪明的创造。汉代以后，由于水稻育秧移栽技术的推广，稻田中已有株行距，加上铁镰的广泛使用，水稻可以连秆收割，"推镰"也就退出了历史舞台，所以"推镰"只在春秋战国期间使用，未见有汉代以后的"推镰"出土。当然，这也仅是一种推论，是否如此，还有待今后的继续探讨。

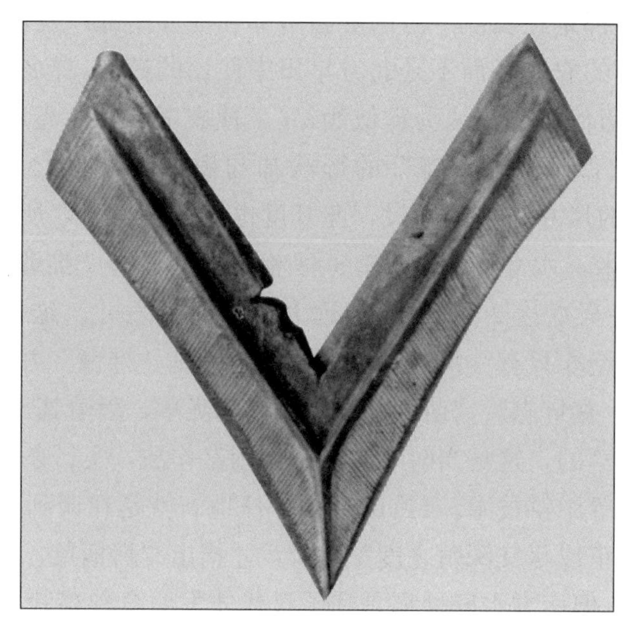

图 4-15　东周铜推镰（浙江绍兴出土）

图 4-16　春秋铜推镰（安徽贵池徽家冲出土）

（四）脱粒、加工农具

1. 连枷　最原始的脱粒方法是用手捋取禾穗上的谷粒，或者用手搓磨谷穗使之脱粒，也有可能是用手抓握禾穗摔打，使之掉粒。稍后，人们使用木棍、竹棍敲打谷穗使之脱粒。这种木棍和竹棍就是最早的脱粒农具。甲骨文中的[illegible]、[illegible]和金文中的[illegible]字就像是一手抓住麦穗，一手持棍敲打使之脱粒的情形①。这种打谷棍再进

① 康殷：《文字源流浅说》，荣宝斋，1979 年，261 页。

一步发展，就成了连枷。早期的连枷是在长木棍的一端系上一根短木棍，利用短木棍的回转连续扑打谷穗使之脱粒。因连枷系竹木所制，难以保留到后代，故未见有实物出土，夏、商、西周有否使用连枷尚难以确定，但至迟到春秋时期，连枷已见于文献。《国语·齐语》："令夫农，群萃而州处，察其四时，权节其用，耒、耜、枷、芟，及寒，击菒除田，以待时耕。"韦昭注："枷，柫也，所以击禾也。"《说文解字》："柫，击禾连枷也。"《释名·释用器》："枷，加也，加杖于柄头以挝穗，而出其谷也。"可见连枷在春秋时期已经广泛使用，推测很可能在商周时期就已经发明，只是未见于文献而已。

2. 杵臼 原始农业中的加工农具主要是石磨盘和杵臼。但至今在中原地区极少发现商周的石磨盘，可能当时已不大使用。商周时期主要使用杵臼来加工谷物，因而各地出土的石臼、陶臼不少，如山西、辽宁、山东、河南、河北、甘肃、江苏等地都发现夏、商、西周时期的石杵或石臼（图 4－17，图 4－18）①。同时还可能继续在使用目前很难发现的木杵和地臼，如《周易·系辞下》所说的"断木为杵，掘地为臼"。甲骨文的"午"字作、，金文作、，都是木杵的象形。甲骨文"舂"字作、，金文作，都是双手执杵在臼中舂谷之状。甲骨文的"秦"字作，金文作，也是双手执杵舂禾谷之状。台湾少数民族曾"以大木为臼，直木为杵，带穗舂，令脱粟"②，看来商周之际既然收获时只割取禾穗，在加工时也应该是"带穗舂"的。

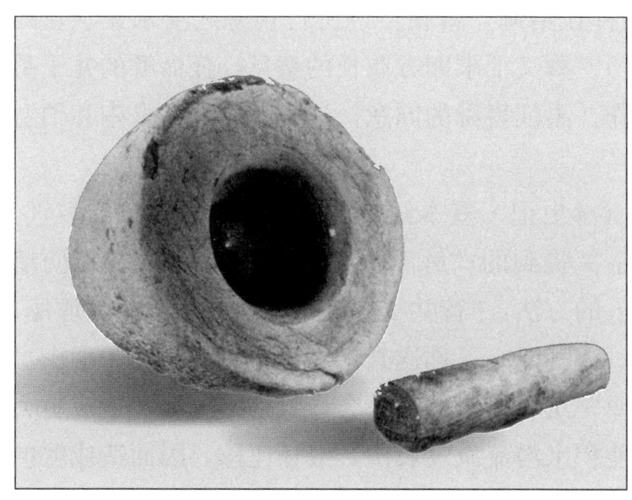

图 4－17　商代玉杵臼
（河南安阳殷墟出土）

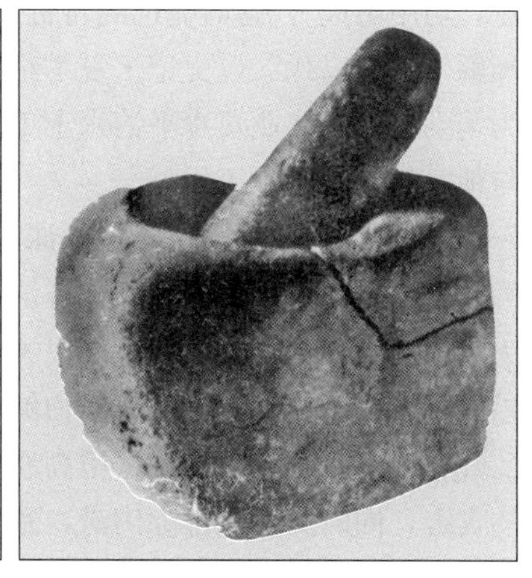

图 4－18　商代石杵臼
（河南偃师二里头出土）

① 陈文华：《中国农业考古图录》，江西科技出版社，1994 年，378 页。
② ［清］居鲁：《番社采风图考》。

第二节　水利建设的开端

夏商西周是我国水利建设的初创时期，人们已由原始农业时期单纯依赖自然的状态转变为主动平治水土、改造自然，以保障农业生产能够顺利进行。这一阶段是从大禹治水开始的。

一、大禹治水

尧舜时期的气候比现在炎热，降水量也比现在大，因此每年夏秋之季暴雨成灾，经常要冲毁农田，淹没村寨，造成极大的损失。《孟子·滕文公上》："当尧之时，天下犹未平，洪水横流，泛滥于天下。草木畅茂，禽兽繁殖，五谷不登，禽兽偪人，兽蹄鸟迹之道交于中国。"《孟子·滕文公下》也说："当尧之时，水逆行，泛滥于中国，蛇龙居之，民无所定。下者为巢，上者为营窟。"可见当时因江河壅塞，百川无防，薮泽无数，地势高下不平，又无排水的沟洫系统，秋水暴发，造成洪水横流的现象，严重地影响了农业生产和人民的生活，因此防治水害就成了当务之急。尧在"汤汤洪水方割，荡荡怀山襄陵"（《尚书·尧典》）的情况下，根据四方酋长们的推荐，派夏部落酋长鲧去负责治理洪水。但是鲧却"治水九年而水不息，功用不成"。这时尧已经将帝位禅让给舜。舜在"巡狩行视鲧之治水无状，乃殛鲧于羽山以死"（《史记·夏本纪》）。舜又征求四方酋长的意见，任命鲧的儿子禹为司空，继承父业负责平治水土工作。禹征得舜的同意，让契、后稷、皋陶和伯益与他一起参加治水工作。

"禹伤先人父鲧功之不成受诛"（《史记·夏本纪》），总结鲧治水失败的教训。鲧治水的方法，根据《国语·鲁语上》提到的"鲧障洪水而殛死"，可知是以防堵为主要措施。这是过去共工用以害人的方法："昔共工……欲壅防百川，堕高堙庳，以害天下。""其在有虞，有崇伯鲧，播其淫心，称遂共工之过，尧用殛之于羽山。"（《国语·周语下》）这种"堕高堙庳"筑堤堵水的方法会导致别处决堤，造成更大的灾害，同时又不能排除内涝，致使积水漫流淹没农田，毁坏庄稼，因而造成鲧的悲剧下场。禹吸取这个教训，采取疏导的方法来治水："其后伯禹念前之非度，厘改制量，象物天地，比类百则，仪之于民，而度之于群生，共之从孙四岳佐之，高高下下，疏川导滞，钟水丰物，封崇九山，决汩九川，陂障九泽，丰殖九薮，汩越九原，宅居九隩，合通四海。"（《国语·周语下》）这种"高高下下，疏川导滞"的方法和《淮南子·原道训》所说"禹之决渎也，因水以为师"是相一致的，即根据洪水的流向，因势利导，疏浚通道，让它流入大江大河终归大海。《吕氏春秋·贵因》也说："禹通三江五湖，决伊阙，沟回陆，注之东海，因水之力也。"所谓"水之力"，就是水流的客观规律和水流的自身力量，可见禹的治水方针是符合客观规律的，因此经过13年的艰苦努力，终于获得成功。

大禹在治水过程中所表现的身先士卒、吃苦耐劳的精神也十分可贵，"乃劳身焦思，居外十三年，过家门不敢入"（《史记・夏本纪》，《孟子・滕文公上》作"禹八年于外，三过家门而不入"），"禹亲自操橐耜，而九杂天下之川，腓无胈，胫无毛，沐甚雨，栉疾风"（《庄子・天下》），"禹之王天下也，身执耒臿，以为民先，股无胈，胫不生毛，虽臣虏之劳，不苦于此也"（《韩非子・五蠹》）。大禹治水所采用的手段和工具也是切实可行的："命诸侯百姓兴人徒以傅土，行山表木，定高山大川"，"卑宫室，致费于沟淢。陆行乘车，水行乘船，泥行乘橇，山行乘檋。左准绳，右规矩，载四时，以开九州，通九道，陂九泽，度九山。令益予众庶稻，可种卑湿。命后稷予众庶难得之食。食少，调有余相给，以均诸侯。禹乃行相地宜所有以贡，及山川之便利"（《史记・夏本纪》）。可见，大禹在治水过程中，还结合指导群众发展农业生产，特别是在低湿地区发展水稻生产，更具有重大意义。因为当时黄河中游地区有很多低洼地区，很难将积水都排除出去，无法种植黍粟等旱地作物，大禹就叫伯益指导群众改种水稻，这是非常明智的措施，是大禹对中国水稻种植业的一个巨大贡献。

大禹的治水成就表现在两个方面，一是"疏川导滞"，即疏通被壅塞的河道，让洪水尽快流入大江大河。大禹治水的工程非常之大，按《尚书・禹贡》记载："四隩既宅，九山刊旅，九川涤源，九泽既陂，四海会同。"按《孟子・滕文公上》记载："禹疏九河，瀹济、漯而注诸海，决汝、汉，排淮、泗而注之江。"《庄子・天下》说："昔者禹之湮洪水，决江河而通四夷九州也，名川三百，支川三千，小者无数。"涉及今天黄河、长江、淮河、汉水、汝水几个主要水系，范围非常广阔。很难想象以当时的人力、物力及生产力水平能够完成这么大的治水工程。因此学术界有许多学者认为，夏代的主要活动地区是黄河中下游，其中心区在河南西部和山西西南部，其治水范围也应该在此范围内。治水的目的是疏导流水由小河入大河，再经黄河向东流入大海。因此大禹所治理的河流应该是与黄河流域有关的河流。如陕西境内的沣水、渭水、泾水、漆水、沮水，山西境内的汾水、漳水，河南境内的洛水、伊水、济水，山东境内的澭水、沮水。有的学者甚至认为只在山西境内的汾水流域。如马宗申先生认为，《尚书》各篇在谈到洪水时，多限于洪水的严重程度和给民众造成的危害，不谈他处发生的洪水，即所言皆系此时此地身边之事。汾河平原是一个周围多山的河谷盆地，底部北高南低，临汾、永济、安邑等尧舜帝都所在地刚好位于盆地之最低处，海拔只有250米，且处于汾河的下游，又有涑水、浍水等许多小的河川流贯其中，容易形成积水内涝。《禹贡》说大禹治水是从冀州开始，“冀州，既载壶口，治梁及岐。既修太原，至于岳阳。覃怀底绩，至于横漳”。即在汾水下游治理汾水的支流平水上游的壶口山，还治理过荥河县境内的梁山和岐山（这两座山在汾河河口附近，治理的目的当与宣泄汾河积水入黄河有关），其次是整治汾水上游，自太原至霍县的河道，覃怀方面工程结束，就转去治理横流入汾河的漳水。总之，九州的平治水土始于冀州，冀州的平治水土始于汾水，足见古代洪水发生于汾河盆地平原是很可能的。“《皋陶谟》所说的‘九川’，绝非指包括‘江、淮、河、汉’在内的九川。若谓禹决九川事属可信，则‘九川’云者，很有可能是指冀州的九川，如《禹贡》所说的汾、沁、漳等河川而言，而且治理的程度亦仅是‘决其壅塞。’”①

大禹治水的另一个成就是“致费于沟淢”。也就是《论语·泰伯》中所说的“致力乎沟洫”。《尚书·皋陶谟》记载大禹对舜谈起自己治水的情形时也说：“予决九川距四海，浚畎浍距川。”所谓“浚畎浍距川”，就是通过在田间挖掘沟渠的办法将积水排入江河，从而使农田的水位降低，以保证庄稼的种植，同时又可排除土壤中的盐碱，有利于庄稼的生长。商周农田建设中所盛行的沟洫制度就是大禹时期开创的。因此也可以说这是大禹对中国古代农田基本建设的一个伟大贡献。

二、沟洫制度

夏商西周的统治中心都是在靠近河流、灌溉方便、土地肥沃的平原地区，王畿和诸侯封国最初都是设在这些地方。如夏商在汾水流域和黄河冲积扇地区，西周的王畿在渭水流域，晋的封国在汾水流域，鲁的封国在泗水流域，汉阳诸姬在汉水流域。这些地方的土质疏松肥沃，地势平坦，如果农田水利工程没有搞好，夏秋暴雨成灾之时，就会淹没农田，冲毁土地，破坏农业生产。因此必须在农田中间修建许多排水沟渠，也就是大禹所说的“浚畎浍”。由这些大小不同的畎浍组成的农田排水系统，就是孔子所说的“沟洫”。

大禹既然是“浚畎浍距川”，说明当时农田中必定已有畎浍存在，大概长年失修，多数已经淤塞，导致积水成灾，淹没农田，大禹才加以疏浚。考古工作者在河南洛阳市矬李后冈第二期文化煤山类型的遗址中，发现了属于夏文化的水渠，宽2～3米，深约1米，可作为夏代确有沟洫的实证②。

---

① 马宗申：《关于我国古代洪水和大禹治水的探讨》，《农业考古》1982年2期。

② 洛阳博物馆：《洛阳矬李遗址试掘简报》，《考古》1978年1期。

商代的甲骨文的“田”字作田、田、田、田、田，反映田亩划成4块、6块、8块、9块、12块的形状①。可以看出，田间已有纵横交错的沟洫系统。甲骨文还有一个甽字作甽，从田从川，就是田间行水的沟渠，也就是“畎”字。《汉书·食货志》说：“后稷始甽田，以二耜为耦，广尺深尺曰甽，长终亩，一亩三甽，一夫三百甽。”后稷曾经协助大禹治水，并专门负责指导农业生产，大禹既然曾经“浚畎浍”，浚的应该就是后稷主持规划的农田中的畎浍，后稷也会在自己的家乡推行这种设施，并为其后代所继承。从甲骨文“田”字的结构来看，说后稷是畎浍制度的推广者是有可能的。古代的长亩是宽一步，长百步。甽旁为垄（当时也叫作亩），一个长亩中既然有三条甽，当然也就有三条亩。当时一个农夫耕种100亩田，由300条长甽与300条长垄相间组成，正好成为正方形的农田，与甲骨文“田”字形象相符。虽然至今尚未发现商代农田沟洫遗迹，但从田字的象形可以窥见当时沟洫的大致结构，也可推测夏代畎浍大概离此不远。

沟洫的盛行和完善是在西周时期，《周礼》中有较详细的记载。如《冬官·考工记·匠人》：“匠人为沟洫。耜广五寸，二耜为耦，一耦之伐，广尺、深尺谓之畎。田首倍之，广二尺、深二尺谓之遂。九夫为井，井间广四尺、深四尺谓之沟。方十里为成，成间广八尺、深八尺谓之洫。方百里为同，同间广二寻、深二仞谓之浍，专达于川。各载其名。”《地官·司徒·遂人》又载：“凡治野，夫间有遂，遂上有径。十夫有沟，沟上有畛。百夫有洫，洫上有涂。千夫有浍，浍上有道。万夫有川，川上有路，以达于畿。”

从上面记载可以知道，古代的农田制度是以亩为计算耕地面积，同时亩又是田间高起畦垄的名称。亩（垄）与亩（垄）之间为深广各一尺的沟（甽）。百亩之田为一夫，夫与夫之间挖掘深广都比畎大一倍（深广各二尺）的遂，挖遂的土翻在遂的边上做为田间通行的小径，就叫作“径”。九夫（九百亩，按《遂人》则应为十夫）为一井，井间挖掘深广各四尺的沟，沟中的土翻到上面做为较宽的道路，叫作畛（《诗经·周颂·载芟》有“千耦其耘，徂隰徂畛”句可证）。井（百亩）正好呈方形，也就是一里。地方十里为成，成与成之间开挖深广各八尺的洫，洫上有更宽的涂。地方百里为同，同与同之间开挖深二仞广二寻的浍，浍上修筑宽阔的道路，就叫作道。浍是直接通向河流的（“专达于川”），大体上万夫农田之间必有河流（川），川上有大路（就叫作路）可以一直通向都城。于是畎、遂、沟、洫、浍这五级沟渠和亩、夫、井、成、同配合，构成井井有条、沟沟相通的网络系统，它们又和径、涂、道、路系统交加形成经界方正、阡陌纵横的井田景象②。

---

① 分别见《殷虚书契前编》《邺中片羽》《殷契粹编》《藏龟拾遗》。

② 汪家伦、张芳：《中国农田水利史》第二章第二节，农业出版社，1990年。

这种纵横交错、规制严密的沟洫系统的功用何在，学术界的意见不尽相同。有的认为是灌溉的沟渠，有的则说是排灌设施（兼有排水和灌溉作用），但多数人认为是排水设施。因为如果是灌溉的沟渠，应该是从水源开始逐级由高而低、由大而小，最后达到田间，其最后一道水沟必须略高或等于田面，水才能顺利流进田里。然而《周礼》所载的沟洫体系却正好相反，从田亩中的小沟（畎）逐级由小到大、由浅入深，最后达到河川，明显是个排水系统。所以早在汉代，郑玄在注《周礼》的“遂人”时就指出：“遂、沟、洫、浍，皆所以通水于川也。”在注《周礼・秋官》的“雍氏”时也说：“沟、渎、浍，田间通水者也。”他认为涝灾是当时最主要的灾害，开挖沟洫就是为了排涝。清代程瑶田在《沟洫疆理小记》中也指出：“余亦以为备潦非备旱也。”这种畎、遂、沟、洫、浍五级沟渠与现在华北平原排水沟系中的毛沟、墒沟、小沟、中沟、大沟相类似，确实是适合于北方低地农业防涝排涝的需要。

西周的水田也是有沟洫系统的，但与旱地有所不同。《周礼・地官・司徒》有“稻人”一职：“稻人掌稼下地，以潴畜水，以防止水，以沟荡水，以遂均水，以列舍水，以浍写（泻）水，以涉扬其芟作田。凡稼泽，夏以殄草而芟夷之。泽草所生，种之芒种。旱暵，共其雩敛。”稻人负责管理低洼地稻作农业水利设施，“以潴畜水”就是利用洼地蓄水滞涝；“以防止水”就是筑堤防止外水侵入，目的是解决洪涝漫浸，为泽地的开发利用创造条件；“以沟荡水”就是将水平缓地从沟中输入稻作区；“以浍写（泻）水”就是将多余的水从浍中泻入江河；“以遂均水”就是将水通过田间小沟均衡地输送到稻田里；“以列舍水”的“列”指塍岸，“舍”指储存，就是修筑田塍保留住田中的水层。可见这些措施和上述旱地排水的沟洫属于两种不同的水利工程。《周礼》“匠人”中的工程由畎、遂、沟、洫、浍五级沟渠组成，属于农田排水系统，目的是解决旱作农地的排涝除水。“稻人”中的工程则不仅有用以排水的浍，还有蓄水的潴，防水的堤，输水的沟，均水的遂以及关水的田塍，构成了适应水稻种植需要的水利工程。但这也只能在雨水充沛的时候适用，如果遇上大旱之年，水源枯竭，稻人就要带领大家举行祈雨的祭祀（共雩敛）①。

沟洫制度的推行，缓和了水旱的矛盾，保障了生产的顺利进行，提高了作物的产量，从而导致当时农业生产出现了兴旺的景象。《诗经》中有许多诗篇描写了农田建设的情形：

> 迺埸迺疆，迺积迺仓。……相其阴阳，观其流泉。其军三单，度其隰原，彻田为粮。（《大雅・公刘》）
>
> 迺疆迺理，迺宣迺亩。自西徂东，周爰执事。（《大雅・绵》）

---

① 汪家伦、张芳：《中国农田水利史》第二章第二节，农业出版社，1990年。

畇畇原隰，曾孙田之。我疆我理，南东其亩。（《小雅·信南山》）

也有许多诗篇歌颂了庄稼茂盛、粮食满仓的丰收景象：

我黍与与，我稷翼翼。我仓既盈，我庾维亿。（《小雅·楚茨》）

益之以霢霂，既优既渥。既沾既足，生我百谷。疆埸翼翼，黍稷彧彧。曾孙之穑，以为酒食。（《小雅·信南山》）

曾孙之稼，如茨如梁。曾孙之庾，如坻如京。乃求千斯仓，乃求万斯箱。黍稷稻粱，农夫之庆。（《小雅·甫田》）

显然，“乃疆乃理，乃宣乃亩”的沟洫制度与“千斯仓”“万斯箱”的粮食丰收是密切相关的，尽管当时的沟洫建设未必一定就如《周礼》所描述的那么严密规整，但田间布满大小沟渠排除积水以保障庄稼的生长，确实是客观存在的事实。

沟洫制度直到春秋时期仍然发挥作用。《左传·襄公三十年》记载子产治郑时，使“田有封洫，庐井有伍”。《孔子家语·致思》记载“子路为蒲宰，备水灾，与其民修沟渎”，三年之后，“田畴尽易，草莱甚辟，沟洫深治”。《管子》载齐桓公“请问备五害之道”，管子回答要从除水害开始：“决水潦，通沟渎，修障防，安水臧。使时水虽过度，无害于五谷。”看来孔子称赞大禹“尽力于沟洫”并不是偶然的，他肯定看到沟洫在农业生产中所发挥的巨大作用，从而缅怀大禹当年开创“浚畎浍”的伟大业绩，才发出由衷的赞叹。

不仅如此，夏、商、西周的沟洫制度，不但是当时的基本农田建设，而且深刻地影响到农业生产技术的各个方面，如耦耕的盛行就和沟洫的修建有极为密切的关系。而西周的井田制度也是和沟洫制度互为表里的。因为沟洫系统是个庞大的工程，非单家独户所能完成的，需要发挥集体的力量来完成修建和维护任务；要发挥这种公共职能，便需要依赖原有的农村公社组织，而井田制正是由农村公社蜕变而来的。因此，把握沟洫制度的形成及其发展，便成为理解我国上古时期农业以至整个社会历史的关键之一①。

三、水井建设

水井的起源相当古老。据《吕氏春秋·勿躬篇》记载：“伯益作井。”《淮南子·本经训》也说：“伯益作井而龙登玄云，神栖昆仑。”伯益协助过大禹治水，至少夏代就已经发明凿井技术。但是，据《史记·五帝本纪》记载，舜的弟弟象为争夺家产伙同其父瞽叟骗舜去穿井，“舜既入深，瞽叟与象共下土实井”，但是“舜从匿空出，去。”可见早在伯益之前的尧舜时代就已经有穿井技术。而《世本》则说

① 李根蟠：《先秦时代的沟洫农业》，《中国经济史研究》1986年1期。

“黄帝见百物，始穿井”，据此，水井的出现可早到黄帝时代。

实际上，水井出现的时期比黄帝要早得多，如长江流域下游的河姆渡遗址就发现了距今5 700年左右的木构水井，上海青浦县崧泽遗址发现了马家浜文化时期的水井，山东济宁市张家山遗址发现过北辛文化时期的水井，山东枣庄市山亭遗址也发现了大汶口文化时期的水井①。但是至今为止，中原地区尚未发现同一时期的水井。目前发现的早期水井都属于河南龙山文化时期，如河南汤阴县白营遗址发现了木构方形井，全深11米；山西襄汾县陶寺遗址发现了木构圆形井，深达15米。此外，在河南洛阳市矬李和临汝县煤山遗址、河北邯郸市涧沟遗址也发现了竖穴土井，深6.1～7.7米不等②。因此，水井的发明远在黄帝以前，不过中原地区却是到黄帝时期以后才开始盛行水井，人们将水井的发明归到黄帝名下也并非捕风捉影之事。

进入夏商时期，水井已经在中原地区普及。考古工作者在山西夏县东下冯遗址和河南驻马店市杨庄遗址都发现了二里头文化时期的水井③。商代水井就发现得更多，如河北藁城县台西、河南安阳市苗圃北地和刘家庄、郑州市东里路、偃师县尸乡沟诸遗址都发现商代的水井。1974年在台西遗址发现一口水井，井口为椭圆形，直径1.38～1.58米，深3.7米，井底为长方形，南北长1.48米，东西宽1.06米，井底有木制的井盘，盘分内外两层，内层是用两层圆木搭成一个“井”字形，高0.24米。在盘内四角各插有加固井盘的木桩，除西北角插有两根，其余各插一根。外盘除南面用6层圆木，其余都用4层圆木搭成，圆木之间的空隙用短木堵塞，圆木的顶端插入井壁，井盘二至三层圆木之间还搭有一根南北方向的圆木，使井盘形成“井”字形，盘内的四角各插一木桩。所用的圆木大多数没有剥皮，有的留存着枝杈，但两头都是经过加工削平的。在井盘内除堆有一些陶罐，还发现了一只扁圆形的木桶，是一段木瘿子掏成的，口边有对称的两个方孔，用来穿绳④。藁城台西的水井共发现两处，从水井结构和用水桶提水来看，商代的凿井技术及提水方法都远比原始的“凿隧而入井，抱瓮而出灌”（《庄子·天地》）要进步得多。

西周至春秋时期的水井在陕西、河南、山东、湖北、江西、湖北、江苏都有发

---

① 见《农业考古》1996年3期，286页。

② 黄展岳：《考古纪原》，四川教育出版社，1998年，23页。

③ 东下冯水井相关报道见《考古》1980年2期，99页。杨庄水井见《考古》1995年10期，876页。

④ 苗圃北地的水井相关报道见《考古学报》1991年1期，95页。刘家庄的水井相关报道见《华夏考古》1997年2期，30页。东里路的水井相关报道见《中国文物报》1995年7月30日。尸乡沟的水井相关报道见《考古》1988年2期，131页。台西的水井相关报道见《文物》1979年6期，36页，又见河北省博物馆、文管处台西考古队，河北省藁城县台西大队理论小组编：《藁城台西商代遗址》，文物出版社，1977年，66～71页。

现，仅陕西长安县张家坡就发现了8座[①]。而河南潢川县黄国古城发现的春秋水井种类齐全，共有土穴井、陶圈井、木圈井、竹圈井4种，可见当时的凿井技术已相当进步[②]。

从各地考古发现观察，多数的水井都靠近住宅，主要是供给人们日常的生活用水，似尚未用于农田灌溉。从《周易大传》卷四“井”卦的卦辞亦可看出这一点：

改邑不改井，无丧无得。往来井，井汔至，亦未繘井，羸其瓶，凶。

意思是：改建其邑，不改造其井，无失无得。若众人往来井上以汲水，井水已竭，为泥所塞，不穿其井，而毁其瓶，则无汲水之处，又无汲水之器，是凶矣。

木巽乎水而上水，《井》。井养而不穷也。

意思是：木（巽为木，又为入）入于水，使水上升，即以木桶投入井中，汲水上升，是以卦名为《井》。井水所以养人，众人汲之而水不尽，故曰：“井养而不穷也。”

井泥不食。

意思是：汲水之井有泥，则其水不可食。

井渫不食，为我心恻。

意思是：井水清洁而人不食，犹贤人有清德美才而国王不用，此乃我心悲痛之事。

井洌寒泉，食。

意思是：因泉造井，井水清，泉水寒，则食之。

井收勿幕，有孚元吉。

意思是：有人汲水，既收其瓶与绳，而不盖其井，罚之乃大吉（盖井是为了预防雨水及秽物之浸入污染水源）[③]。

由此可见，《周易》所谈到的水井，都是食用之井，而非灌溉之井。不过商周时期，园圃业已经开始从大田中分化出来，成为相对独立的生产行业。而园圃一般都靠近住宅区，且面积较小，便于精心管理，因此商周的水井除了供给人们的生活用水，是有可能用来灌溉园圃中的蔬菜瓜果的。如《庄子·天地》记载：“子贡南游于楚，反于晋，过汉阴，见一丈人方将为圃畦，凿隧而入井，抱瓮而出灌。”就明言当时陕西南部汉阴地区凿井是为了灌溉园圃中的蔬菜瓜果，子贡认为它“用力甚多而见功寡”，是种落后的灌溉手段。可见用井水来灌溉园圃必定有很久远的历史，因此我们推测商周之际已经利用井水灌溉园圃当不会太过牵强吧。

上述《庄子·天地》在记述子贡见汉阴老人“抱瓮而出灌”后说：“有械于此，

---

① 陈文华：《中国农业考古资料索引》“水井”，《农业考古》1994年1期，304页；《农业考古》1989年2期，390页；《农业考古》1996年3期，286页。

② 相关报道见《中原文物》1986年1期，55页。

③ 高亨：《周易大传今注》，齐鲁书社，1998年，303～306页。

一日浸百畦，用力甚寡而见功多，夫子不欲乎？为圃者卬而视之曰：奈何？曰凿木为机，后重前轻，挈水若抽，数如泆汤，其名为槔。”同书《天运》篇亦说：“且子独不见桔槔者乎？引之则俯，舍之则仰。”可见桔槔在战国时期已被用于灌溉园圃。子贡是南游楚国之后在返回山西途中经过陕西南部向汉阴老人介绍先进的灌溉机械桔槔，说明桔槔很可能是南方的楚人发明的。虽然在中原地区至战国时期才开始推广，但在南方长江流域却很可能早在战国以前就已发明了桔槔，至少在春秋时期南方已掌握桔槔提水灌溉技术当无太大问题。至今，南方有些地方仍在使用桔槔灌溉菜园。

四、陂塘蓄水工程——芍陂

《国语·周语下》提到大禹治水时“陂障九泽”，韦昭注“障，防也”，是利用自然地形稍加修整筑土而成的堤坝，可以防止洪水的漫溢淹没农田和屋舍，后来在此基础上发展为蓄水灌溉的陂塘工程。如《诗经·陈风·泽陂》“彼泽之陂”，毛传“陂，泽障也”，就是筑坝障水灌溉农田的陂塘。

历史上最早的陂塘是春秋中期的芍陂。这是楚国宰相孙叔敖主持修建的大型陂塘工程。孙叔敖在任楚国宰相之前，曾经在河南固始县东南的雩娄（可能是今灌河）修建过期思陂，即《淮南子·人间训》所说的“孙叔敖决期思之水，而灌雩娄之野”，成绩明显，被楚庄王任命为宰相。所来他又在安徽寿春县主持修建了芍陂工程。

芍陂在安徽寿春县南，利用西南的淠水与东面的肥水夹注形成水深面广的人工湖，水源丰富，正如《水经注》所说：“积而为湖，谓之芍陂。”据《水经注》记载，芍陂规模很大，“陂周百二十里”，其灌溉效益，昔时“芍陂良田万余顷”，至唐代扩大为“陂径百里”。芍陂设有 5 个控制水流的水门，“有五门，吐纳川流”。其西南一门纳淠水入陂，西北一门通香门陂，北面二门泄陂水入淮河，东北一门为井门，与肥水相通，肥水“与芍陂更相通注”。①

芍陂具有多种功能，它是灌溉农田的水利工程，也是控制河流泛滥的蓄洪区，又是维护航运的调节水库。它抬高了水位，在肥水水浅时，可以打开井门放陂水入肥水，以保持一定水量，便于航运。可见芍陂是集灌溉、防洪、航运于一体的综合性水利工程。

芍陂建成后，促进了楚国农业生产的发展，也使寿春成为繁荣的城市，《史记·货殖列传》称寿春为“一都会”。也惠及后世，在唐代还扩大为“陂径百里”。今天安徽寿春的安丰塘就是芍陂淤缩后的遗迹，还在继续发挥作用。

---

① 《水经注·肥水》。

第五章　农业生产技术的发展

第一节　土地从撂荒到连年种植的发展

一、撂荒耕作制

在原始农业时期，人们对土地的开垦主要是采取“火耕”方法，即放火将地里的野草杂树烧掉，等到下雨之后将种子撒到地里，然后听其自生自实。由于被火烧过的草木灰有一定的肥效，收成就会好一些。但是当时既不懂施肥也不会中耕、灌溉，因此种了一两年后，地力立即下降，收成剧减，人们就将这块地撂下，另找一块长满野草的土地放火烧荒，依法种植，一两年后又撂下，再找新地烧荒。这种耕作制度就叫作“撂荒制”或“抛荒制”。这种撂荒耕作制在古籍中也有所反映，如《管子·揆度》：“黄帝之王……不利其器，烧山林，破增薮。”《盐铁论·通有篇》：“荆扬……伐木而树谷，燔莱而播粟，火耕而水耨。”

撂荒制在商周时期的中原地区逐渐被更为进步的休闲制和连年耕作所取代，但在偏远地区却长期被保留下来。如清代广东东部地区：“当四五月时天气晴霁，有白衣仙子（瑶族的一支）于斜崖陡壁之际，劏杀阳木，自上而下悉燔烧，无遗根株，俟土脂熟透，徐转积灰，以种禾及吉贝绵（棉），不加灌溉，自然秀实。连岁三四收，地瘠而弃，更择新者。”海南岛：“黎人……所居凭深阻峭，无平原旷野，伐木火之，散布谷种于灰中，即旱涝皆有收获。逾年灰尽，土硗瘠不可复种，又更伐一山，岁岁如之。”① 最为典型的是清末夏瑚《怒俅边隘详情》所记载的云南贡

① ［清］屈大均：《广东新语·食语·谷》。

山独龙族所保留的原始撂荒制的情况："江尾虽有俅牛，并不用之耕田，农器亦无犁锄，所种之地，唯以刀伐木，纵火焚烧。用竹锥地成眼，点种包谷。若种荞麦、稗、黍之类，则只撒种于地，用竹帚扫匀，听其自生自实，名为刀耕火种，无不成熟。今年种此，明年种彼，将住房之左右前后土地分年种完，则将房屋弃之，另结庐居，另砍地种。其已种之地，须荒十年八年，必俟其草木畅茂，方行复砍复种。"

独龙族的撂荒直到新中国成立前夕依然如故："每年冬春选择地段，砍除树木杂草，待草木干枯后聚而焚之。利用焚烧后的草木灰作肥料，不再施肥，也不翻土……耕种一年后肥力耗尽，即行抛荒。"① 云南的景颇族也是如此："其人多山居，迁徙无常……无犁锄，唯以刀伐树，晒干，纵火焚之，播种于地，听其自生自实，名曰刀耕火种。其法：今年种此，明年种彼，依次轮植，否则地力尽而不丰收矣。"② 云南省金屏县的苦聪人在1957年政府帮助他们实行定居以前，也是"耕地只种植一年就要抛荒"，"每年都要迁移"。③

既然抛荒制在我国各地都长期实行过，那么夏、商、西周、春秋时期也应该实行过抛荒制。如《诗经》中所反映的有些地方实行火耕的情况："瑟彼柞棫，民所燎矣"（《大雅·旱麓》），孔颖达正义："燎，放火也。""芃芃棫朴，薪之槱之"（《大雅·棫朴》），郑笺："槱，积木烧也。""燎之方扬，宁或灭之"（《小雅·正月》）。

这些实行火耕的地方，其耕作制度应该是抛荒制。因此曾有学者认为西周时期普遍实行撂荒耕作制："当时对土地的利用，一般不超过三年，在连续耕种三、二年之后，就弃耕撂荒，而易地耕种。当时的撂荒是长期的和不定期的。"④ 但是，撂荒制是低下的农业生产力的产物，它总是和"刀耕火种"联系在一起。既无犁锄，又不懂得施肥、灌溉，"播种于地，听其自生自实"，因此地力急剧下降，只好抛荒。因为要不停地开垦新地，就得经常流动，"迁徙无常"。所以，抛荒制又是和长久定居相矛盾的。而夏、商、西周、春秋时期各个主要农业区早已摆脱"刀耕火种"的原始落后方式，生产工具已相当进步，生产技术也有很大提高，出现了整地、中耕、施肥、灌溉、灭虫等精耕细作的技术萌芽，农村已经实行长久定居，涌

---

① 李根蟠等：《试论我国原始农业的产生和发展》，《中国社会经济史论丛》第一辑，山西人民出版社，1981年，53页。

② 尹明德：《滇缅北段界务调查报告》。

③ 李根蟠等：《苦聪人早期原始农业的生产和生活》，《中国农史》1982年1期，71页。

④ 郭文韬：《中国古代农作制之史的考察》，《中国农报》1963年9期。万国鼎等在《中国农学史》上册（科学出版社，1984年，40页）中，也持有同样观点，在谈到《诗经·周颂·臣工》中的"如何新畬"问题时说："正反映当时改良土壤和保存地力的条件还未具备，所以垦出来的土地在通常情况下，至多三年就不能再种下去了。……只有撂荒。"

现了许多人口密集的都城，发明了冶炼技术，创造文字和书籍，出现了严密的国家政权机构，拥有一支庞大的军队。总之，整个社会已经进入文明时代。显然，这样一个相当发达的文明社会是不可能建立在以撂荒制为主导的落后的农业生产力基础之上的①。

因此，撂荒制不是这一时期的农耕制度的主流，在各地重点农业区中撂荒制已经被淘汰。代之而起的是较为进步的休闲制以及更为先进的连年种植制。

二、菑、新、畬休闲耕作制

商周时期，由于耕作技术和生产工具都有很大进步，农业生产力已有较大提高，已经脱离了原始农业那种“不耘不灌，任之于天”的落后状态。同时也由于人口的增加，对耕地的需求日益迫切，因此对土地的利用就不再“须荒十年八年，必须草木畅茂，方行复砍复种”，而是只要休闲两三年之后就可以继续耕种，从而提高了土地利用率。这种休闲耕作制主要包括菑、新、畬三个阶段。

在先秦文献中常常提到菑、新、畬，如：

厥父菑，厥子乃弗肯播，矧肯获（《尚书·大诰》）。

惟曰若稽田，既勤敷菑。惟其修陈，为厥疆畎（《尚书·梓材》）。

不耕获，不菑畬，凶（《周易·无妄·六二爻辞》）。

薄言采芑，于彼新田，于此菑亩（《诗经·小雅·采芑》）。

嗟嗟保介，维莫之春。亦有何求？如何新畬？（《诗经·周颂·臣工》）

关于菑、新、畬，学术界历来有不同的解释。

《毛传》解释为：“田，一岁曰菑，二岁曰新，三岁曰畬。”《尔雅·释地》的解释与此完全相同。

《礼记·坊记》引用《周易》“不耕获，不菑畬”时，郑玄注“田，一岁曰菑，二岁曰畬，三岁曰新田”，次序有所不同。

《说文解字》解释“菑”为“不耕田也”，释“新”为“取木也”，释“畬”为“三岁治田也”。

据考，《毛传》是西汉初鲁人毛亨所作，毛亨的诗学传承自孔子的学生子夏，其训诂主要以先秦学者的意见为依据，保存了较多的古义，较为可信。但是因解释得太过简略，后人理解不同，产生了许多不同的说法，据陈振中先生的归纳，主要

① 陈振中先生曾指出商周时期农业生产水平早已超过火耕阶段，因而不可能还在实行撂荒制。其主要理由是：农田水利建设有较高水平，耕地较固定；农田已经施肥；已有一定程度的土壤学知识；田地已进行翻耕和深耕；重视中耕除草。见其所著《青铜生产工具与中国奴隶制社会经济》，中国社会科学出版社，1992 年，323 页。

有以下六种：

（1）清人黄以周认为：菑、新、畬是三年轮种一次的“再易之田”上的三个耕作过程，即第一年除去树根杂草叫菑，第二年翻地使土壤解散叫新，第三年下种收获叫畬。（黄以周：《儆季杂著·群经说·释菑》）

（2）刘师培先生认为：“一岁曰菑，即三岁之中仅有一岁可耕也。”“二岁曰新，即言三岁之中仅有二岁可耕也。”“三岁曰畬，即言三岁之中每岁皆可耕也。”（刘师培：《古政原始论》卷五《田制原始论》，载《刘申叔遗书》第16册）

（3）徐中舒先生认为菑、新、畬是农村公社的三田制。“根据欧洲村公社的三田制，我们假定西周村公社全部可耕之地也是分为三个相等的部分，其中菑为休耕的田，新为休耕后新耕的田，畬为休耕后连续耕种的田……第一年如此，第二年仍耕这三部分田，不过其中菑、新、畬已转为新、畬、菑。同例，第三年又转为畬、菑、新。”（徐中舒：《试论周代的田制及其社会性质》，载《历史研究》编辑部编《中国的奴隶制与封建制分期问题论文选集》，生活·读书·新知三联书店，1956年，457页）

游修龄先生也认为：“菑是休闲的田，但在休闲期间要清除杂草耕翻入土，为第二年的新田、第三年的畬田创造肥力条件。”与徐说相近。（游修龄：《殷代的农作物栽培》，《浙江农学院学报》1957年2卷2期，154页）

（4）杨宽先生认为：“菑田、新田、畬田的正确解释应该是三种不同年数的农田。”“第一年初开垦的荒田叫菑田，第二年已能种植的田叫新田，第三年耕种的田叫畬田。”（杨宽：《古史新探》，中华书局，1965年，12、21页）

（5）郭文韬先生认为：“菑是垦耕第一年的田；新田是垦耕后第二年的田；畬是垦耕后第三年的田。这种情况表明：当时对土地的利用，一般不超过三年，在连续耕种三、二年之后，就弃耕撂荒，而易地耕种。当时的撂荒是长期的和不定期的。”（郭文韬：《中国古代农作制之史的考察》，《中国农报》1963年9期）

（6）石声汉先生认为菑、新、畬是三类不同的撂荒地：“一类是刚收过一料，旧茬还在地里，称为菑（茬的古写法）；一类旧茬已被卷土重来的天然植被吞没了，正在复壮过程中，称为畬（意思是肥力在蓄积中）；还有一类，是现在已经长出小灌木（以‘亲’——即榛为代表）来，需要用斧子（斤）来砍掉，作为垦辟对象的新田（新字的构成就是用斤伐亲即榛，也就是新鲜、未经用过等意义）”。马宗申先生在引述石声汉先生生前未曾发表过的意见时认为：“似以不变动《尔雅·释地》成说为宜（指菑、新、畬的次序）……同样的可用他的新解进行解释：①菑——始返草也，为天然植被开始恢复生长时期；②新——形同生荒地也，为植被群落滋生繁衍的时期；③畬——治田也，为开垦期。”马宗申先生认为：“西周初农夫们所使用的稼穑地，很可能是每年轮换一次的”，“一般的土地在一次收获后，便必须实行撂荒。”（马宗申：《略论“菑新畬”和它所代表的轮作制》，《中国农史》1981年1

期，63、64、66页）①

以上的意见，除了最后一种（石声汉），都认为“菑、新、畬”是耕垦农田的不同阶段。如黄以周以第一年除去树根杂草曰菑，第二年翻耕土壤曰新，第三年下种收获曰畬。刘师培则以三年中只有一年可耕曰菑，有二年可耕曰新，三年之中皆可耕曰畬。徐中舒认为第一年休耕的田为菑，第二年休耕后重新耕垦的田为新，第三年继续耕垦的田为畬。杨宽先生认为第一年开荒的田曰菑，第二年已能种植的田曰新，第三年耕种的田曰畬。郭文韬则认为耕垦第一年曰菑，第二年曰新，第三年曰畬。

但是，《说文解字》已明确指出菑为“不耕田也”，应该就是休闲的农田。将它解释成正在耕种的田或虽是不耕却还要除去树根杂草翻入土中，都与古训不合，也没有文献上的根据。在人均土地较多、生产工具相对简陋、牛耕（特别是铁犁）没有发明和推广的商周时期，我们很难想象当时的农夫除了种植庄稼，还有能力将休闲的土地都耕翻一遍。《说文解字》解释“新”为“取木也”，说明休闲两年之后的田中已有小树木可供砍伐，这“新”田也是处于休闲状态，不可能是种植庄稼的农田。只有将“畬”解释为耕种的农田这一点才符合《说文解字》“三岁治田也”的解释，也就是说，三年之中只有“第三年的畬才是耕种的农田，其余都处在休闲状态”。

因而石声汉和马宗申先生的意见似乎是最符合历史实际的，只要将他们所说的“撂荒”理解为“休闲”即可。李根蟠先生也持相同意见，认为菑、新、畬“应是以三年为一周期的休闲耕作制中第一年、第二年、第三年的耕地”，即菑是休闲田，第二年叫新田，第三年叫畬田，都是现耕地②。

概括说来，种植过的耕地休闲一年不耕长满杂草的，叫作菑。休闲第二年植物群落滋生繁衍已长出小灌木的，叫作新。第三年因地力已经恢复，可以翻耕种植（即“治田”）叫作畬。因此西周时期的耕作制度是种植一年休耕两年的休闲制，土地利用率已达三分之一，比起原始农业的抛荒制土地须荒十年八年是大大提高了。

三、田莱制

西周虽然实行菑新畬休闲耕作制，但并非所有的农田都需要休闲两年才能重新耕种。有些良田是可以连续耕种的，有的则只需休闲一年就可以重新耕种，这就是《周礼·地官·遂人》所说的“上地、中地、下地”。也就是同书“大司徒”中所说

---

① 陈振中：《青铜生产工具与中国奴隶制社会经济》，中国社会科学出版社，1992年，313～315页。

② 李根蟠：《西周耕作制度简论——兼评对菑新畬的各种解释》，《文史》1981年3期。

的“不易之地”“一易之地”“再易之地”。上地是良田，可连年耕作，不需休耕另种它地，故曰不易之地。中地的地力较差，须休耕一年，故曰一易之地。下地地力最差，需休耕两年，故曰再易之地。

西周实行井田制，每一户有强劳动力的农家分耕百亩，称为“一夫”之田。但因田有好坏之分，必须“以地之媺恶为之等”(《周礼·地官·司徒》)，即根据土地好坏分成不同的等级来分配，不能好田差田都是100亩，那是不合理的。如果好田分给100亩，差田就得多分一些，其收成才能大体相当，才可能交纳相同数量的租税。所以《周礼·地官·大司徒》规定：

> 凡造都鄙，制其地域，而封沟之，以其室数制之。不易之地，家百亩。一易之地，家二百亩。再易之地，家三百亩。

郑司农注曰：

> 不易之地，岁种之，地美，故家百亩。一易之地，休一岁，乃复种，地薄，故家二百亩。再易之地，休二岁，乃复种，故家三百亩。

这与《公羊传·宣公十五年》的记载也相符合：

> 司空谨别田之高下善恶，分为三品：上田一岁一垦，中田二岁一垦，下田三岁一垦。

这些二岁一垦、三岁一垦的农田，在休耕的时候成为长满野草蒿莱的草地，故亦简称“莱”(《周礼》郑注“莱”是“休不耕者”)，因而这种耕作制亦被称为莱田制。

《周礼·地官·遂人》规定遂人的职责之一是

> 辨其野之土，上地、中地、下地，以颁田里。上地夫一廛，田百亩，莱五十亩，余夫亦如之。中地夫一廛，田百亩，莱百亩，余夫亦如之。下地夫一廛，田百亩，莱二百亩，余夫亦如之。

这里的“中地夫一廛，田百亩，莱百亩”，与上述“一易之地，家二百亩”一致。“下地夫一廛，田百亩，莱二百亩”与上述“再易之地家三百亩”一致。惟独“上地夫一廛，田百亩，莱五十亩”与上述“不易之地家百亩”不同，多出莱地50亩。

为何要给种植不易之地的农户多分50亩莱地呢？陈振中先生的解释是，这50亩莱地与100亩不易之地合为三份，每年种植两份，休耕一份，是逐年轮换的三圃制①。但是既然是“地美”“岁种之”的“不易之地”，就不需要轮换休耕，故此说无据。夏纬瑛先生的解释是：“多出莱地50亩，这应当就是有所‘彊予’的意思。”夏先生所说的“彊予”就是多给的意思。“多给流亡农民土地，而又以‘下剂’的标准征收税赋，这即是招致农甿的政策。”② 但是要照顾外来流民，应该是上中下地的种

① 陈振中：《青铜生产工具与中国奴隶制社会经济》，中国社会科学出版社，1992年，339页。

② 夏纬瑛：《〈周礼〉书中有关农业条文的解释》，农业出版社，1979年，92页。

植者都要照顾到，不可能只照顾种植上地者。所以这种解释也还很难自圆其说。

依我们看来，原因可能是：虽然耕种三种土地的农户每年都只能种植100亩农田，但是种植“一易之地”的农户还有100亩休耕的莱田。种植“再易之地”的农户有200亩莱田。这些莱田虽然不能种植粮食，但是可以放牧牲畜，地里的杂草灌木还可加以利用，如作为燃料等。而种植不易之地的农户却没有任何草地可以利用，明显是吃亏的，因此给以50亩莱田作为弥补也是合情合理的。

可以说，莱田制是菑新畬休闲制的发展和完善，它应是西周（特别是后期）的主要耕作制度。

四、“不易之地”连年种植制

商周时期，人们已经积累了相当丰富的农业生产经验，掌握了施肥、锄草、灌溉等技术，其中特别是人畜粪肥和绿肥的利用，是一个突出成就。

《氾胜之书》说：“汤有旱灾，伊尹作区田，教民粪种。”说明当时已经开始使用粪肥。甲骨文有𡰪字，胡厚宣先生考证为“屎”字。武丁时的卜辞有：“庚辰卜，贞，翌癸未屎西单田，受有年，十三月。”（《甲骨续存》下166）意思是在闰十三月庚辰这一天占卜，问由庚辰到癸未这四天里，在西单的田地上施用人粪肥，能够得到丰收吗？武丁时的另一条卜辞为：“屎有足，二月。”（《甲骨续存补》7195）还有一条：“屎有足乃壅田。”意思都是说在二月备足粪肥，可以壅在田里的垄亩上①。

甲骨文也有很多文字表示牛马猪羊的圈厩，必然会有很多畜粪，这些畜粪也应该会施用到农田中去的。因此商代已掌握施肥技术当没有问题。

西周时期施肥技术又有进步，主要表现在两个方面：一是已能因地制宜地使用粪肥，如根据不同土地的性质来施用不同动物的畜粪。《周礼·地官·草人》：“草人掌土化之法以物地，相其宜而为之种。凡粪种，骍刚用牛，赤缇用羊，坟壤用麋，渴泽用鹿，咸潟用貆，勃壤用狐，埴垆用豕，强檃用蕡，轻爂用犬。”这是九种不同性质的土壤，施用8种不同动物粪便和一种植物（蕡，即大麻籽）作为基肥。二是使用绿肥。《诗经·周颂·良耜》：“其镈斯赵，以薅荼蓼。荼蓼朽止，黍稷茂止。”即将荼蓼这种野草铲除掉，腐朽之后，黍稷这种庄稼就长得很茂盛。《周礼·秋官·薙氏》：“薙氏掌杀草。春始生而萌之，夏日至而夷之，秋绳而芟之，冬日至而耜之。若欲其化也，则以水火变之。”郑玄注：“谓以火烧其所芟萌之草，已而水之，则其土亦和美也。”《礼记·月令》也说：“季夏之月，土润溽暑，大雨时行，烧薙行水，利以杀草，如以热汤，可以粪田畴，可以美土疆。”这些都明确说

① 胡厚宣：《再论殷代农作施肥问题》，《社会科学战线》1981年1期，104页。

明当时已经掌握了施用绿肥技术。

显然，畜粪和绿肥的使用，再加上耕地、中耕、灌溉等措施，无疑会大大增强土壤的肥力，使地力得到恢复和提高，因此有一部分良田不需要休闲几年才种植，而是每年都可以耕垦种植，这种土地连续利用的制度就叫作连年种植制。

前面所引的“一岁一垦”的“上地”“上田”和“不易之地”，都是由于地力得到培育和恢复的肥沃良田，因此不需休闲，每年都可开垦种植，其土地利用率是百分之百，比休闲制提高了两倍。也就是说同样是一块土地，可以比其他土地多生产一两倍的粮食。

到了春秋时期，连年种植制得到了进一步的发展，有越来越多的农田不需要再休闲了。甚至在一些人口密集、土壤肥沃、灌溉便利的地区可以做到“四种而五获”。《管子·治国》说到：“常山之东，河、汝之间，早生而晚杀，五谷之所蕃熟也。四种而五获，中年亩二石，一夫为粟二百石。”而到了战国甚至可以一年收获两次庄稼。《荀子·富国》：“今是土之生五谷也，人善治之，则亩收数盆，一岁而再获之。”荀子虽然记述的是战国时期的事情，但“一岁而再获”的现象却有可能是萌芽于春秋时期，至少可以说明至迟到了春秋时期，连年种植制已经比较普及了。这在我国耕作制度史上是个巨大的进步。从此之后，我国就走上了连年种植制的道路。如何保护、培育地力，使之长期不衰，也就成为我国传统农学最为关注的核心问题。

第二节　耕作技术的不断革新

一、火耕

商周时期耕作技术的进步是个渐进的历史过程。在商代初期和西周初期，生产力较为低下，在地广人稀、工具简陋的情况下，其耕作技术也必然是粗放落后的。对于大片荒野土地的开发，往往采取火耕方式，实行的是撂荒制。

“焚林而田”是商代经常采用的狩猎方法，同时又是开发土地的方法。将地里的草木焚烧以后，野兽无处藏身，易于射猎。据孟世凯先生研究，商代卜辞中较明确的狩猎用焚就有十几条。焚林而田在商代以后一直被采用，如：

《春秋·桓公七年》：“焚咸丘”。杜预注：“焚，火田也。咸丘，鲁地。高平巨野县南有咸亭。”

《公羊传·桓公七年》：“焚咸丘。焚之者何？樵之也。樵之者何？以火攻也。”

《左传·定公元年》：“田于大陆，焚焉。”杜预注：“疑此田在汲郡吴泽荒芜之地。火田，并见烧也。”

《韩非子·难一》：“焚林而田，偷取多兽。”

《说文解字》：“焚，烧田也。”

既然商代至春秋时期的贵族经常用焚林而田的办法进行狩猎，当然也会将这些焚烧过的土地辟为农田，或者用这种办法开辟其他荒地为农田。所以孟世凯先生也认为：“在人少地多、林木沼泽遍布，禽兽漫生的大地上，采用‘焚林而田’的打猎方法不仅仅是为了获取野兽，主要是为开辟土地、垦殖农田准备条件。这样许多原来的猎区就逐渐变为农区，或是猎、农交替的一些地区进一步扩大了农业种植，发展了农业生产。”①

西周初期，火耕也是开辟荒地的主要方式。

《诗经·大雅·皇矣》生动地描写了周太王在岐山下周原一带开荒垦田的情景：

作之屏之，其菑其翳。
修之平之，其灌其栵。
启之辟之，其柽其椐。
攘之剔之，其檿其柘。

写的是将直立和横卧的枯树砍伐清理，将丛丛的灌木树枝修齐剪平，将柽椐树挖掉芟去，将野生山桑黄桑杂树剔除。虽然没提到怎么处理这些被清除的枯树杂木，实际上仍然是要用火焚烧作为肥料以增强地力，实行的仍然是火耕技术。

前面所引的《诗经》中许多描写火耕的诗句，如“瑟彼柞棫，民所燎矣”（《大雅·旱麓》），“燎之方扬”（《小雅·正月》），描写的是西周文王至西周晚期焚烧树木的情形。此外《诗经·郑风·大叔于田》中的“叔在薮，火烈具举”，“叔在薮，火烈具扬”，“叔在薮，火烈具阜”等诗句，都是描写春秋时期“焚林而田”的情况。

可见，火耕在商、周、春秋时期确实存在过。相信那些休闲过的农田，地里长满莱草，重新耕种之前，也是要借助火的威力将它们烧掉，才好进行整地、播种等农活。

不过，火耕主要是在开辟荒地和休闲过的土地重新耕垦时使用，在一些已垦为农田的土地，特别是那些“一岁一垦”的不易之田，火耕则为更加进步的耕作技术所取代。因而，严格说来，火耕并不能作为商周时期农耕技术的代表。

二、协田

协田是殷商时期的重要耕作方式。卜辞中提到协田的有下列几条：

---

① 孟世凯：《商代田猎性质初探》，见胡厚宣：《甲骨文与殷商史》，上海古籍出版社，1983年，220页。

□□卜，𡧊，贞：王大令众人曰：协田，其受年？十一月。[①]

贞，叀辛亥协田？十二月。[②]

弜已灾，叀懋田协，受又年？[③]

前两条为第一期卜辞，第三条为第三、第四期卜辞，可见协田在商代长期进行，是一项重要的农事活动，历来受到研究者的重视。各家都认为"协"是动词，"田"是"协"的宾语。协田，也就是在农田里进行"协"的活动。但"协"到底是指什么，各家的解释却大不相同。大体有以下几种解释：

（1）认为"协"是一种祭祀。最早由王襄提出："协，祭名。田即田祖。"（《簠室殷契征文》考释第五编第一页）张政烺先生非常赞同这一解释，撰写了《殷契协田解》专文加以发挥，认为在各种意见中，"以王襄的说法最好"[④]。对于此说，许多学者不赞成，裘锡圭先生认为"目前还没有可以说明协田是祭祀活动的确凿证据"[⑤]；郑慧生先生也表示不同意："协田为祭祀，何必曰'大令'？祭祀是一种自觉行动，心不诚则不灵，祭祀而需'大令'，则何诚之有？"[⑥] 我们也认为，祭祀本身就是向神灵进行虔诚的祈祷，诚心祈祷了，神必佑我，还要问"其受年""受又年"干什么？实在用不着占卜。按习惯，祭祀通常都是有固定的日期和地点，何需每次都要占卜？退一步说，如果协田就是祭祀，肯定是与农事有关的活动，那么在祭祀时应该要举行某种仪式，其中主要的一项应是象征性地表演农耕活动，如同后世帝王的"籍田"一样，都要象征性地"朕亲耕，后亲桑，为天下先"（《汉书·文帝纪》师古注）。那么，协田这种祭祀所表演的活动，正是"协田"。因此，主张"协田为祭祀"论者，仍然要说明"协田"的具体内容，还需对"协"字进行一番研究。

（2）认为"协田"是种麦。最早由董作宾提出："协田者，言众人同力合作，以事田亩，非种麦之事盖莫属矣。"[⑦]"卜辞协即种麦也。"[⑧] 陈梦家先生赞同此说："协田在十一月，当是种麦。"[⑨] 张政烺先生在《殷契协田解》中专门批驳这一观点。他查阅《吕氏春秋》《氾胜之书》《四民月令》《齐民要术》等古代农书有关种

---

① 见《殷虚书契前编》7.30.2，《簠室殷契征文》岁时5，《殷虚书契续编》2.28.5，《殷契粹编》866，《战后京津新获甲骨集》580。

② 见《甲骨文零拾》89。

③ 见《京都大学人文科学研究所藏甲骨文字》2062。

④ 胡厚宣：《甲骨文与殷商史》，上海古籍出版社，1983年，1～12页。

⑤ 裘锡圭：《甲骨文中所见的商代农业》，见《全国商史学术讨论会论文集》（《殷都学刊》增刊），1985年。

⑥ 郑慧生：《商代的农耕活动》，《农业考古》1986年2期。

⑦ 董作宾：《殷历谱》下编卷四，6页下。

⑧ 董作宾：《殷历谱》下编卷四，7页上。

⑨ 陈梦家：《殷虚卜辞综述》，科学出版社，1956年，537页。

麦时间，证明黄河中下游“以八月上旬种麦最好，下旬还勉强可以，前后相差约二十来天，简单说即秋分前后”，“可是殷历十一月相当于夏历的十月，这个月的节气是立冬和小雪，就算这年节气晚，怎么样也差不到一个月”，“种冬小麦的季节性很强，过早过晚都不成”。因此殷代国王在十月、十一月协田不可能是种麦。郑慧生先生也不同意“种麦说”。他认为殷代安阳的气候较现在暖和，据竺可桢研究其正月的平均温度会高于现在3～5℃①，和现在汉江流域的气候相当，而今天汉江流域种麦时间是“白露种高山，寒露种平川”。可是夏历十月已交立冬，十一月已交大雪，白露、寒露早过去一两个月，此时“下令种麦，岂不成了马后炮?”② 陈梦家主张卜辞的正月相当于农历的二三月。那么殷历十一月相当于农历十二月、一月，更不是种麦的时间。因此，协田不可能是种麦。我们除赞同张、郑二位先生的意见，还认为商代种植的粮食作物是以黍、禾（粟）为主，虽已种麦，但不是主要作物。为何不“大令”种黍种粟而偏偏要“大令”种麦呢?按卜辞的体例，如果要命令奴隶种麦，也应该像“贞朊小臣令众黍”（《殷虚书契前编》4.30.2［1］）那样写成“令众麦”，而不应该是“令众人协田”。总之，就目前的材料看，协田与种麦没有直接关系。

（3）认为是收麦。这是郑慧生的解释。他主张殷历正月建未说，即殷历正月相当于现今农历六月，那么殷历十一月、十二月就相当农历的四五月，而这时正是麦熟时节。“在农事活动中，哪些是刻不容缓的劳动，需要商王‘大令’呢?农谚‘麦熟一响’，必须紧急收割，所以‘大令众人曰协田’是大令众人收麦。”③我们认为，即使“殷正建未说”能够成立，四五月间要从事的重要农活仍然很多，未必一定就是收麦。商周的农活是采取集体耕作方式，需要有人进行组织管理，这就是那些“小臣”们。在王田中劳动，通常是由小臣们带领众人进行的，如上述卜辞“贞朊小臣令众黍”即是。而在商王私田中要众人去协田，由国王亲自下令（故称“大令”）也是可能的。甲骨文中已有刈、采等字，刈是用镰刀收割，采是用手摘取谷穗。卜辞已有“贞：王位立莅刈黍□”（《殷虚文字缀合》9558）、“辛亥卜贞：或刈来”（《铁云藏龟》177.3）、“□呼小刈臣”（《殷虚书契前编》4.5.3）、“庚辰卜宾贞：叀王采南闲黍。十月”（《殷虚文字缀合》9547）等例，如果是要收割小麦，为何不大令众人“刈麦”“刈来”或“采麦”“采来”，而要称为“协田”呢?从文字结构看，这“协”字与“收割”相去太远。因此，将“协田”解释为收麦，尚难以使人信服。

（4）认为协田是集体耕作。如李亚农《殷代社会生活》第四章说：“所谓协田，

① 竺可桢：《中国近五千年来气候变迁的初步研究》，《考古学报》1972年1期。

②③ 郑慧生：《商代的农耕活动》，《农业考古》1986年2期。

即集体耕作的意思。”胡厚宣先生认为：“《说文》：‘协，同力也’。字从三义，正示合力之义，田者用为动词，义为耕田，协田者言合力以田。”① 裘锡圭先生也认为：“‘力’本像发土工具，疑‘劦’之本义为协力发土耕田。”并且进一步指出：“两条协田卜辞，一卜于十一月，一卜于十二月。协田可能是冬天大规模翻耕土地，为明年的春播作准备。”② 我们认为，将协田解释为集体耕作是有道理的，并且都是从“协”本身的字形结构进行分析，也较有说服力。不足的是，“集体耕作”的解释略嫌空泛些。裘锡圭先生虽具体说是“翻耕土地”，但目前尚难以相信商代就有如此进步的耕作方法，因为年前就耕翻土地，必须耕后随即将土块耙碎，才能保墒抗旱。到第二年春天播种时势必还要整地一次，否则田面土块不平整无法种植。在商代地广人稀的情况下，使用简陋的木石农具，似乎不可能有如此精细的耕作技术。退一步说，如果真要在年前耕地的话，那么在黄河流域应该是秋分时候进行。西汉《氾胜之书》就指出：“夏至后九十日，昼夜分，天地气和，以此时耕田，一而当五，名曰膏泽，皆得时功。”那么殷代在十月和十一月耕地，就会劳而无功。既然协田是屡次由国王下令进行，而且实行很长时间，必然是行之有效的农耕活动，因此将协田解释为集体翻耕土地终觉不够具体、准确。

我们认为应该首先弄清楚“协”字的本义，才能了解“协田”是一种什么农事活动。

“协”字在甲骨文中写成[illegible]、[illegible]、[illegible]、[illegible]、[illegible]、[illegible]（参见《甲骨文编》卷一三·一一，525～526 页）。这是个会意字，各家的解释都相同，即上部为三把挖土的工具（耒），下部为土地。吴其昌亦说：“从[illegible]为三具耒耜之形，盖[illegible]皆像耒耜之初形，其后乃衍为力字也。”③ 于省吾先生认为“吴说至确”④。郭宝钧先生也说：“这个协字就像许多耒在田中并肩前进状，这样也可以达到大面积的松土目的。”⑤ 总之，这个字表示的是用耒挖土的农事活动，但这种挖土的劳动未必就是翻耕土地或者松土除草。这除了协田的时间不适合，从“协”字下半部绝大多数写成ㅂ、凵、凵等形状来看，也不像是在平地翻土。依我们之见，“协”字下部的ㅂ、凵、凵等是沟渠横断面的象形，“协”字就是用耒来开挖田间沟洫的意思。

正如前一章所述，商、周时期黄河流域的农业是“沟洫农业”。修治沟渠是商代农田基本建设中的极其重要的工作。而这项工作非单家独户所能完成，必须动

---

① 胡厚宣：《卜辞中所见之殷代农业》，《甲骨学商史论丛》第 2 集第 1 册，1945 年。

② 裘锡圭：《甲骨文中所见的商代农业》，见《全国商史学术讨论会论文集》（《殷都学刊》增刊），1985 年。

③ 吴其昌：《殷虚书契解诂》七续五〇四，台北艺文印书馆，1959 年。

④ 于省吾：《甲骨文字释林》，中华书局，1979 年，255 页。

⑤ 郭宝钧：《中国青铜器时代》，生活·读书·新知三联书店，1963 年，32 页。

员、组织很多人进行协作，所以国王“大令”众人去“协田”就是很自然的事了。投入众多的人力物力去修整农田水利能否获取丰收，当然是商王所关心的事，为此而进行占卜也是理所当然的。利用冬闲时间进行农田基本建设，这是我国的传统，直到今天，各地农村也还是利用冬闲修水利。那么，在殷历十一月、十二月（相当于夏历十月、十一月）进行也是合理的（再早是秋收大忙季节，抽不出劳力。再晚天气太冷，土地冰冻，无法挖土开沟）。即使按殷历正月建未说，殷历十一月、十二月相当于夏历四五月，商王下令众人去修治田间沟渠也是可能的。虽然四五月间正是麦熟季节，但是商代种麦并不普遍。当时主要的粮食作物是黍稷和粟，它们播种季节是夏历二三月，到了四五月，庄稼自然生长，不是大忙季节，这时是有可能抽出劳力来修整沟洫的。即使是五月耕麦地，也是要修整沟洫，以防夏季暴雨冲毁麦田。前引卜辞“弜已灾，叀懋田协，受又年?”“弜已灾”即无休止的灾害。其灾字甲骨文是从川，才声，原是指水灾。因水灾频仍而协田以求丰收，反映了协田和防涝排水有密切关系，可作为“协田为开挖沟洫”说的旁证。

从“协”字的字形我们还可以进一步窥探当时修治沟渠的具体劳动组合。“协”字上部的耒均写作乂，这是古老的挖土工具单尖木耒的象形。三具木耒当时象征三个人执耒挖土。多数学者都主张三是代表多数的意思，并非具体的数字。我们认为将它解释为三个人在一起挖土似乎更合乎生产实际。这是因为黄河流域的耕地全是疏松的黄土壤，用简陋的单尖木耒挖土功效不大，如三人并排同时用耒插地起土，就可翻起一大块泥巴，从而提高功效。人数太多，用力不均，难以协调，反易将土撬碎，不能翻起整块泥巴，功效也不高。更因为古代沟洫有一定的规格，如畎宽、深各一尺，在同一沟里挖土也站不下更多的人。总之，以三人为好。当然两人并肩挖土也是可以的，但那已是耦耕方式而非协田（甲骨文中所有的协字都从三耒，说明不是两人一组的耦耕）。因此商王大令众人协田，是命令很多奴隶到田里进行大规模的集体劳动（从这一意义上说协田是“集体劳动”也无不可），但具体劳动时，却是三人一组并肩挖土开沟。三人并肩劳动，更需齐心协力，劦字训为协，转用到其他场合，也就容易理解了①。

三人一组并肩挖土的劳动方式，在今天看来不易理解，甚至认为难以成立。正如两人一组并肩劳动的耦耕一样，新中国成立以来遭到很多学者的否定，认为是不可能的。但在历史上它们确实都存在过。早在原始农业发展时期，人们是用削尖的木棍（即单尖木耒）翻土，当时是许多人站在一排实行集体并耕的。到了商代，随着劳动经验的积累和工具的改进，逐渐演变为三人一组并耕是完全可能的。世界民族志的资料也告诉我们，直到19世纪，居住在太平洋群岛的新几内亚巴布亚人在

---

① 陈文华：《协田新解》，《农业考古》1988年2期。

翻地时是三至四个男子用削尖的长木棍“乌迪亚”深深插在地里，大伙同时用力，一下子便能翻起一大块泥土①。而伊拉克巴斯拉附近的农民，使用铁锹挖土时，竟然也是三人并肩将铁锹踩入地里，然后同时用力便翻起一大块泥土②。只要看看插图就可惊奇地发现，它简直就是商代“协田”的真实写照，或者说它是商代协田的孑遗。

图 5-1　伊拉克巴斯拉农民并肩翻土的情形

a. 第一步动作　b. 第二步动作

三、耦耕

协田向前发展，就是耦耕。

随着生产知识的积累、劳动技能的进步以及农业工具的改进，劳动效率日益提高，三人一组的协田就逐渐演变为二人一组的耕作方式——耦耕。

甲骨文中已有“耦”字，写作[illegible]，说明商代晚期已有耦耕。金文耦字作[illegible]、[illegible]，多用双齿耒表示两人共同挖土，和甲骨文协字多用单齿耒来表示相比较，说明随着工具的改进（双齿耒挖土功效比单齿耒高得多），用两个人挖土就可以完成甚至超过原来三个人的任务。到了西周耜的使用更为普遍（《诗经》提到的挖土工具主要是耜），它挖土的功效比双齿耒更高，因此西周时期耦耕就取代了协田，成为主要的耕作方式。

---

① 〔苏〕C. A. 托卡列夫、C. П. 托尔斯托夫：《澳大利亚和大洋洲各族人民》上册，李毅夫等译，生活·读书·新知三联书店，1980 年，514 页。

② H. J. HOPFEN：Farm implements for arid and tropical regions，FAO OF THE VIVITED NATIO NS. ROME，1969，P. 43.

有关耦耕的文献记载主要有下列诸条：《诗经·周颂·噫嘻》："亦服尔耕，十千维耦。"《诗经·周颂·载芟》："千耦其耘，徂隰徂畛。"《周礼·地官·里宰》："以岁时合耦于耡，以治稼穑，趋其耕耨。"《逸周书·大聚》："兴弹相庸，耦耕俱耘。"

此外，春秋战国时期的文献中也有提到耦耕的，如《左传·昭公十六年》："庸次比耦，以刈杀此地，斩之蓬、蒿、藜、藋而共处之。"《国语·吴语》："譬如农夫作耦，以刈杀四方之蓬蒿。"《论语·微子》："长沮桀溺耦而耕……耰而不辍。"《吕氏春秋·季冬记》："命司农计耦耕事，修耒耜，具田器。"

具体谈到耦耕的是《考工记·匠人》："匠人为沟洫，耜广五寸，二耜为耦。一耦之伐，广尺深尺，谓之甽。"郑注："古者耜一金，两人并发之。"

由于记载简略、年代久远，后代的学者们理解各异，众说纷纭，长期争论不休。

耦耕是两人一组进行耕作，这是学术界所公认的。问题在于两人如何耕作，用什么工具耕作，为什么要这样耕作。自汉代以来关于耦耕的解释较有影响的主要有下列诸种：

（1）"二人二耜并耕"说。早在汉代郑玄在注《周礼·考工记·匠人》"耜广五寸，二耜为耦"时就明确说："此言二人相佐助而耕也。"唐代颜师古在注《汉书·食货志》"后稷始甽田，二耜为耦"时也说："并二耜而耕也。"宋代朱熹在《诗经集注·噫嘻篇》中也说："耦，二人并耕也。"清代程瑶田在《沟洫疆理小记·耦耕义述》（《皇清经解》卷541）申述并耕的理由是："一人之力能任一耜，而不能胜一耜之耕，何也？无佐助之力也，力不得出也。故必二人并二耜而耦耕之，合力同奋，刺土得势，土乃并发，以终长亩不难也。"现代学者也有很多人赞同这一说。

（2）"二人使犁"说。清代学者承培元在《说文引经例证》中认为耦耕是"古一犁驾二牛，或二人挽之，长沮桀溺耦耕是也"。清代另一学者夏炘在《学礼管释》卷一三"释二耜为耦"中，则认为是两人各执一耜，左右并发，而前面用牛牵引。现代学者陆懋德先生也主张此说，认为："耜是犁头，而最初的犁用人拉。""如以人言，则是二人同时工作，一人在后扶犁，一人在前拉犁，如此二人并耕，是谓之耦也。"①

（3）"一蹠一拉"说。孙常叙先生认为耦耕是两人相对，一人蹠耒一人拉耜的操作方法，"耦耕，除两人面对面之外，它的生产工具耜下面还系着一根绳子。耕地时，一人把耒，同时用脚向下踏耜上耒下横木，使耜深入土中；另一人跟他

① 陆懋德：《中国发现之上古铜犁考》，《燕京学报》1949年37期。

合耦对面立着，待耒已入土之后，他向怀里用力拉绳，使入土的耜向前推块发土掘出地面。……这一蹠一拉的动作，决定它们是对面合耦的。”①

（4）“一耕一耰”说。万国鼎先生在《耦耕考》（《农史研究集刊》第一册，科学出版社，1959 年）中驳斥了几种说法之后，提出自己的意见：“耦耕也许是一人耕一人耰配合进行的耕作法。”他说：“在完全用人力耕作时，用耒耜掘地发土，和用摩田器摩平土块，都是比较费时的，因此最好的办法是，组成二人小组，一人掘地发土，一人跟着把掘发出来的土块打碎摩平。因此推想，耦耕就是这样耕和耰配合着进行的一种工作方法。”

（5）“两人共执一耒而耕”说。徐中舒先生在《论西周是封建社会——兼论殷代社会性质》（《历史研究》1957 年 5 期）一文中说：“古代耦耕，二人共踏一耒或耜，故耒或耜的柄下端接近刺地的歧头处，或安装犁镵处，安装一小横木，左右并出，适为两人足踏之处。”后来何兹全先生在《谈耦耕》一文（《中华文史论丛》第三辑，中华书局，1963 年）中批评了万国鼎先生的“一耕一耰”说之后，也提出了“两人共执一耒而耕”的观点：“对于木制的耒耜，推耜端入土是比较困难的，因此有二人共踏的必要。”“两人共踏一耜，……使耜平衡入土，不仅是可能的，而且是必要的。”

（6）“协作换工”说。汪宁生先生《耦耕新解》（《文物》1977 年 4 期）中提出新的看法：“古代耦耕不是使用耒耜的方法问题，而是劳动人民在各项农业劳动中广泛实行的一种劳动协作，这种协作常常通过换工的方法进行。”

对于以上各种说法，我们认为还是“二人二耜并耕”说较为符合历史实际。只是因为古代的记述过于简略，后人又因没有真正了解周代的耕作制度和耕作方式，以致对“二人二耜并耕”产生怀疑，出现了各种各样的解释，但又因缺乏客观依据而难以自圆其说。限于篇幅，我们不想对各家说法进行一一讨论，只正面申述对“二人二耜并耕”说的意见②。

耦耕的“耦”是指两人一组，各家都无歧义。耦耕的“耕”字，有时是指耕翻土地，有时又是一切农业生产劳动的泛称。所以，说耦耕不一定是专指用耜耕地是有一定道理。但是耕地却是农业生产中最重要的劳动，耦耕一定包括用耜耕地，谈耦耕就绝对不能不谈整地时的耦耕情形。只要搞清了整地时的耦耕情况，就是抓住了问题的核心，其他农业劳动中的“耦”都是由此派生，可以迎刃而解。从最原始的文献记载中就可以看到这一点。

《诗经·周颂·噫嘻》：

---

① 孙常叙：《耒耜的起源和发展》，《东北师大科学集刊》1956 年 2 期。

② 关于对耦耕的各家解释，李根蟠先生撰有《耦耕纵横谈》（《农史研究》1983 年 1 期）一文，分别进行分析评论，有兴趣的读者可以参阅。

噫嘻成王！既昭假尔。
率时农夫，播厥百谷。
骏发尔私，终三十里。
亦服尔耕，十千维耦。

这是描述西周成王籍田时，在纵横三十里的田野中有两万（十千耦）农夫在田官（骏，即田畯）的指挥下劳动，为的是“播厥百谷”。“私”有释为“耜”，有释为“私田”。从此诗是描写农夫在公田中劳动及“骏”指田官来看，释为“耜”较为合理。即这“十千维耦”的农夫是在用耜耕地，播厥百谷。这是用耒耜耕地播种时的耦耕情况。

《诗经·周颂·载芟》：

载芟载柞，其耕泽泽。
千耦其耘，徂隰徂畛。
……
有略其耜，俶载南亩。
播厥百谷，实函斯活。

这里描述在周王的田里有两千（千耦）农夫在开荒垦地播种百谷的情况，其使用的工具也是耒耜。此外，《诗经·周颂·良耜》也描写道：

畟畟良耜，俶载南亩。
播厥百谷，实函斯活。

《诗经·小雅·大田》也提到：

以我覃耜，俶载南亩。
播厥百谷，既庭切硕。

虽然都未明言耦耕，但从都是用“良耜”“覃耜”来“俶载南亩”“播厥百谷”等情况判断，应和《载芟》篇一样，都是用耜在耦耕。因此有人认为耦耕不一定是用耜耕地，是不对的，离开耜这种工具来谈耦耕是不符合《诗经》所描写的耦耕情况的。

不过《诗经》只告诉我们用耜在耦耕，却没有描写如何用耜来耦耕。具体谈到这个问题的是《考工记·匠人》：“匠人为沟洫，耜广五寸，二耜为耦。一耦之伐，广尺深尺……”这里说得很清楚：在开挖沟渠时，用的工具是宽五寸的耜，沟渠的宽度等于两把耜的宽度，深度也一样，即“广尺深尺”。设想一下，如果是一个人用五寸宽的耜来挖沟渠，就得先挖右边表面的五寸，再挖左边的五寸，然后再挖下面右边的五寸和左边的五寸土，这样不停地改变动作和位置（挖沟不是松土，还要考虑挖出来的土往哪里抛），就要耗费很多体力。如果是挖“广二尺深二尺”的“遂”和“广四尺深四尺”的“沟”，一个人就更要疲于奔命了。如果是两个人同时用耜挖掉上面的五寸土，再挖下面的五寸土，就比较方便，劳动效果比一个人好得多，从而提高了劳动生产率。如果是用更古老的单尖耒或双尖耒来挖土的话，就更需要两把耒同时插地才能把土翻起来。清代程瑶田在《沟洫疆理小记·耦耕义述》中说“刺土得势，土乃并发”，是符合实际情况的，不能简单斥之为“纯是书斋中想象之词”。

挖沟洫如此，大田耕作也是如此。因为古代农田需要开沟排水，这是沟洫农业的特点，大田耕作首先要将沟洫整治好，这是农田基本建设之一。其次，这个时期已经出现垄作法，要求将田地开成一条条沟，培起一道道的垄。它的规格正是沟宽一尺，垄宽一尺，也是需要用五寸宽的“二耜为耦”。如果是一个人来做这一工作，势必忽而向左翻土忽而向右翻土，既费力又不方便。如果是两人并耕，一个向左翻土，一个向右翻土，就比较容易完成任务。如果像有些学者所设想的那样，一人拉绳一人踏耜，那这两个人就得不停地变换位置，忽左忽右，疲于奔命，实在不比并耜而耕的效果好。至于所谓“二人对耕”或“共踏一耜”等方法，就更不实用，也不符合实际。

所以，耦耕就是两人执二耜（或耒、锸）同时并耕，一人向右翻土，一人向左翻土。它是适应当时沟洫农业和垄作法的农艺要求的。但是并不到此为止。因为农田耕作并非纸上谈兵，不可能每挖一下都正好挖起一块五寸见方的泥土，也不可能点滴不漏地都翻到垄上去，有些泥土甚至还会掉回沟里，翻上去的泥土也必须打碎才便于播种（即所谓“耦而耰”）。总之，沟中必须清理，田垄必须整治。这道工序可能是两个耕种者同时完成（边耕边耰），也可能是耕完之后再来进行，更可能是由另外两个劳动力来负责。特别是在像“十千维耦”“千耦其耘”这样大规模集体劳动更是如此。西藏错那县勒布区的门巴族在使用木耒耕地时就是这样：

“用木杈翻耕土地，通常是两个男子各持一杈，‘夹掘一穴’，同时对面有两个帮忙的妇女，手执木锄，将翻上来的土块打碎摩平。这样两个男子并排掘一块土退一步，两个妇女跟随着进一步，形成一退一进的形式。除了这四人成组的形式外，也有一人翻地，一人碎土的。但一个人用木杈，只能松土，不易翻耕。”①

图 5-2　西藏错那县勒布区门巴族耦耕情形

显然，打碎土块的劳动强度较轻，推想古代耦耕时也可

① 胡德平、杜耀西：《从门巴族、珞巴族的耕作方式谈耦耕》，《文物》1980 年 12 期。

能是由体力较差的妇女来做的。到底由谁和谁组成一对（暂称“耦耰”）和耦耕者配合，就需要管理监督劳动者的大小管家们来安排组织，于是里宰就要定期“合耦于耡”（《周礼·地官·里宰》），司农就要“计耦耕事”（《吕氏春秋·季冬记》）了。

耕地时如此，中耕也如此。有的学者认为“耦耕和中耕除草不相干”[①]。实际上中耕也是需要两人一组进行的。因为垄作制是把庄稼种在垄上或沟里（即“上田弃亩”“下田弃甽”），因此，除草松土时，两人同时进行，一个锄垄的右边，一个锄垄的左边，要比一个人忽左忽右地挥舞锄头来回奔跑的效率高，这大概就是《诗经·周颂·载芟》所说的“千耦其耘”和《逸周书·大聚》所说的“耦耕俱耘”，我们不妨称之为“耦耘”。当然，“耦耘”的劳动强度比“耦耕”轻，但仍需双方劳动力大体相当，才便于齐头并进。《说苑·正谏》所说“与子同耕则比力也”的原则在此也适用。“耦耘”的技术要求不如耦耕严格，在劳动时本来是可以一前一后或从不同方向耘起，对劳动质量不会有什么影响，但是在商周社会里，动不动就使用千耦万耦的农夫下田，还跟着一大批管家监工打手们。为了便于安排、组织、监督、检查农夫们的劳动，防止他们怠工，采取齐头并进的劳动方式要方便得多。只有到了封建社会以后，农民们进行个体劳动时，才不一定要求那样严，但这时耦耕也就被其他耕作方式所代替了。

耦耕在春秋以后逐渐退出历史舞台，但作为一种耕作方法，却在一些地区长期流传。据西北农林科技大学张波教授 1985 年的调查，在当年西周王畿故地的西安市和咸阳市周围农村，在新中国成立前后均有耦耕遗迹。如咸阳市三原县陂西乡雁张村，将翻地称之为“纳地”，意为如针纳鞋底一样的细致。“纳地”之中就包括耦耕一法。20 世纪 40 年代，该村就有以纳地为生，长期为人打短工者。这类雇工中，多数两两结合，以便配耦并耕。雇主请纳地短工时，也很注意成双配对，雇双不雇单，以便耦耕。新中国成立之初，实行互助合作，各互助组内部很注意劳力的配合，正手与“左撇”为最佳，并尽可能考虑到体材力量的协调一致，俗称“配对子”。这种情况完全符合程瑶田《耦耕义述》中对“合耦”的考证：“合耦者，察其体材，齐其年力，比而选之，使能彼此佐助，以耦耕也。”据该村农民介绍，互助合作年代的纳地，两人成对，数对成排，一组数排，一村数组。春秋两季，渭北大地，踏板声声，耦耕者队队，那景象大约就是《诗经·周颂》所谓“亦服尔耕，十千维耦”“其耕泽泽，千耦其耘”的情形吧[②]。

其他劳动环节的耦耕遗风在其他地方也时有所见。如笔者于 1979 年 3 月，在郑州郊区看到农民春播，就是采取两人一组并肩前进的方式。他们把种子下到沟中

---

① 万国鼎：《耦耕考》，《农史研究集刊》第一册，科学出版社，1959 年，75 页。

② 张波：《周畿求耦》，《农业考古》1987 年 1 期。

之后（采取的正是“上田弃亩”的方法），就由两个妇女并排走过，用脚将土踩实。照说，这道工序由一个人来回走两次也可以完成，但她们就喜欢两人并肩前进，边踏边聊，一次踩完一道沟后，再去踩另一道沟。同年9月，在新疆哈密市火石泉地区看见农民在培修田垄，是两个妇女各执一锄站在垄的两边，把对方脚下的泥土耙上田垄，两人同时动作，共同前进，一次就培成一条垄。照说，这个工作，一个人来回耙两次也是可以完成的，但她们就是喜欢两人协作一次完成。今人尚且如此，推想古代“耦耘”“耦耰”大概也是如此，当不至过于勉强吧。

四、垄作

无论是商代的协田还是西周的耦耕，都与沟洫农业有着密切的关系，或者说协田和耦耕首先要使用到挖掘沟渠的劳动中。通常的情况下，挖掘沟渠中的泥土要翻到两旁形成高于地面的垄，有沟必有垄，两者密不可分。垄在商、周时期称为亩，沟称为甽。正如程瑶田所说：“有甽然后有垄，有垄斯有亩，故垄上曰亩。”①

《孟子·告子下》：“舜发于甽亩之中”，《论语·泰伯》也说夏禹“致力乎沟洫”，说明甽亩可能早在尧舜时代就已经出现，到夏代已有所发展。大约到西周由于沟洫制度的形成，甽亩也随之日益发展。因此《诗经》中就经常提到亩：

> 迺疆迺理，迺宣迺亩。（《大雅·绵》）
>
> 同我妇子，馌彼南亩。（《豳风·七月》）
>
> 今适南亩，或耘或耔。……曾孙来止，以其妇子。馌彼南亩……禾易长亩，终善且有。（《小雅·甫田》）
>
> 有略其耜，俶载南亩。（《周颂·载芟》）
>
> 畟畟良耜，俶载南亩。（《周颂·良耜》）
>
> 以我覃耜，俶载南亩。（《小雅·大田》）
>
> 我疆我理，南东其亩。（《小雅·信南山》）

诗中，“迺疆”就是划分疆界。“迺理”，治理土地。“迺宣”是疏通沟渠。“迺亩”即整治田垄。治理土地的，就是“南东其亩”。“南”也就是“南亩”，即将地里的田垄整治成南北向。“南东其亩”就是将田垄整治成东南向。当时的田垄大多数是修成南北向的，故“南亩”有时就成为大田的代称，所谓“俶载南亩”就是在田垄上耕作。所谓“禾易长亩”，即庄稼成长在长条形的田垄上。而整治田亩的工具就是锋利的“良耜”和“覃耜”，“二耜为耦”进行耦耕，将沟渠里的泥土挖起翻到两边的田垄上，就是所谓的“迺宣迺亩”。

---

① 程瑶田：《甽浍异同考》，见《皇清经解》卷五四一。

当然，田垄修治的方向是根据地形的具体情况而定的，还要考虑水流和阳光照射的方向。如南北向的“南亩”或东南向的“南东其亩”接受阳光照射的时间较长，可增强光合作用，提高土温，有利于庄稼的生长。而东西向的“东亩”，阳光就难以照射到后面庄稼的根部，不利于庄稼的生长。所以，当春秋时期齐国被晋国战败后，晋国就要挟齐国要让“齐之封内，尽东其亩”。齐国派去和谈的代表就举出《诗经·小雅·信南山》诗句“我疆我理，南东其亩”为证，说：“先王（西周天子）疆理天下，物土之宜，而布其利。”“今吾子疆理诸侯，而曰尽东其亩而已，唯吾子戎车是利，无顾土宜，其无乃非先王之命也乎？”① 晋国要把农田中的畎亩尽改成东西向是为了便于战车向东行驶征伐齐国，是出于军事目的，但却违反农业生产的自然规律，因此遭到齐人的反对。由此亦可知道，当时田亩的整治，已经是根据因地制宜的原则来进行的。

垄作法的推行对当时的农耕技术和农业工具都产生了深刻的影响。

1. 条播 在实行垄作之前，一般是采取漫田撒播方式进行播种，田里的庄稼散乱地生长，没有一定的株行距，既不利于庄稼的通风透光，又无法进行中耕除草，同时播种量也较大，耗费种子。实行垄作，庄稼种在垄上（上田弃畎）或者沟里（下田弃亩），有了一尺宽的行距，田里的通风透光性能特别好，有利于庄稼的生长，尤其是垄沟呈南北向的田亩（即《诗经》中所谓的“南亩”），阳光可以直接照射到每一行庄稼的下部，对植物的光合作用有利，可以提高作物的产量，所以条播优于漫田撒播。《诗经》中就有反映条播的诗句，如《大雅·生民》：“禾役穟穟，麻麦幪幪，瓜瓞唪唪。”

《毛诗正义》：“役，列也。穟，苗好美也。”列是行列之意，即田中的禾谷是一行行地生长着，应是条播的结果。夏纬瑛先生认为“禾役穟穟”的“穟穟”是形容行列的，应解释为通达之貌。他举《吕氏春秋·辩土篇》有“纵行必术”为证，认为“术”古时与“遂”通用，“穟”字应该与“遂”同义。“为什么禾谷的行列要穟穟呢？当然是为了通风和容易感受阳光，这就反映西周时代的农业已经施行条播了。条播早已是我国农作中的一种优良方法。”②《诗经·齐风·南山》描写到：“蓺麻如之何？衡从其亩。”“衡从”即“横纵”，东西为横，南北为纵。说明当时的田垄（亩）是整治成东西向或南北向的长条状，也是适合于条播的，可见夏先生的分析是有道理的。

2. 中耕 在漫田撒播的情况下，人是无法下到田里去中耕锄草的。实行垄作之后，田里的庄稼有了行距，人们就可以下田锄草。《诗经·小雅·甫田》：“今适南亩，或耘或耔，黍稷薿薿。”《毛诗正义》：“耘，除草也。耔，壅本也。”耘是中

---

① 《左传·成公二年》。

② 夏纬瑛：《〈诗经〉中有关农事章句的解释》，农业出版社，1981年。

耕锄草，耔是将锄松的土培壅到作物的根部。这些都是在条播的情况下才有可能进行的。中耕技术的出现是我国传统农业生产技术中的一大进步，这是垄作法带来的成果。

3. 钱镈 随着中耕技术的产生，中耕农具也随之出现。《诗经·周颂·臣工》："庤乃钱镈，奄观铚艾。"钱是锄草的小铲，镈就是除草的小锄。《诗经·周颂·良耜》："其镈斯赵，以薅荼蓼。荼蓼朽止，黍稷茂止。"也说明镈确是锄草的农具。从考古材料得知，到春秋时期还出现了一种新型的锄草农具——六角形铜锄。这种锄的宽度大于高度，将长方形的上面两角削去而成为六角形，体薄而宽，故不适合于掘土，只适合于锄草松土，安一长柄，人可以双手执锄柄站立田间锄草，既可以减轻劳动强度，又可提高劳动效率。锄造成六角形而不铸成四角，则是为了适应垄作法的农艺要求。它可以用来整治垄沟，也可以用来中耕锄草，特别是在"上田弃畎"把庄稼种在沟里的情况下，用六角锄松土除草不易伤害作物茎秆。它的功效就远比四角形的锄要高。目前出土的六角形锄以湖北省大冶市铜绿山出土的铜锄最早。到战国时期，由于垄作法的盛行和完善及铁农具的推广，因此各地多使用六角形铁锄，一直沿用到西汉。因为西汉实行的代田法，也是垄宽一尺、沟宽一尺，所以六角形铁锄仍有用武之地。

第三节 栽培技术的发展

夏商西周春秋时期是我国农业由粗放的原始农业过渡到以精耕细作为主要特征的传统农业的转折时期，或者说是传统农业精耕细作技术的萌芽时期。无论是整地、播种、中耕、灌溉、治虫、收获、储藏各个生产环节都远比原始农业阶段进步得多，为战国以后精耕细作技术体系的形成和成熟奠定了基础。

一、整地

《夏小正·正月》有"农率均田"，传曰："率者，循也。均田者，始除田也，言农夫急除田也。"夏纬瑛先生认为："'均田'，当是均配田地之义。均配其田，规定疆畔，以授农民，而为耕作。""均配田地就是整理疆界，故传说'均田'是'除田'。除，也有整理之义。"夏先生还引《诗经·小雅·信南山》的诗句："信彼南山，维禹甸之。畇畇原隰，曾孙田之。我疆我理，南东其亩"为证，说："'畇畇'即均均，是田地均整之貌，故下文接言'我疆我理，南东其亩'。由此诗文，也可见《夏小正》之'农率均田'一节，是说农之依法均配田地的。"《夏小正·二月》记载："往耰黍墠。"夏先生认为是"前往去耕统治者要种黍以供祭祀的'公田'。"

其“耰”亦当“耕”字解①。由此判断，夏代的均田已包含有整治土地、疆理田亩的意思。也就是说，夏代对田亩的整治已经有一定的要求。从《夏小正·正月》中的“农维厥耒”来看，可知当时农民是用耒之类的农具在田中开挖沟洫、翻土起垄的。

甲骨文中也有不少表示开垦农田的文字。如“裒田”的“裒”字，早期的像双手取土形状，晚期的多在双手下的土之上加“用”。“用”即田器钱镈之类。张政烺先生认为“裒田”就是聚土治田，也即开荒②。于省吾先生认为是“圣田”，就是垦田的意思③。卜辞中有多处提到垦田，如：

一期有：

〔令〕永垦田于〔盖〕。（《甲骨文合集》9477，又《殷虚书契前编》4.10.3）

戊辰卜，宾，贞令用垦田于盖。(《甲骨文合集》9467，又《殷虚书契前编》2.37.6)

癸卯〔卜〕，宾，贞〔令〕卓垦田于京。（《甲骨文合集》9473，又《卜》413）

三期有：

弜垦弗受有年。（《甲骨文合集》23198，又《殷虚书契后编》下41.15）

弜垦弗受有〔年〕。（《甲骨文合集》23199，又《战后京津新获甲骨集》4493）

四期有：

己巳，王〔令〕刚垦田……一。（《甲骨文合集》33210，又《殷契粹编》1221）

甲戌，贞王令刚垦田于龙。三。（《小屯南地甲骨》499）

王令垦田〔于〕龙。（《甲骨文合集》33212，又《殷契粹编》1544）

癸亥，贞王令多尹垦田于西受禾。（《甲骨文合集》33209，又《京都大学人文科学研究所藏甲骨文字》2363）

甲子，贞于下夷刖垦田。（《甲骨文合集》33211，又《殷契粹编》1223）④

---

① 夏纬瑛：《〈夏小正〉经文校释》，农业出版社，1981年，11页。

② 张政烺：《卜辞“裒田”及相关诸问题》，《考古学报》1973年1期。

③ 于省吾：《甲骨文字释林·释圣》，中华书局，1979年。

④ 彭邦炯：《甲骨文农业资料考辨与研究》，吉林文史出版社，1997年，353页。本节引用的甲骨文资料多采取此书，特此说明。

既然要垦田，自然要按一定的规格和技术要求来开垦田地，其整地技术当有一定的水平。卜辞还有“作大田”，如：“令尹作大田。”“勿令尹作大田。”（《甲骨文合集》9472），就是派尹这个职位较高的官吏去负责开垦大面积农田还是不派他去，这个“作”当是耕作的意思。此外，商代还有“协田”“耤田”等，也和整地密切相关。“协田”前面已经论述过，这里暂略。

耤字的甲骨文为，像人扶耒柄，用脚踏刺土状，非常形象。《诗经·豳风·七月》：“三之日于耜，四之日举趾”，讲的就是耤的动作。卜辞经常提到耤田，如：

〔丙〕子卜，乎……耤受年。（《甲骨文合集》9506，又《殷虚书契前编》7.15.3）

〔 〕〔 〕卜，贞众作耤不丧。（《甲骨文合集》8）

畴、耤在名（明）受有年。一、三、四、五、六。（《甲骨文合集》9503，又《殷虚文字乙编》3290）

贞令我耤，受有年。（《甲骨文合集》9507 正，《殷虚文字乙编》2331）

己亥卜，贞令吴小耤臣。（《甲骨文合集》5603，又《殷虚书契前编》6.17.6）

庚子卜，贞王其观耤，叀往。十二月。（《甲骨文合集》9500，又《殷虚书契后编》下 28.6）

除了“小耤臣”作为组合名词指王室管理耕耤的官员，耤字通常是作为动词使用，指的是翻耕土地。畴字本是指翻耕土地，《说文解字·田部》：“畴，耕治之田也，从田像耕屈之形。”卜辞中的畴作动词与耤连用，当亦是指翻耕土地。第二条卜辞“贞众作耤不丧”，是贞卜让“众人”去耕垦王室的耤田，众人是否会逃跑。看来从事耤田的人数相当多，对这些“众人”的整地作业当然也会有一定的技术要求。

到了西周，对田亩的整治有了进一步的要求。如《诗经·大雅·公刘》写到：“笃公刘，既溥既长，既景乃冈，相其阴阳，观其流泉。其军三单，度其隰原，彻田为粮。”说的是，周人祖先公刘在开辟又宽又长的土地时，是依靠日影和山岗的位置，考察向阴和向阳的方位以及泉水的流向才做决定的。然后按照军事组织的方式将民众编为三支队伍轮流整治田亩，根据土地的高低，开垦成农田种植粮食。可见当时开垦农田已经注意到向阳和水源及其流向等问题。

《诗经·周颂·载芟》：“载芟载柞，其耕泽泽。”《毛传》：“除草曰芟，除木曰柞。”即在开垦农田时先要清除荒地上的野草和杂树。有时还要先放火烧荒：“瑟彼柞棫，民所燎矣”（《诗经·大雅·旱麓》）。

开垦成的农田，还必须在田中挖成一条条的沟（畎）和一条条的垄（亩），即前面提到过的“南亩”“南东其亩”和“衡从其亩”等。

但是当时还没有明确提出深耕的要求，这可能是在地广人稀和大量使用木石农具的情况下很难做到深耕。只有在金属农具特别是铁农具推广之后，才有可能实现深耕的要求。目前惟一的文献资料就是《国语·齐语》所载管仲对齐桓公语："及耕，深耕而疾耰之，以待时雨。"战国以后，"深耕、疾耰"在很多文献中都有提到，已成为整地技术中的普遍要求，而这一技术要求产生于春秋时期，则完全是有可能的。

二、播种

《夏小正·五月》提到"种黍"，《夏小正·九月》提到"树麦"（"树麦"即种麦）。但均未说到种植的方法。估计当时可能是采取撒播的方式。前面提到的"往耰黍墠"，其"耰"字亦可作碎土覆种讲，如是，则当时在播种之后还要覆土掩盖，以确保种子发芽及避免鸟雀吃食。

商代卜辞中经常将名词当动词用，谈到某种作物的名称即是种植某种作物的意思。如"贞乎黍"（《甲骨文合集》9541）、"贞其黍"（《甲骨文合集》9548）、"黍于庞"（《甲骨文合集》9535）、"贞乎黍受年"（《甲骨文合集》9540）、"贞叀小臣令众黍"（《甲骨文合集》12）等，都是种植黍的意思。"我其稷"（《甲骨文合集》9528）、"贞叀王稷"（《甲骨文合集》33224）、"庚申王勿稷"（《甲骨文合集》10028）等，都是种植稷的意思。"贞王立来"（《甲骨文合集》9520）、"贞令众来"（《甲骨文合集》121 正）、"王弜来""王其来"《甲骨文合集》33225）等，都是种植麦子的意思。"巳丑卜，菽于……"（《甲骨文合集》9551）则是种植大豆的意思。

但是这些作物是如何种植的呢?

甲骨文有蓞字，卜辞有"辛丑卜……蓞稷。一"（《甲骨文合集》9617），是卜问种植稷的记录。"贞其雨不隹蓞。三、二告"（《甲骨文合集》9619），是卜问下雨时种植禾谷是否会生长。

关于蓞字，袁庭栋先生同意唐兰先生的意见，解释为秝，"即按一定的窝距下种之意"，"当读为《诗·王风·黍离》：'彼黍离离'之离。马端辰《毛诗传笺通释》谓：'离离者状其有行列也'。'离离'在古文献中又作'历历'、'蠡蠡'，其义当从'秝秝'而来。"[①] 彭邦炯先生认为"其说非常正确，'历'甲骨文本作'秝'，是'历历'即'秝秝'，文献作'离离'或'蠡蠡'乃同音假借。因而上述卜辞中的'蓞'，都是指的窝种或行种的意思。"[②] 由此可知，商代播种作物时已有株行距

---

① 袁庭栋、温少峰：《殷墟卜辞研究——科学技术篇》，四川省社会科学院出版社，1983 年，212 页。

② 彭邦炯：《甲骨文农业资料考辨与研究》，吉林文史出版社，1997 年，392 页。

的要求，即实行点播和条播。

到了西周时期，播种技术又有更大的进步。首先是初步认识到播种与作物生长的关系。如《诗经·周颂·载芟》：

有略其耜，俶载南亩。播厥百谷，实函斯活。

驿驿其达，有厌其杰。厌厌其苗，绵绵其麃。

载获济济，有实其积，万亿及秭。

说的是用耒耜耕地之后，播下各种谷物的种子要颗粒饱满，成活率高，小苗出土整齐，禾苗生长旺盛，谷穗就长得又大又长。打下的粮食就堆满谷场，难以计数。这其中的关键，就是“播厥百谷，实函斯活”，即要求播下的种子成活率高，禾苗才能生长得好。

其次是已初步认识选种的重要性。如《诗经·大雅·生民》：

诞后稷之穑，有相之道。茀厥丰草，种之黄茂。

实方实苞，实种实褎，实发实秀，实坚实好，实颖实栗。

说的是周族祖先后稷在种植庄稼时，先要观察土地性质，除去杂草，然后选择光亮美好（“种之黄茂”）、肥大饱满（“实方实苞”）的种子，播到地里覆盖泥土（“实种实褎”），种子就会发芽生长、抽穗（“实发实秀”），禾谷的籽实就长得坚实美好（“实坚实好”），粮食就会得到丰收（“实颖实栗”）。《诗经·小雅·大田》也说到：“大田多稼，既种既戒，既备乃事。以我覃耜，俶载南亩。播厥百谷，既庭且硕。”夏纬瑛先生认为：“‘戒’，训‘饬’。‘饬’就是整理的意思。整理种子也就是选种。选好了种子，才好播种，故下文诗言‘播厥百谷’。‘既备乃事’就是说，播种前的事情一经准备好了。”① 比起《载芟》来说，《生民》对种子的要求更加具体、明确，《大田》已将选种作为播种前的一个重要环节，都说明已经积累了一定的选种知识。

第三是产生了“良种”的概念。《诗经·大雅·生民》第六章歌唱道：

诞降嘉种：维秬维秠，维穈维芑。恒之秬秠，是获是亩。恒之穈芑，是任是负。

嘉种就是优良的品种。据《毛传》解释，“秬，黑黍也。秠，一稃二米也。”“穈，赤苗也。芑，白苗也。”即秬、秠是黍的两个品种，穈、芑是粟的两个品种，它们都是当时粮食作物的优良品种，因种子好产量也就高，收割起来在田里堆成垛（“是获是亩”），扛着背着运回装进粮仓（“是任是负”）。

《诗经·鲁颂·閟宫》：“黍稷重穋，稙稚菽麦。”《诗经·豳风·七月》也有“黍稷重穋，禾麻菽麦”等句。《毛传》：“后熟曰重，先熟曰穋。”“先种曰稙，后种

---

① 夏纬瑛：《〈诗经〉中有关农事章句的解释》，农业出版社，1981年。

曰穉。”说明当时的粮食作物已有先熟后熟、先种后种的不同品种，看来都是当时的优良品种。良种概念的产生是当时育种、选种方面的一大成就。

三、中耕

中耕除草是田间管理的最重要内容，也是我国传统农业生产技术体系的一大特色。原始农业没有这个环节，只有到原始农业的晚期才可能有中耕的萌芽。但是进入夏商西周以后，才开始日益重视中耕技术。

夏代的中耕情况如何，因无文献记载不得而知。但商代的甲骨文中已有[illegible]、[illegible]、[illegible]、[illegible]、[illegible]等字，像是双手在壅土，或者用工具在锄地除草，看来商代已有除草、培土技术①。

卜辞有：

……田蓐，亦（夜）焚亩三。（《甲骨文合集》584 反甲）

……有仆在曼，宰在〔　〕，其〔田〕蓐，夜焚亩三。（《甲骨文合集》583 反）

弜田蓐。（《外》65）

辛未，贞今日蕣田。（《甲骨文合集》28087）

〔往〕（?）白�田弗……（《甲骨文合集》10571）

丁酉卜，在〔　〕……稌莽弗晦。（《甲骨文合集》37517）

“田蓐”即蓐田，《说文解字》：“蓐，陈草复生也。”《周礼·园师》：“春除蓐，谓除草也。”“蓐”即“薅”，《说文解字》：“薅，拔田草也。”甲骨文之“蕣”也即“蓐”字，彭邦炯先生认为是《说文解字》“薅”字之伪误，胡厚宣先生也认为“其义为拔田草”②。芟字，甲骨文像双手持铲形农具在苗间情形，是除草之意。“莽”，彭邦炯先生认为是使用曲头木锄在除去众草的意思，“稌莽”即在稻田中间锄草③。

由此可见，商代确已出现中耕除草的技术。至西周时期，则已认识到除草培土对作物生长的促进作用。如《诗经·小雅·甫田》：“今适南亩，或耘或耔，黍稷薿薿。”《毛传》：“耘，除草也。耔，雝（壅）本也。”“壅”本就是将锄松的土培壅到作物的根部，既锄草又壅土，黍稷自然生长得很茂盛（“黍稷薿薿”）。《诗经·周颂·载芟》：“厌厌其苗，绵绵其麃。”《毛传》：“麃，耘也。”郭璞注：“芸不息也。”“芸”即“耘”，都是指在禾苗间进行锄草工作。

---

① 胡厚宣：《说贵田》，《历史研究》1957 年 7 期。

② 胡厚宣：《甲骨文所见殷代奴隶的反压迫斗争》，《考古学报》1976 年 1 期。

③ 彭邦炯：《甲骨文农业资料考辨与研究》，吉林文史出版社，1997 年，389 页。

当时田间的杂草主要是莠和稂。如“维莠骄骄”“维莠桀桀”（《诗经·齐风·甫田》），“不稂不莠”（《诗经·小雅·大田》）等。莠是像粟苗一样的狗尾巴草，稂是像黍苗一样的狼尾草，都是旱田农业中似苗实草的伴生杂草，当时都已能识别并且要求清除干净，达到“不稂不莠”的程度，可见对除草的工作已很重视。另外还有两种野草是荼和蓼。《诗经·周颂·良耜》：“其镈斯赵，以薅荼蓼。荼蓼朽止，黍稷茂止。”即用锋利的农具镈将苦菜（荼）和蓼属植物（蓼）薅除掉，让这些荼蓼腐烂在田里，黍稷这些粮食作物就生长茂盛。说明西周时期，不但强调中耕除草，而且已经利用野草来肥田了。联系到《礼记·月令》：季夏之月有“烧薙行水，利以杀草，如以热汤，可以粪田畴，可以美土疆”，虽然说的是在整地之时焚烧野草，灌水沤烂，作为改良土壤的基肥使用，但是当时确已出现利用野草作为绿肥的技术，应该说是一项了不起的成就。

四、灌溉

《夏小正·七月》云：“时有霖雨。灌荼。”农历七月正是黄淮流域地区的雨季，所以“时有霖雨”。《左传·隐公九年》：“凡雨自三日以往为霖。”《尔雅·释天》：“淫谓之霖。”即连续几天都在下雨的意思。“灌荼”，据夏纬瑛先生解释，就是灌浇野生的苦菜，“当是以水灌浇其荼，浸之使死借以除之耳。在夏秋季节引水方便之时，用水浸田以杀杂草，今日犹有行之者”①。既然已经懂得引水浸灌杂草，当然也有可能掌握引水灌溉庄稼的技术。特别是在大禹“致力乎沟洫”（《论语·泰伯》）和“伯益作井”（《吕氏春秋·勿躬》）以及山西夏县东下冯和河南驻马店杨庄遗址曾发现夏代的水井②等背景下，说夏代已初步掌握灌溉技术，应该是没有问题的。

《世本》曾说：“汤旱，伊尹教民田头凿井以灌田。”《氾胜之书》也说：“汤有旱灾，伊尹作为区田，教民粪种，负水浇稼。”从考古资料看，河北藁城县台西遗址、河南偃师县尸乡沟遗址、河南安阳市苗圃北地和刘家庄遗址、河南郑州市东里路遗址、江西九江市神墩遗址和江西德安县陈家墩等遗址都发现过商代的水井③，

---

① 夏纬瑛：《〈夏小正〉经文校释》，农业出版社，1981年，54页。

② 东下冯水井相关报道见《考古》1980年2期，99页；杨庄水井相关报道见《考古》1995年10期，876页。

③ 尸乡沟水井相关报道见《考古》1988年2期，131页；北地水井相关报道见《考古学报》1991年1期，95页；刘家庄水井相关报道见《华夏考古》1997年2期，30页；东里路水井相关报道见《中国文物报》1995年7月30日；神墩水井相关报道见《江汉考古》1987年4期，15页；陈家墩水井相关报道见《南方文物》1995年2期，31页。

说商代已经利用井水来灌溉农田（至少是用来灌溉蔬菜等园圃作物）是完全有可能的。

西周时期的人工灌溉有进一步发展。《诗经·陈风·泽陂》："彼泽之陂，有蒲与荷。"《毛传》："陂，泽障也。"泽障就是小型的拦水坝，用坝围成的陂塘，平时可以蓄水，旱时放水灌溉庄稼。陂塘主要是拦蓄山洼间的流水和雨水，当然也会拦蓄山间的泉水，因此当时对泉水是相当留心的。《诗经》中经常提到泉水，如：

逝彼百泉，瞻彼溥原，……相其阴阳，观其流泉（《大雅·公刘》）。

毖彼泉水，……我思肥泉（《邶风·泉水》）。

觱沸槛泉，维其深矣（《大雅·瞻卬》）。

彼洌下泉（《曹风·下泉》）。

爰有寒泉（《邶风·凯风》）。

淇水在右，泉源在左（《卫风·竹竿》）。

有洌氿泉（《小雅·大东》）。

相彼泉水（《小雅·四月》）。

无饮我泉，我泉我池（《大雅·皇矣》）。

虽然不见得都与灌溉有关，但其中大多数确实是与农业关系密切的。如《诗经·小雅·白华》"滮池北流，浸彼稻田"，就明言用滮池的泉水来灌溉田里的水稻。滮池在今陕西咸阳市南面，是滮水之源，北流经镐京（今陕西西安市西南郊）入渭水。可见当时已经掌握了一定的引水灌溉技术。

从《庄子·天地》记载："子贡南游于楚，反于晋，过汉阴，见一丈人方将为圃畦，凿隧而入井，抱瓮而出灌。"可见春秋时期在园圃中还是使用井灌技术。子贡曾向汉阴老人提到桔槔可以"一日浸百畦，用力甚寡而见功多"，汉阴老人答道："吾非不知，羞而不为也。"可见，桔槔在春秋时期的中原地区已经出现，这是我国农具史上最早的提水机械，也是灌溉技术上的一大成就。

五、治虫

夏代的治虫情况因无文字记载而不得而知。

商代的甲骨文中有"螽"字，《说文解字》："螽，蝗也。"就是今天的蝗虫。卜辞有：

贞告螽于河。（《殷契佚存》525）

其告螽上甲。（《殷契粹编》4）

庚申卜，出，贞今岁螽不至兹商。二月。

贞〔螽〕其至。(《甲骨文录》687)

贞于王〔亥〕告螽。(《甲骨续存》上197)

据彭邦炯先生的统计，有关螽的卜辞至少有二十余见，都是占卜蝗灾的记录。可见商代对蝗虫危害庄稼的现象已经非常关心，因为其影响粮食的收成，故要经常占卜。

甲骨文中的“螽”字原为蝗虫形，取其最有代表性的头部（最大的特点是两触角和突出的复眼）构成文字的主体。后来简化讹变，不仅形不像蝗虫，而且意思也有了多种，为了与其他用法相区别，下面加上双虫，逐渐变成今日通行的螽字。

甲骨文的“秋”字就是在蝗虫下面加“火”，原意是用火驱杀蝗虫。秋字成为谷熟季节之意，也是以烟火驱杀了危害禾苗的螽蝗，从而保住了禾苗才有谷熟可收而引申出来的意思。①

卜辞还有：

癸酉卜，其……弜亡雨。蝗其出于田。弜。(《殷虚摭续》216)

大意是：癸酉日占卜，贞问不会没有雨吧，蝗虫在农田中出现了吗?

据范毓周先生研究，蝗虫的生长、发育与生存，均同温度、湿度有密切关系。蝗虫的繁衍一般需要高温、低湿的条件，所以蝗灾的发生每每和旱灾接踵而至，即所谓“旱极而蝗”。如果连续降雨，则会使蝗虫死亡，蝗灾消退。清代顾彦在《治蝗全法》中就说过：“淫雨连旬，则蝗必烂尽，盖雨能杀蝗也。”此卜辞在贞问“蝗其出于田”的同时，还特意问“弜亡雨”，即“不会没有雨吧”，从其贞问的口气中很可以看出当时人们企望降雨的心情，故知当时可能正处于久旱不雨，旱极而蝗的境地。从其和“弜亡雨”一辞的同时卜问，又可略窥知，当时人们也可能已经意识到蝗灾减弱与降雨之间具有一定的关系②。

蝗灾在古代是一种最严重的虫害。徐光启在《农政全书》中曾说过：“凶饥之因有三，曰水、曰旱、曰蝗。地有高卑，雨泽有偏被，水旱为灾，尚多幸免之处。惟旱极而蝗，数千里间，草木皆尽，或牛马毛、幡帜皆尽，其害尤惨，过于水旱。”蝗虫遮天蔽日而来，一时间就将所有的庄稼啃个精光，人们终年辛劳，瞬时化为乌有。这对人们的生存的威胁实在太大了，是古人最害怕的虫害，因此卜辞中会有很多贞问蝗灾的内容。但从上述所引的一些材料来看，商代对付蝗虫的办法大概只有水、火两项。水是盼望降雨，使“蝗必烂尽”；火是用烟火驱杀。如上述甲骨文的“秋”字是在蝗虫下面加个“火”字，表示以火驱杀蝗虫保护了庄稼才有收成的意思。

---

① 彭邦炯：《商人卜螽说——兼说甲骨文的秋字》，《农业考古》1983年2期，311页。

② 范毓周：《殷代的蝗灾》，《农业考古》1983年2期，316页。

这也是西周时期灭虫的主要方法。《诗经·小雅·大田》：

既方既皂，既坚既好，不稂不莠。

去其螟螣，及其蟊贼，无害我田稚。

田祖有神，秉畀炎火。

前一段是说庄稼生长结实的情况，后一段是说消灭害虫的情况。据《毛传》解释："食叶曰螣。"疏曰："螣，蝗也。"为了不让这些害虫伤害田中庄稼，采用的办法就是"秉畀炎火"，则以火诱杀害虫。这与上述甲骨文"秋"字为蝗虫下面加"火"字的用意相合。也可以说利用火光来诱杀害虫的方法商周是一脉相传的。只是西周时期对害虫的认识要比商代深刻些，如已能初步区分出四种危害情况不同的害虫。

除了上述"去其螟螣，及其蟊贼"，还有《诗经·大雅·瞻卬》提到："蟊贼蟊疾，靡有夷届。"《诗经·大雅·桑柔》："天降丧乱，灭我立王。降此蟊贼，稼穑卒痒。"据《毛传》："食心曰螟，食叶曰螣，食根曰蟊，食节曰贼。"即根据害虫所食作物植株的部位来定名，表明当时人们除了了解蝗虫对庄稼的高度危害性，对其他危害庄稼的害虫也是有所认识的，并且已经想办法将它们消灭。

蝗灾在春秋时期也经常出现，史不绝书。仅《春秋》所记就有桓公五年秋、庄公二十九年、文公三年秋、文公八年十月、宣公十三年秋、宣公十五年秋、襄公七年八月、哀公十二年十二月、哀公十三年九月和十二月，都有"螽"灾发生的记载。但都没有记载灭虫的方法。据成书于战国后期的《吕氏春秋·不屈》记载："蝗螟，农夫得而杀之。"《汉书·平帝纪》亦记载元始二年（公元2）曾派使者捕蝗。看来春秋时期除了以火诱杀蝗虫，也有可能采取人工捕杀的方法灭蝗。

六、收割

《夏小正》未记载收获的情况。从各地考古资料考察，夏代的收割工具主要是石刀、蚌刀和石镰、蚌镰，估计当时收获粮食的方法也只是割取禾穗，而将秸秆留在田里，需要时再来割取。商代的收获方法也是如此，除了出土的也是一些石器和蚌器的收割农具，甲骨文和卜辞也有相关的资料。

甲骨文有"采"字，"像手采穗之形"①。《说文解字》："采，禾成秀也，人所以收，从爪从禾，俗作穗。"这个字就是以手摘取穗头形状。卜辞有：

贞勿乎妇姘王采黍。（《南坊》3.17）

〔 〕〔 〕卜，在〔 〕贞，王采稷，往来〔亡〕灾。（《殷虚书契后

① 陈梦家：《殷虚卜辞综述》，科学出版社，1956年，536页。

编》上18.11，《甲骨文合集》36982）

前一条辞是从反面卜问不派妇姘前往督促收取黍穗吗？后一条辞是在某地贞问，商王要亲往某地督收稷穗，往返有否灾祸。其中的桒字，就是指的收取穗头①。

甲骨文还有一“秎”字。左边为禾，右边像是镰刀。裘锡圭先生释为“刈”字，“刈既可用来刈草，也可用来刈禾”②。卜辞中有“秎黍”（《京都大学人文科学研究所藏甲骨文字》143、《殷虚书契续编》5.22.5）。“秎稷”（《戬寿堂所藏殷虚文字》44.7、《殷虚书契续编》2.5.1）。“秎来”（《铁云藏龟》177.3）等。彭邦炯先生认为就是“指收获黍、稷、麦的秸秆之事”③。

甲骨文还有一个“秉”字。卜辞有：

秉于盂〔田〕，冓大雨（《殷契粹编》680）。

雚（观）秉（《殷虚书契后编》下6.6）。

彭邦炯先生认为“秉”字“构形像将无穗之秆捆束状，疑即稛的初形。这也是收获禾秆的写照”。前一卜辞是卜问收获盂地农田里的禾秆是否会遇到下雨，后一卜辞是占卜观看、察看收禾秆的农活。“由上不难看出，商时期对收取禾秆也是非常重视的”④。

这一点从《禹贡》的记载中亦可得到证明。《禹贡》曾被司马迁列为夏代的典籍。据今人的研究，至少也是在西周时期成书，因其距夏商未远，书中反映的情况应有一定的参考价值。

《禹贡》记载“五百里甸服”时指出：“百里赋纳总，二百里纳铚，三百里纳秸服，四百里粟，五百里米。”《孔传》曰：“规方千里之内，谓之甸服，为天子服治田，去王城面五百里。”即距王城五百里之内，要为天子治田出谷，也就是缴租纳税。但因远近有别，按每百里为一等级，缴纳的实物有所不同。距王城百里者“赋纳总”。《孔传》：“禾藁曰总，入之，供饲国马。”孔颖达解释：“总者总下铚、秸、禾穗与藁总皆送之，故云禾藁曰总。”按金履祥解释：“其赋则禾连藁束之以纳也。禾以为粮，藁以茨屋，以饲国马，以为薪刍。凡杂用也。”“二百里纳铚（铚指禾穗）”，是因为路途较远，只缴纳禾穗，不必运送秸秆⑤。可见当时在收获时，确实是将禾穗和秸秆分别收割的，禾穗作为粮食供给贵族们消费，秸秆则用于盖屋、饲马和燃料。这些记载和《诗经》中有关收获场面的描写也是相符的。

---

① 彭邦炯：《甲骨文农业资料考辨与研究》，吉林文史出版社，1997年，565页。

② 裘锡圭：《甲骨文所见的商代农业》，《全国商史学术讨论会论文集》（《殷都学刊》增刊），1985年2月。

③④ 彭邦炯：《甲骨文农业资料考辨与研究》，吉林文史出版社，1997年，567页。

⑤ 辛树帜：《禹贡新解》，农业出版社，1964年，362页。

《诗经·周颂·臣工》："命我众人，庤乃钱镈，奄观铚艾。"说的是庄稼快要成熟，命令众农夫收起锄地的工具（钱、镈），拿出铚、艾演习收割。铚就是专门割取禾穗的石刀和蚌刀，艾就是便于割取禾秆的石镰和蚌镰以及青铜镰刀等。看来在收割时，也是割穗和割秆分别进行的，不然就用不着同时使用两种工具了。

收获是耕种的目的，也是奴隶主们最关心的事情，入秋之后，各种作物都相继成熟，人们就忙个不停，七月"食瓜""亨葵及菽"，八月"断壶""剥枣"，九月"叔苴"，十月"获稻""纳禾稼，黍稷重穋，禾麻菽麦"（《诗经·豳风·七月》）。《诗经》中还有许多诗篇描写收获的情形，有的场面还是非常热闹的："恒之秬秠，是获是亩。恒之糜芑，是任是负"（《大雅·生民》），是说秬秠等作物成熟了，赶快收割在田中堆起垛来，糜芑等作物成熟了，赶快收割挑着背着运回仓。在收获之前，还要先准备好打谷的场地："九月筑场圃，十月纳禾稼"（《豳风·七月》）。收获的时候非常忙碌紧张："获之挃挃，积之栗栗"（《周颂·良耜》），是说收割时镰刀响成一片，粮食堆积得高高的。可能由于人少地多，劳动量比较大（当然也可能是替主人收割的农夫积极性不高），收割时不是那么认真细致，田间掉下很多谷穗没有捡起来，"彼有不获稚，此有不敛穧。彼有遗秉，此有滞穗"，只好"伊寡妇之利"（《小雅·大田》），让她们去拾取了。

七、储藏

从考古发掘的资料看，夏商时期储藏粮食的场所主要是窖穴。在河南郑州、辉县、安阳和河北邢台、藁城及陕西清涧等地的早商遗址和殷墟的晚商遗址都发现了大量的贮藏粮食的窖穴，其形式有长方形、圆形、椭圆形等，有的深达八九米，窖壁垂直光滑，有对称的脚窝可以上下。殷墟发掘出来的窖穴，有的窖壁、窖底还用草拌泥涂抹，修造得十分讲究①。

除了地下的窖穴，当时已经出现地面上的储粮建筑。

《史记·五帝本纪》记载舜陶河滨，"一年而所居成聚，二年成邑，三年成都。尧乃赐舜絺衣与琴，为筑仓廪，予牛羊。瞽叟尚复欲杀之，使舜上涂廪，瞽叟从下纵火焚廪。舜乃以两笠自扞而下，去，得不死。"可见，尧舜时代不但已有"仓廪"，而且还相当高大，如《诗经》所言的"高廪"，否则瞽叟就不会想出这种方法害舜。相信夏代也应该同样懂得利用仓廪来储藏粮食。

甲骨文有亩字，《说文解字》曰："亩，谷所振入也。宗庙粢盛，苍黄亩而取

---

① 杜葆仁：《我国粮仓的起源和发展》，《农业考古》1983年2期。陕西清涧的窖穴相关报道见《考古与文物》1988年1期，50页。

之，故谓之亩。”卜辞也有许多“省亩”的记录，即省视、视察粮亩。陈梦家先生在《殷虚卜辞综述》中说亩字形像是露天的谷堆形状。彭邦炯先生也认为亩字“实际上就是亭盖以挡雨淋，下面像堆积的谷物”①。“亩”是“廪”字的本字，《诗经·周颂·丰年》：“亦有高廪，万亿及秭。”《毛传》曰：“廪，所以藏齍盛之穗也。”可见亩是堆放收获的谷穗，上有亭盖以挡雨淋，实际上就是后世的“庾”字，《说文解字》：“庾，仓无屋者”。当时从田里收割的主要是谷穗，先堆放在露天的“亩（庾）”中。以后再进行脱粒加工，才放到粮仓里去。甲骨文、金文都有“仓”字，像座有独扇门的房屋②。《周礼》有“廪人”“仓人”之职，注释曰：“廪人掌米，仓人掌谷”。看来廪主要是用来存放脱壳后的米粒，仓主要是用来存放未脱壳的谷粒，需要时提取方便。而存放到地下窖穴之中的粮食，可能是要储藏较长的一段时间才食用的。

西周和春秋时期，在中原地区也发现了一些储粮窖穴。如陕西沣西张家坡西周居住遗址中发现的储藏用窖穴，都是口小底大，平面呈圆形或椭圆形，口径在1.6米左右，底径1.8～2.4米，深1～1.75米。坑壁整齐，底部多为圆形袋状，也有的底部平坦，挖成后还经过一番加工修饰。河北磁县下潘汪发现的第四号房基，在房内北部有一个窖穴，穴壁和穴底也都经火烤过，可以防潮，应该是用来储存粮食的。春秋时期的窖穴如山西侯马市晋城居住遗址，在房子周围发现有密集的窖穴，有的窖穴中还残存有黄豆。在山东临淄齐城的窖穴中，有的还保存不少小米，也证明是储粮窖穴③。

当然西周也盛行仓廪等储粮建筑。如《诗经·周颂·良耜》：

荼蓼朽止，黍稷茂止。获之挃挃，积之栗栗。其崇如墉，其比如栉，以开百室。百室盈止，妇子宁止。

既以“百室”计，其数量当不小。又如：

《诗经·小雅·甫田》：“曾孙之庾，如坻如京。乃求千斯仓，乃求万斯箱。”

《诗经·小雅·楚茨》：“我黍与与，我稷翼翼。我仓既盈，我庾维亿。”

《诗经·大雅·公刘》：“迺场迺疆，迺积迺仓。”

《诗经·周颂·丰年》：“亦有高廪，万亿及秭。”

“乃求千斯仓”，可见其数量之多。“乃求万斯箱”，可见其仓库容积之大。因此需要有专人管理。《周礼》就有“廪人掌九谷之数”，“仓人掌粟入之藏”，说明当时

---

① 彭邦炯：《甲骨文农业资料考辨与研究》，吉林文史出版社，1997年，568页。

② 康殷：《文字源流浅说》，荣宝斋，1979年，335页。

③ 张家坡窖穴相关报道见《沣西发掘报告》，文物出版社，1962年，77页；下潘汪窖穴相关报道见《考古学报》1975年1期，99页；侯马市晋城窖穴相关报道见《考古》1959年5期，225页；临淄齐城的窖穴相关报道见北京大学编撰的《商周考古》，41页。

已经有了管理粮仓的专门机构和负责官吏。

粮食的储备关系着国计民生，“国无九年之蓄为不足，无六年之蓄曰急，无三年之蓄曰国非其国也”（《礼记·王制》）。因而政府高度重视仓储工作，“孟秋之月……穿窦窖，修囷仓”，“孟冬之月……命百官，谨盖藏”，“季春之月……命有司发仓廪，赐贫穷，振乏绝”，以防青黄不接之时，社会发生动荡，影响社会秩序的稳定。

第六章 林、牧、渔及蚕桑、园圃和酿造业

第一节 林 业

夏商时期黄河流域的森林资源是相当丰富的，主要生长在山岭丘陵和低湿地。黄土高原和平原的植被主要是蒿莱一类的野草，容易被开垦为农田。人们生活所需的木材则依赖于砍伐自然生长的林木。据《诗经》提到的树木种类统计，有楚、柏、桐、梓、松、檀、柳、杨等30多种（参见第一章第一节）。严格地讲，当时还不可能有真正意义上的人工造林、育林的林业。《夏小正·正月》上虽然提到了柳稊（即柳树开花），但并未说明是人工种植的。其中提到“杝桃”就是山桃，即野生之桃，看来桃树也是野生的。商殷时期，由于农耕的发展和焚林狩猎的结果，导致森林资源的减少，开始注意对林木的保护，设立了一些官职加强管理（如《礼记·曲礼下》所谓“天子之六府”中的“司木”，郑玄注曰：“此亦殷时制也。”又说：“司木，山虞也。”山虞即管理山林资源的官吏），但也只是负责管理对森林的砍伐而已（《周礼》卷一六：“山虞掌山林之政令，物为之厉，而为之守禁。仲冬斩阳木，仲夏斩阴木。”）

西周以后，才开始重视树木的种植。如《周礼》卷二“大宰之职”：“以九职任万民，一曰三农，生九谷。二曰园圃，毓草木。”这“草木”是包括瓜菜和果树，“木”更多的是指经济林木。总的说来，当时的植树首先是满足人们的日常生活需要，大力种植经济林木，其次是祭祀和政治上的需要，如社树和行道树、边界林的种植。

一、经济林木

夏、商、西周时期人工种植的经济林木，主要是桑树、漆树和果树，此外还有建筑用材等。

1. 桑　《夏小正·三月》中已有“摄桑，委扬”的记载，接着又说：“妾子始蚕，执养宫事”。可见夏代的桑树，其用途是养蚕缫丝，为纺织业服务，当为人工种植。至商代，蚕桑业有很大发展，桑树的种植更加普遍。《吕氏春秋·顺民篇》：“天大旱，五年不收，汤乃以身祷于桑林。”此桑林当是人工种植的成片桑树林，并且已成为商朝王室的社树①。甲骨文中已有“桑”字，字形能隶定的共有六种，据周匡明先生考证，可反映低干、高干、乔木三种类型的桑树。闻一多先生在《释桑》篇中收录了37条卜辞，其中桑字的含义可分为桑木、桑林、桑田、采桑等数种，而低干桑的培育无疑是当时蚕桑业的一大成就②。大约与此同时，周族的先人在豳地也已经种植桑树发展养蚕业。西周初年周人追忆周族先公居豳地时的一首农史诗《诗经·豳风·七月》写到：

> 春日载阳，有鸣仓庚。
> 女执懿筐，遵彼微行，爰求柔桑。
> ……
> 蚕月条桑，取彼斧斨，
> 以伐远扬，猗彼女桑。

前者描写养蚕的女奴提着深筐，沿着小路，寻求幼嫩的桑叶以养蚕的情形。后者描写在养蚕的月份（蚕月）条桑。条桑与《夏小正》中的“摄桑”一样，都是整理桑树枝条的意思。方法是用斧斨伐去远扬（徒长）的枝条，与《夏小正》中的“委扬”（委弃扬出的枝条）相同③。

春秋时期蚕桑树的种植有进一步的发展，这在《诗经·魏风·十亩之间》中也得到反映：

> 十亩之间兮，桑者闲闲兮。行，与子还兮！
> 十亩之外兮，桑者泄泄兮。行，与子逝兮！

一块桑田就有十亩之大，可见桑树种植规模不小。

---

① 《论语·八佾》载有孔子学生宰我对社前植树的议论：“夏后氏以松，殷人以柏，周人以栗。”闻一多先生认为殷社应为桑林：“‘殷人以柏’其说无征，盖妄言之矣。”见《闻一多全集》第二集566页。兼参见张钧成：《商殷林考》，《农业考古》1985年1期。

② 周匡明：《桑考》，《农业考古》1981年1期。

③ 夏纬瑛：《〈诗经〉中有关农事章句的解释》，农业出版社，1981年，37～39页。

将仲子兮，无逾无墙，无折我树桑。

《郑风·将仲子》诗句表明当时不但野外种植桑树，就是房屋周围也已种植桑树了，可见桑树种植已经是相当普及了。《诗经》中还有许多诗篇提到桑树，如《鄘风》中的“期我乎桑中”（《桑中》），“降观于桑”“说于桑田”（《定之方中》）；《卫风》中的“桑之未落”“无食桑葚”（《氓》）；《魏风》中的“言采其桑”（《汾沮洳》）；《唐风》中的“集于苞桑”（《鸨羽》）；《秦风》中的“阪有桑”（《车邻》），“交交黄鸟，止于桑”（《黄鸟》）；《曹风》中的“鸤鸠在桑”（《鸤鸠》）；《豳风》中的“彻彼桑土”（《鸱鸮》），“烝在桑野”（《东山》）；《小雅》中的“南山有桑”（《南山有臺》），“无集于桑”（《黄鸟》），“维桑与梓”（《小弁》），“隰桑有阿”（《隰桑》），“樵彼桑薪”（《白华》）；《大雅》中的“菀彼桑柔”（《桑柔》）；《鲁颂》中的“食我桑椹”（《泮水》）等，其地域涉及了今天的陕西、河南、山东、山西、甘肃等地，可见当时桑树的分布相当广泛。

2. 漆 考古发掘中已发现许多商周时期的漆器，如河南安阳市武官村商代大墓的雕花木器上的朱漆印痕，河北藁城县台西村商墓中的彩色漆片，河南浚县辛村西周墓中的涂漆器物，湖北蕲春县毛家嘴的西周早期漆杯，河南洛阳市中州路春秋墓葬中的漆器盖子①。漆器的盛行，反映了当时漆林的保护和培育及割漆的技术已有相当水平。

甲骨文已有“漆”字，形似在漆树上采割漆液。《庄子·人间世》：“桂可食，故伐之。漆可用，故割之。”从古文献的记载中可以看出漆树已分布黄河流域各地。《尚书·禹贡》：“济河惟兖州：厥贡漆丝。”“荆河惟豫州：厥贡漆、枲、丝、絺、纻。”兖州在今山东，豫州在今河南。《诗经·唐风·山有枢》：“山有漆。”《诗经·秦风·车邻》：“阪有漆。”《诗经·鄘风·定之方中》：“树之榛栗，椅桐梓漆。”地域包括今天的晋南、关中和豫北。《山海经·西次四经》：“号山，其木多漆、棕。”“英鞮之山，上多漆木。”《山海经·东山经》：“姑儿之山，其上多漆。”《山海经·中次十一经》：“翼望之山，其上多松柏，其下多漆梓。”其地域分别在今天的陕北、甘南、晋东南、山东及豫西一带。不过这些漆树大部分应该是属于野生的漆林，人们只是加以利用和保护而已。能够确定为人工栽培的漆树，应是《诗经·鄘风·定之方中》所提到的“树之榛栗，椅桐梓漆”，“树”为“树艺”之意，即人工栽培。可见至少在西周晚期或春秋早期，人工种植漆树已经较为普遍了。

3. 果树 人们种植果树的目的是食用其果实，但果树除了在房屋周围零星种植外，经常是在园圃中或野外种植，大片成林，故果林应可视为林业之一部分。夏、商、西周时期的果树能确定为人工栽培的主要有桃、李、杏、梅、枣、栗等数

① 杨钊：《商周时期的林业》，《农业考古》2000年3期。

种。《夏小正》中已提到杏、梅、桃、枣、栗五种果树，其中“园有见杏”，说明杏是成长在园圃中的，应为人工种植的果树。梅原产于中国南方，既然出现在黄河流域，当是从南方引种的，不可能是野生的。《诗经》中多处提到果树，如“桃之夭夭，灼灼其华……有蕡其实”（《周南·桃夭》），“园有桃”（《魏风·园有桃》），“丘中有李”（《王风·丘中有麻》），“树之榛栗”（《鄘风·定之方中》），既然是人们“树之”，生长在园中和丘中，当然已是人工栽培的果树了。

4. 建筑用材 商周时期的建筑和交通工具都需要大量的木材。如建筑宗庙需要松柏，《诗经·鲁颂·閟宫》：“徂来之松，新甫之柏。……新庙奕奕。”造船也需要松柏，《诗经·邶风·柏舟》：“汎彼柏舟，亦汎其流。”《诗经·鄘风·柏舟》：“汎彼柏舟，在彼中河。”《诗经·卫风·竹竿》：“淇水悠悠，桧楫松舟。”桧是圆柏，材质坚实通直，适合于制作船桨和橹。檀树则适合用来制造车轴和车轮，称作檀车，如“牧野洋洋，檀车煌煌”（《诗经·大雅·大明》）。当时的松柏是否为人工种植，尚无确切的文献记载，但是人工种植檀树则已经见于《诗经》了：“乐彼之园，爰有树檀”（《小雅·鹤鸣》），“无逾无园，无折我树檀”（《郑风·将仲子》）。既然是种在园中，当然是人工种植的檀树。这是特别适合于制造车轴和车轮，木质坚硬，纹理细密光滑的黄檀树。此外还有前面所引《定之方中》：“树之榛栗，椅桐梓漆，爰伐琴瑟。”这些用来制作乐器的椅、桐、梓、漆，也是人工种植的林木。显然是因为制造车辆和乐器对材料有特殊的要求，野生的已不易获得，只有进行人工种植才能满足日益增长的社会需要。

二、社坛植树

社是祭祀土神的场所，要筑起封土堆，并在上面及周围种植树木。《公羊传·哀公四年》：“社者，封也。”注曰：“封土为社。”传说夏代就有祭祀土神的神社，《史记·封禅书》即说：“自禹兴而兴社祀。”当时祀奉的社神是共工之子后土，《礼记·祭法》：“共工氏之霸九州也，其子曰后土，能平九州，故祀以为社。”后土也叫作句龙，《春秋左传正义》昭公二十九年：“共工氏有子曰句龙，为后土。……后土为社。”在社前要植树，称为社木。据《论语·八佾》记载孔子学生宰我曾说过夏商周三代在社前所种的树木不一样：“夏后氏以松，殷人以柏，周人以栗。”这只是一种大概的说法，实际上并不完全如此，而是要根据各地的具体情况因地制宜地种植不同树木。如前述商汤祷于桑林，就可能是在种植大片桑林的社前进行祷告。当时的社有大小级别之区分，《礼记·祭法》：“王为群姓立社，曰大社。王自为立社，曰王社。诸侯为百姓立社，曰国社。诸侯自为立社，曰侯社。大夫以下成群立社，曰置社。”各种神社都要种植数量不等种类不同的树木，而且神木是不能随便砍伐的，这无疑对当时生态环境的改善是有积极作用的，可视为造林事业的一个成就。

三、封界植树

商周时期都是诸侯、方国林立的时代，王畿归国王直接统治，周围是分封诸侯的领地，四外还有众多的方国，各邦国之间的边界，要挖掘壕沟，将土翻上沟边筑成土埂，在埂上还要种植树木，以保护土埂不被雨水冲刷毁坏。在周代，还设立“封人”一职来管理这种工作。《周礼·地官·封人》：“掌设王之社壝，为畿封而树之。”社壝即社坛。据注疏曰：“王之国外四面五百里，各置畿限，畿上皆为沟堑，其土在外而为封，又树木而为阻固，故云为畿封而树之。”可以想象，全国各地大小诸侯领地和方国的边界上，种植了无数的树木，其景象是相当壮观的，既标明了边界，又阻挡了风沙侵袭，也有利于农田的保护。

四、行道树种植

我国很早就实行在道路两旁种植树木的制度，叫作“列树以表道”①。也就是种植树木作为标志以指明道路，实际上也有保护道路的作用。《周礼·秋官·野庐氏》记载：“掌达国道路至于四畿，比国郊及野之道路、宿息、井、树。”这最后的一个“树”字，就是指在道路两旁要种植可以遮阳的行道树。各国在道路两旁所种的树种也不尽相同，如郑国就喜欢种植栗树。《诗经·郑风·东门之墠》：“东门之栗，有践家室。”《毛传》就认为是“东门之外有栗生于路上无人守护”。《左传·襄公九年》记载：“晋伐郑，……魏绛斩行栗。”注曰：“行栗，表道树。”疏曰：“行道也，谓之行栗，必是道上之栗。”《国语·周语中》记载周定王派大臣单襄公去聘问宋国，路过陈国，看到陈国境内“道无列树”、农田荒芜等残败景象，断定“陈侯不有大咎，国必亡”。可见行道树的好坏，已与国之兴衰联系在一起。这也从侧面说明了当时政府对行道树种植的重视程度。显然，行道树也是不能随便砍伐的（“魏绛斩行栗”是战争行为，另当别论），是人工造林的一种形式，也是商周时期林业上的一个成绩。

五、防护林种植

西周春秋时期，对保护江河堤岸的防护林种植也是相当重视的。《管子·度地

---

① 《国语·周语中》。

篇》曾指出："树以荆棘，以固其地。杂之柏杨，以备决水。"周代还设立"掌固""司险"等官职来负责这一工作。《周礼·夏官》记载"掌固"的职责是："掌修城郭、沟池、树渠之固。……凡国、都之竟，有沟树之固。郊亦如之。""司险"的职责是："掌九州之图，以周知其山林、川泽之阻，而达其道路。设国之五沟、五涂，而树之林，以为阻固。"所谓五沟是指遂、沟、洫、浍、川五种沟洫。五涂则是指沟洫两旁大小不等的径、畛、涂、道、路等。在沟洫边种植防护林可以起加固作用，同时也起改良农田间小气候的作用，它对农业生产也发挥着更加直接的作用。

六、林业官职的设立

由于林业的发展，就需要有专门机构来负责管理工作。历史上最早的一位林业官吏，大概就是传说中的伯益了。《尚书·舜典》："帝曰：畴若予上下草木鸟兽。佥曰：益哉。帝曰：咨益。汝作朕虞。益拜稽首。"《史记·五帝本纪》也说："以益为朕虞。"负责管理驯化上下草木鸟兽工作。可以说，虞是我国历史上最早的林业职官名称，伯益可算是我国古代最早的一位知名的林业官吏①。据《通典》卷二二记载，夏代已设有"六府"，其中的"司木"就是管理山林的官吏。郑玄在注《礼记》时则说"司木，山虞也"。又说"六府"之设"此亦殷时制也"②。可能夏商时期政府已设有专门机构负责征收各地山林的贡赋。到周代这种机构更为健全，六府是隶属"天子之五官"之一的"司徒"管辖。《礼记·曲礼下》记载："天子之六府曰：司土、司木、司水、司草、司器、司货。"郑玄注曰："府，主藏六物之税者。……周时皆属司徒。"《周礼》的记载更为详细些，在"大司徒"属下掌管有关林业的官吏有山虞、林衡、封人、掌固等。

1. 山虞 《周礼·地官·山虞》："掌山林之政令，物为之厉，而为之守禁。仲冬斩阳木，仲夏斩阴木。凡服耜，斩季材，以时入之。令万民时斩材，有期日。凡邦工入山林而抡材，不禁。春秋之斩木，不入禁。凡窃木者，有刑罚。"显然，山虞的主要职责是具体制定林业政令，规定采伐时间，禁止百姓偷盗和乱砍滥伐林木。山虞的职数是根据山林范围的大小来确定的，"每大山，中士四人，下士八人，府二人，史四，胥六人，徒八十人。中山，士六人，史二人，胥六人，徒六十人。小山，下士二人，史一人，徒二十人。"

2. 林衡 《周礼·地官·林衡》："掌巡林麓之禁令，而平其守，以时计林麓而赏罚之。若斩木材，则受法于山虞，而掌其政令。"可见，林衡是专门贯彻山虞所制

---

① 王希亮：《中国古代林业职官考》，《中国农史》1983年4期。

② 《礼记·曲礼下》。

定的林业政令，从事森林保护的机构，它的级别低于山虞。它不但要管理山中的森林，还要管理山麓部分的林木，并根据当地百姓对森林的保护好坏而进行赏罚。林衡的职数也是根据其管辖的范围大小来确定的："每大林麓，下士十有二人，史四人，胥十有二人，徒百有二十人。中林麓，如中山之虞。小林麓，如小山之虞。"

3. 封人　《周礼·地官·封人》："掌设王之社壝，为畿封而树之。凡封国，设其社稷之壝，封其四疆。造都邑之封域者，亦如之。"封人的主要职务是负责诸侯国社稷祭坛及边界的规划建设以及操办祭祀时的具体事务。但因为祭坛周围和边界的植树由它负责，兼负造林的重任，所以可以视为林业的官吏之一。

4. 掌固　《周礼·夏官·掌固》："掌修城郭、沟池、树渠之固。"贾公彦疏曰："云'掌修城郭沟池'者，谓环城及郭皆有沟池。云'树渠'者，非直沟池有树，兼其余渠上亦有树也。"由此可知，掌固的其主要职责是修建城郭之外的护城沟渠，实属城建部门。但因为修建沟池渠道时还要在上面植树，所以也和林业有关。

当然，《周礼》的成书较晚，周代的林业官职是否如此详备，还可以讨论。但也不能因此而完全抹杀。如《左传·昭公二十年》："山林之木，衡鹿守之。泽之萑蒲，舟鲛守之。薮之薪蒸，虞候守之。"《穀梁传·庄公二十八年》："山林川泽之利，所以与民共也。虞之，非正也。"《穀梁传·庄公三十一年》："罢民三时，虞山林薮泽之利。"这里的虞候、衡鹿，就是《周礼》中的山虞、林衡。可以证明西周和春秋时期确实设置了专职的林业官职，《周礼》所言不虚①。

七、注意保护森林资源

由于人口的不断繁衍，社会对木材的需求量不断增加，天然的林木资源日遭破坏，木材的供应开始出现紧张局面，因此引起了人们的注意，政府开始制定一系列政策，颁布许多法令，禁止人们对天然森林的乱砍滥伐。山虞、林衡之职就是为加强对山林的管理而设立的。当时最主要的措施是强调"以时禁发"，《管子·八观篇》："山林虽近，草木虽美，宫室必有度，禁发必有时。"即根据森林生长规律规定砍伐和禁伐的时间，并且对砍伐量也加以限制。特别是正当林木滋长的春天，严禁入山砍伐。《逸周书·大聚篇》："春三月，山林不登斧，以成草木之长。"《国语·鲁语》："山不槎蘖，泽不伐夭。"不但春天不准砍伐森林，就是平时砍伐也不能伤害天然更新的幼树。《礼记·月令》中有更加详细的规定：孟春之月"禁止伐木"，仲春之月"毋焚山林"，季春之月"无伐桑柘"，孟夏之月"毋伐大树"，季夏之月"树木方盛，乃命虞人，入山行木，毋有斩伐"（此时，树木还没有长坚实，故不可以砍

---

① 王希亮：《中国古代林业职官考》，《中国农史》1983年4期。

伐）。要等到秋后入冬，草木零落，停止生长之后才开禁，允许人们入山伐木。同时，还注意防火烧毁山林，国家制定有防火的法令，还设有监督执行的官吏。《周礼·夏官·司爟》："掌行火之政令……凡国失火，野焚莱，则有刑罚焉。"

当然，当时禁止乱砍滥伐及防火毁林，主要是为了保护森林资源不致过分破坏，影响人们的生活需要，当时还不可能具有森林毁坏会导致人们生存环境恶化的生态意识，但即便如此，"以时禁发"的措施，对林木的保护还是具有积极意义的，因此可以说商周春秋时期是我国林业的萌芽时期，也是我国古代林业思想开始萌发时期。

第二节 牧 业

夏商周时期畜牧业的主要牲畜种类和畜养业结构，在第三章第三节已经论述过，本节重点在于探讨牲畜的饲养管理、繁育技术和疾病防治等问题。

夏商周都是以农业为主、农牧并重的农耕社会，畜牧业在社会经济中占有很大比重，其中又以大牲畜饲养更为发达，这是由于奴隶社会的统治者非常迷信，"国之大事，在祀与戎"（《左传·成公二十年》）。祭祀和军事成为当时国家的头等大事，祭祀甚至比军事还重要，因为在每次军事行动前都要进行占卜和祭祀。祭祀需要大量牲畜作为牺牲，军事需要马牛等大牲畜作为动力，所需牲畜的数量就特别大。为了保证供应，政府还设立专门的机构来经营管理畜牧业生产。如传说夏代就有"牧正"，夏后失国，其妻子逃到娘家有仍氏，生下儿子，即少康。少康长大后曾作了有仍氏"牧正"，就是专门管理畜牧生产的官吏。商代甲骨卜辞中也有"马小臣"一职（《粹》1152、1153），据彭邦炯先生的意见，"大约就是一种管理马匹的官员"①。卜辞中还有"牛臣""刍正"等，也应该是管理牛的饲养和牧草种植的官员②。

这种由政府直接经营的畜牧业到了西周时期有更大的发展，在《周礼》中就详细记载了一整套管理官营畜牧业的职官和有关制度。其中与畜牧业直接有关的职官就有"校人""牧人""牧师""圉师""廋人""趣马""巫马"以及"牛人""羊人""犬人""鸡人"等。

校人："掌王马之政。"为总掌马政之官。其职数有："中大夫二人，上士四人，下士十有六人，府四人，史八人，胥八人，徒八十人。"（《周礼·夏官》）

牧人："掌牧六牲，而阜蕃其物，以共祭祀之牲牷。"（《周礼·地官》）即牧人是负责在野外饲养繁育马、牛、羊、猪、犬、鸡等六畜以供朝廷祭祀之用。

---

① 彭邦炯：《商史探微》，重庆出版社，1988年，230页。

② 袁庭栋、温少峰：《殷墟卜辞研究——科学技术篇》，四川省社会科学院出版社，1983年，239页。

牧师："掌牧地，皆有厉禁而颁之。孟春焚牧，中春通淫。掌其政令。"（《周礼·夏官》）即掌管牧马之地，按照严格的规定将牧地颁发给养马者。初春时节焚烧牧地陈草，促使新草生长茂盛。还要掌握马匹的交配繁育工作。

圉师："掌教圉人养马。"而圉人的职责是"掌养马刍牧之事，以役圉师。"（《周礼·夏官》）即圉师是教圉人养马的职官，圉人是归他管辖的。

廋人："掌十有二闲之政教，以阜马，佚特，教駣，攻驹及祭马祖，祭闲之先牧及执驹，散马耳，圉马。"（《周礼·夏官》）闲为养马之场所，《周礼·夏官·校人》："天子有十二闲。"郑玄注曰："每厩为一闲。"即廋人为掌管教练天子马匹的官员。

趣马："掌赞正良马，而齐其饮食，简其六节。"（《周礼·夏官》）

巫马："掌养疾马而乘治之，相医而药攻马疾。"（《周礼·夏官》）即巫马就是医治马匹疾病的兽医。

牛人："掌养国之公牛，以待国之政令。"（《周礼·地官》）即专管政府的养牛任务，其中公家之牛就有"享牛""求牛""牢礼、积、膳之牛""膳馐之牛""槁牛""奠牛"及"兵车之牛"7种，即凡是祭祀、飨宴、宾射、军事、丧事、会同、军旅、行役等各项事务需要用牛时，均由"牛人"供给，可见其养牛规模不小。

羊人："掌羊牲。"（《周礼·夏官》）即专门负责饲养祭祀用羊的官员。

犬人："掌犬牲供祭祀之用。"（《周礼·秋官》）即专门负责养狗供官府祭祀之用的职官。

鸡人："掌共鸡牲，辨其物（毛色）。"（《周礼·春官》）是专门负责养鸡区别品质优劣的官员。

这一系列与畜牧有关的职司人员，真是洋洋大观，从其分工之严格，职责之专一，可以反映出当时畜牧业发达之程度①。由于是政府经营的畜牧业，其规模较大，又有专职人员进行管理，且需承担责任，必须精心照料，对畜牧技术的促进作用更是大大高于民间自发的分散性经营。因此夏商周的畜牧技术较之原始畜牧业有很大进步。

一、资源区划

由于疆土广阔，各地自然条件差异很大，不但种植的农作物种类不同，就是饲养的牲畜也不完全一样，政府在管理各地畜牧业生产和征收赋税贡物时也是区别对待，心中有数的。《周礼·夏官·职方氏》中就记载了当时全国九州各地所出产的粮食作物和饲养的牲畜是各不相同的，其中畜牧业为：

---

① 唐嘉弘：《论畜牧和渔猎在西周社会经济中的地位》，《西周史研究》，人文杂志丛刊第二集，1984年。

东南曰扬州（今江苏一带），其畜宜鸟兽（即各种家畜家禽都饲养）。

正南曰荆州（今江汉一带），其畜宜鸟兽（即各种家畜家禽都饲养）。

河南曰豫州（今河南地区），其畜宜六扰（即饲养马、牛、羊、豕、犬、鸡）。

正东曰青州（今徐州一带），其畜宜鸡狗（其地处海滨，缺少草地，不适合发展马、牛、羊等食草动物的饲养）。

河东曰兖州（今山东一带），其畜宜六扰（即饲养马、牛、羊、豕、犬、鸡）。

正西曰雍州（今陕西一带），其畜宜牛马（地处黄土高原，只适合草食动物牛马等大牲畜的饲养）。

东北曰幽州（今辽东一带），其畜宜四扰（即饲养马、牛、羊、豕）。

河内曰冀州（今晋中晋南），其畜宜牛羊（地处黄土高原，只适合发展草食动物牛马等大牲畜的饲养）。

正北曰并州（今晋北一带），其畜宜五扰（即饲养马、牛、羊、豕、犬）。

《周礼》在提到这些"宜畜"之地时是和"其谷宜稻""其谷宜黍稷""其谷宜五种"等紧密联系在一起，说明当时各地畜牧业是和种植业结合在一起，或者说是在种植业的基础上发展起来的，即使是西北地区的雍州和冀州，虽是"其畜宜牛羊"，却也是"其谷宜黍稷"。但是在两千多年前就已经能够因地制宜地将全国各地划分出不同的农业区，实在是我国农业区划的萌芽，难能可贵。

二、饲养管理技术

夏商周时期对牲畜的饲养管理主要采取两种方式：放牧和圈养，并且是两者相结合。放牧是原始畜牧业的主要方式，但在原始社会晚期，圈养技术已经萌芽。到了商周时期圈养技术有较大的发展，形成放牧和圈养并重的格局。

1. 放牧 放牧方式首先使用于马、牛、羊等牲畜，因为这些牲畜生性好动，喜欢成群活动，又是食草动物，不适宜一天到晚关在圈栏里，故白天要把它们赶到野外去放牧。甲骨文有牧、㪇、羖①，都是以手挥鞭驱赶牛羊放牧之形状，都应释作牧字，从牛者为牧牛，从羊者为牧羊，还有从马者，也是指牧马。后来只用从牛的牧字，从羊从马的牧字都不用了。彭邦炯先生研究，遍检甲骨文字，于其他牲畜不见从手持鞭和棍形的字，这也从侧面说明马、牛、羊是放牧饲养的②。周代设有

① 《甲骨文编》卷3.26，第428号；卷3.27，第432号。

② 彭邦炯：《商史探微》，重庆出版社，1988年，227页。

“牧人”一职，郑玄注曰：“牧人养牲于野田者。”就是专门放牧官家牲畜的职员。《诗经·鲁颂·駉》：“駉駉牡马，在坰之野。”郑笺：“必牧于坰者，避民居与良田也。”说明马是在远离居民区和农田的野外放牧的。《诗经·小雅·无羊》就生动地描写了牧人野外放牧的情景：“尔牧来思，何蓑何笠，或负其糇。三十维物，尔牲则具。”牧人穿着蓑衣戴着斗笠，带上干粮整日在野外放牧，并且是放牧成群结队的牛羊：“谁谓尔无牛，九十其犉。”“谁谓尔无羊，三百维群。”该诗还形象地描述了牛羊在野外山丘和池边悠然自在食草或卧睡的情景：“或降于阿，或饮于池，或寝或讹”。当是商周放牧生活的生动写照。不但马牛羊等食草动物要放牧，就是杂食的猪也是可以进行放牧的。《周礼》中的“牧人”就是“掌牧六牲，而阜蕃其物”。这“六牲”中就包括了猪，说明猪也是需要放牧的。平时将猪放到野外自行觅食，到要宰杀时再进行圈养催肥。

放牧是重要的饲养方式，所以周代对牧地非常重视，专设“牧师”一职来管理牧地：“牧师掌牧地，皆有厉禁而颁之。孟春焚牧。”其主要职责是按照水草情况和家畜多少分配牧地，不许任意放牧，也对牧地起保护作用。“孟春焚牧”是用烧荒方法去除陈草促使新草生长，对恢复牧地的承载能力也有很大帮助。

2. 圈养 实际上，商周时期对马牛羊等动物的饲养是实行放牧和圈养相结合的方法，即白天将牲畜驱赶到野外牧地去吃草，晚上就关在圈栏或厩棚内过夜，“日之夕矣，羊牛下来”（《诗经·王风·君子于役》）。甲骨文中就有（牢）、（[宀羊]）、（[宀马]）、圂等字，都是表示将牛、马、羊、猪等牲畜关在圈栏或厩栏内过夜。《诗经·小雅·鸳鸯》：“乘马在厩，摧之秣之。”《诗经·周南·汉广》：“翘翘错薪，言刈其楚。之子于归，言秣其马。……翘翘错薪，言刈其蒌。之子于归，言秣其驹。”毛传：“秣，粟也。”就是在马厩里以谷子喂马。《诗经·大雅·公刘》：“执豕于牢。”说明猪也是养在圈栏（牢）里的。《周礼·夏官·圉师》：“掌教圉人养马。春除蓐，衅厩，始牧。夏庌马。冬献马。射则充椹质。茨墙则剪阖。”据《左传·庄公二十九年》：“凡马，日中而出，日中而入。”前一个“日中”是指春分，后一个“日中”是指秋分，即每年春分之后，天气转暖，牧草生长，开始将马放到郊区放牧。秋分之后，天气转冷，牧草枯黄，就不再放牧，将马群赶回厩棚进行舍饲。蓐是马厩中的垫草，衅是冲洗的意思，即春天开始放牧时就要清理蓐草，冲洗马厩。庌是夏天供马避暑的凉棚，郑玄注“庌，庑也，庑所以庇马凉也”，反映的是马的圈养情况。

圈养必须有充足的饲料。粗饲料是青草，商代称为“刍”，卜辞中有“获刍”“告刍”等记载①，说明商代已经割草作为马、牛、羊等牲畜的越冬饲料。精饲料

① 《甲骨文编》35、276、37。

就是谷物，如上述“言秣其马”的秣。此外，牲畜在快要宰杀的前几个月，也经常要用精饲料催肥以促进长膘和改善肉的品质。《周礼·地官·充人》：“掌系祭祀之牲牷。祀五帝，则系于牢，刍之三月。享先王亦如之。”就是将要作为牺牲的牲畜，拴在“牢”里“摧之秣之”，用精饲料催肥。作为家禽的鸡也是牧养结合，白天放出四处觅食，晚上就回窝里栖息，有时也要人工饲养。《诗经·王风·君子于役》：“鸡栖于埘”“鸡栖于桀”。埘是在土墙上挖洞做成的鸡窝，桀是鸡棚中的木桩，都是鸡栖息之处，也是喂食之处。

三、繁育技术

牲畜的繁殖如果不加人工控制，任其自然杂交的话，其后代就会退化，品质下降。为了防止牲畜乱交，保护孕畜，控制交配和生育季节，必须将雌雄分开饲养。《夏小正·五月》中有“颁马”的记载，就是将雌雄的马分别放牧。因为春天马群是雌雄混合在一起放牧，自然会进行交配，到了五月，雌畜应已受孕，就得分开放牧，防止其踢咬流产。《礼记·月令》中的“（季春之月）乃合累牛腾马，游牝于牧”（即《周礼·夏官·牧师》中的“中春通淫”）。“（仲春之月）游牝别群”就是这个意思。母马在春天配种，次年生产后正值天气转暖，有利于幼马的养育。

为了提高繁殖率，提出雌雄合理比例。《周礼·夏官·校人》：“凡马，特居四之一。”特就是雄马，“四之一”据郑玄注是“三牝一牡”，也就是四匹马中只有一匹种马。其余不适合做种马的雄马都进行阉割，使之不能与母马交配，以免受孕，这就是《夏小正》“四月”中的所谓“攻驹”和《周礼·夏官·校人》中的所谓“攻特”。郑玄引郑众解释云：“攻特，谓騬之。”即雄马去势之意。《周礼·夏官·校人》中还有“执驹”一职，郑众云：“执驹，无令近母。……二岁曰驹。”郑玄认为：“执，犹拘也。春通淫之时，驹弱，血气未定，为其乘匹伤之。”据夏纬瑛先生解释，乘匹即交配之义。驹是小马，未至壮龄，故春天当马正在通淫之时，拘之，使不混杂于牝马之间，交配而妨碍其发育，也是配种必用强壮牡马之意①。这样繁育出来的幼马就会更加健壮有力，从而可以达到改良马的品种的目的。1956年在陕西眉县出土一件西周中期的驹形铜尊，其铭文中有“王初执驹于䢅”②。可见尽管《周礼》成书较晚，但其记载的“执驹”确实是有所依据并符合西周的实际情况的。从《诗经》中可以看到周代在农作物方面已经有了良种的概念（见《诗经·大雅·生民》“诞降嘉种”），因此在畜牧方面重视良种的繁育也是不足为奇的。

① 夏纬瑛：《〈周礼〉书中有关农业条文的解释》，农业出版社，1981年，82～83页。

② 郭沫若：《盠器铭考释》，《考古学报》1957年2期。

不仅对马进行阉割，对猪也实行同样的技术。《周易·大畜·爻辞》："豶豕之牙，吉。"据朱骏声《六十四卦解说》解释："豕去势曰劇，劇豕曰豶。豕本刚实，劇乃性和，虽有其牙，不足害物，是制于人也。"王夫之《周易外传》卷二"大畜"也说"牛牿故任载，豕豶故任饲。"今人高亨《周易大传今注》也说："豶，割去豕之生殖器。"可见周代对猪也实行阉割术。但这一技术可能在商代就已形成，如甲骨文就有豖字，闻一多先生《释豕》一文释为"去阴之猪"。彭邦炯先生曾列表指出甲骨文中众多有关家畜形象兼会意的字，分别反映出马、牛、羊、豕等家畜的不同性别、年龄和阉割的特征。"凡从勹的牛、羊、豕、马者，应是指阉割的"。并认为王宇信先生在《商代的马和养马业》一文中所说的商代已有"马匹去势术"是"非常正确的"①。

对家畜进行阉割，不仅可以使之更快的膘肥体壮，肉质更好，供人食用，也可使之性情温顺，易于役使，同时也是为了可以人工控制家畜的生殖和繁育，有利于选择培养出优良的畜种，标志着商周时期的家畜繁育技术已具有相当高的水平。

1. 相畜术 在长期驯养家畜的实践过程中，积累了丰富的知识，能够凭借眼力和经验，从外观上鉴别牲畜的优劣，逐渐形成了一门独特的专门学问，就是相畜术，其中尤以相马术成就最为突出，其次是牛，这当然是因为它们在当时的军事、交通和生产中作用最大，人们就格外关心马牛的优劣。商代甲骨文中的"马"字，都是马的象形，刻画得相当逼真，马鬃的形象很突出，使人一望便知是马而非其他动物，可见当时人们对马的观察一定是相当仔细，马的鬃毛特别引人注意。《礼记·檀弓》说夏尚黑，戎事乘骊，牲用玄；殷尚白，戎事乘翰，牲用白；周尚赤，戎事乘骠，牲用骍。可知无论是军马还是祭祀用牲，不同时代对毛色有不同的要求，自然也就会对毛色的观察积累起丰富知识。殷墟卜辞中就有卜问需用什么毛色的马（《殷虚书契前编》4.47.5）。在《诗经·鲁颂》中就记载了16种毛色。正如后代的《孔从子》所说："犬马之名，皆因其形色而名焉。"《周礼·夏官》中记载与马有关的职务就有马质、赞人、趣马、牧师、廋人、圉师、圉人等，如马质的职务就是评议马的价值，廋人是掌管教练，他们对马匹的毛色、体形大小都必须具备丰富的知识，也就是要有相马的技术。因此到了春秋时期就涌现出一大批相畜专家。其中最著名的秦国有相马的伯乐、九方堙，赵国有王良，卫国有相牛的宁戚。据《列子·说符》记载，秦穆公见伯乐年老，令其遴选接班人。伯乐便推荐老朋友九方皋（即九方堙），替天子"使行求马"。九方堙用了三个月的时间，报告："已

---

① 彭邦炯：《商史探微》，重庆出版社，1988年，228～229页。王宇信：《商代的马和养马业》，《中国史研究》1980年1期。

得之矣，在沙丘，牝而黄。”但是去取马的人却发现是“牡而骊”。穆公责问伯乐：“败矣，子所使求马者，色物牡牝尚弗能知，又何马之能知也!”伯乐却回答：“皋之所观，……得其精而忘其粗，见其内而忘其外。见其所见，不见其所不见。视其所视，而遗其所不视。”及马至果然为天下之良骏。由此亦可见当时相马术水平之高。传说当时伯乐著有《伯乐相马经》，宁戚著有《宁戚相牛经》，可惜的是这两本我国最早的家畜外形鉴定学发端时期的著作都没有传到后世，但从《吕氏春秋·恃君览·观表》所记载战国时期已出现十大相马名家来看，春秋时期已有相畜术的著作，当是可能的。

2. 兽医 随着畜牧业的发展，对牲畜的疾病防治也日益受到重视，加上当时人医技术已有较高的水平，促进了兽医技术的产生。夏商时期是我国兽医的萌芽阶段，虽然没有确切的文字资料，但甲骨文已有关于马有疾病的卜辞，如“贞多马亚（恶），其有卜”（《殷契粹编》1290）等，相信当时已有人尝试对马进行治疗。到了周代，兽医技术就已经颇为成熟。如《周礼·夏官·巫马》的职责是：“掌养疾马而乘治之，相医而药攻马疾。”郑玄注：“乘谓驱步以发其疾，知所疾处，乃治之。相，助也。”驱步以发其疾是诊断运动器官疾病的一种方法。然后用兽药来医治马疾。巫马可能在以前是采取巫术来医治马病，但从《周礼》记载来看，此时已无巫术内容，而是“相医而药”来“攻马疾”了。可见在周代，至迟到春秋时期，巫、医已经分离了，治病主要靠医药，只是仅仅保留巫的名称而已。

“兽医”一词也是这个时候正式出现的。《周礼·天官》设有“兽医”一职，其职数是“下士四人”，其职责是：“掌疗兽病，疗兽疡。凡疗兽病，灌而行之，以节之，以动其气，观其所发而养之。凡疗兽疡，灌而劀之，以发其恶，然后药之，养之，食之。凡兽之有病者，有疡者，使疗之。”

由这条记载可以看出当时的兽医已经较为进步，有内外科之分。“疗兽病”是属于内科，疗兽疡是属于外科。治牲畜内科病是先灌饮汤药，让它行走，药力发散，使它脉气发动，然后诊视它的病情，按照症候来治疗。治牲畜外科病的方法是先灌饮汤药，刮去脓血和腐肉，然后敷药，再以食料喂饲，补充其营养，使它恢复体力。

可见当时不但兽医已有内科、外科之分，而且在兽医临床上能够根据不同的疾病，采用药治或者与手术相结合的综合治疗，并且能“养之”“食之”，即能依病之所需，配合食疗法。这种临症的综合疗法，是兽医学上的一大飞跃。而“以动其气，观其所发”，就是兽医诊疗技术上的脉诊，这是我国兽医临床脉诊应用的最早记录。也表明当时的兽医已经脱离了原始阶段，开始走上成熟的道路①。

---

① 于船、牛家藩：《中兽医学史简编》，山西科学技术出版社，1993 年，5 页。

第三节 渔 业

夏商时期的渔业是以捕捞为主，即以原始的捕鱼工具和方法捕捞自然水域中的野生鱼类。《夏小正》中就有“鱼陟负冰”“獭祭鱼”作为捕鱼季节到来的标志，又有“虞人入梁”的记载反映当时的捕鱼活动。在二里头文化遗址中出土了很多陶网坠和骨鱼叉、骨鱼钩以及铜鱼钩，反映夏代的捕鱼业还是颇为发达的。商代也有卜问捕鱼的卜辞，如“癸未卜丁亥渔”（《殷虚书契前编》4.56.1）、“大获鱼”（《遗》760）、“王渔，十月”（《殷虚书契前编》6.50.7）、“王往征鱼，若”（《殷虚文字乙编》6751）等。周代的渔业已有一定规模，《周礼·夏官·职方氏》记载青州、兖州、幽州等地都是“其利蒲鱼”或“其利鱼盐”。渔业的税赋也成为国家财政的收入之一，《礼记·月令》：“孟冬之月，……乃命水虞、渔师收水泉池泽之赋。”政府还设有庞大的渔业机构，据《周礼》记载：其官吏称为“渔人”，“掌其政令。凡渔征，入于玉府。”负责掌管有关渔业的政策法规及征收渔税入库。其机构人员有“中士二人，下士四人，府二人，史四人，胥三十人，徒三百人。”同时还设立“鳖人”一职，负责征取龟、鳖、蚌、螺等生长于滩涂中的水产品，“春献鳖、蜃，秋献龟鱼”。其人员有“下士四人，府二人，史二人，徒十有六人。”由此亦可见周代王室对渔业之重视。

《诗经》中关于捕鱼的诗句就更多了（参见第三章第四节），大多数都是描写捕捞天然鱼类的情景，但捕鱼的工具已经较以前有所进步和发展。

当时还在使用的原始捕鱼工具是鱼叉、弓箭、鱼钩和渔网等。

鱼叉最早是骨制的，外形类似箭镞但较长，两侧有倒钩，绑在木柄上，持之可刺水中之鱼。鱼叉是非常古老的渔具，在旧石器时代晚期就已经出现①，至新石器时代继续在使用，如在江西省万年县仙人洞遗址就出土过距今近万年的骨质鱼叉，在浙江省余姚市河姆渡、河北省武安县磁山、陕西省西安市半坡等新石器时代遗址都出土过六七千年前的骨鱼叉。商周时期仍使用鱼叉。《周礼·天官·鳖人》记载：“以时籍鱼、鳖、龟、蜃。”注引郑众曰：“以杈刺泥中搏取之。”只是商周已是青铜时代，有可能开始使用铜制的鱼叉以提高叉鱼的功效。

弓箭的历史也很古老，早在中石器时代就已经发明，是狩猎时最得力的武器，也用于射鱼。其箭镞也是骨制的或石制的，但商周时期的武器中已有大量的青铜箭镞，当然也有可能用来射鱼。《周易·井九二》有：“井谷射鲋”记载。青铜器《静

① 如辽宁海城县小孤山旧石器时代晚期洞穴遗址中出土了骨鱼叉，是目前发现最早的捕鱼工具。参见梁家勉：《中国农业科学技术史稿》第二章第六节，农业出版社，1989年。

簋》铭文："王令静司射学宫。……射于大池。"应即射大池中的鱼。《春秋·隐公五年》："公矢鱼于棠。"矢鱼就是射鱼。说明周代以至春秋时期也还在使用弓箭射鱼。

鱼钩的起源也在新石器时代。半坡遗址就出土过9件骨鱼钩，制作相当精巧，有的还有倒刺，鱼儿上钩后无法脱逃。二里头遗址出土了铜鱼钩，表明夏代已有青铜捕鱼工具。商周时期当然也会使用青铜鱼钩，只是发现不多而已。用鱼钩钓鱼是当时渔业的重要手段，《诗经》中就有很多诗篇反映钓鱼，如：

籊籊竹竿，以钓于淇。(《卫风·竹竿》)

之子于钓，言纶之绳。(《小雅·采绿》)

其钓维何？维丝伊缗。(《召南·和彼襛矣》)

渔网也是古老的捕鱼工具。传说，"古者包牺氏之王天下也，……作结绳而为罟，以佃以渔"(《周易·系辞下》)。在各地新石器时代遗址中都出土很多的陶制或石制的网坠，说明以网捕鱼是很普遍的现象。二里头遗址出土的陶网坠，表明当时普遍用渔网捕鱼。商周自然也不例外，特别是到了西周，网具还有较大的发展。

从《诗经》记载可以得知西周时期已经使用大小不同的渔网，除一般的网，还有罛、九罭、汕等。

罛是大渔网，在宽阔的江河上使用。如《诗经·卫风·硕人》："河水洋洋，北流活活。施罛濊濊，鳣鲔发发。"传曰："罛，鱼罟。濊，施之水中。"引马云："大鱼网目大豁豁也。"

九罭是小渔网，用以捕捉小鱼。《诗经·豳风·九罭》："九罭之鱼鳟鲂。"传曰："九罭，緵罟，小鱼之网也。"

汕是撩网，《诗经·小雅·南有嘉鱼》："南有嘉鱼，烝然汕汕。"传曰："汕汕，樔也。"郑玄笺曰："樔，今之撩罟也。"

周代还有两种用竹子编制的捕鱼工具：罩和笱。

罩是用竹篾编织成用来捕鱼的鱼笼。《诗经·小雅·南有嘉鱼》："南有嘉鱼，烝然罩罩。"传曰："罩罩，篧也。"郭璞云："捕鱼笼也。"

笱是用竹篾编织的捕鱼工具，器身呈三角形，进口呈漏斗形，有倒须，鱼儿顺水流游进去后就无法脱身。《诗经》多处提到笱，如《邶风·谷风》《齐风·敝笱》等。笱也叫作罶，《诗经·小雅·鱼丽》："鱼丽于罶。"传曰："罶，曲梁也，寡妇之笱也。"正义曰："时捕鱼者施笱于水中，则鱼丽历于罶者。"

《诗经》经常是笱、梁并提的，如"毋逝我梁，毋发我笱"(《邶风·谷风》《小雅·小弁》)，"敝笱在梁，其鱼唯唯"(《齐风·敝笱》)。梁是小溪河中人工筑起的水堰，将水流约束进狭小的堰口，在其出口处安装笱等鱼儿流进去后即可捕捉。《周礼·天官·渔人》："掌以时渔，为梁。"郑玄注引郑众云："梁，水偃也。偃水为关空，以笱承其空。”释曰：“谓偃水两畔，中央通水为关孔。笱者，苇簿。以簿承其关孔。鱼过者，以簿承取之。”《夏小正》中已有“虞人在梁”的记载，可见夏代已采取此种方法捕鱼，只是到了西周时期才更为普遍使用。

周代还有一种渔法叫作潜。《诗经·周颂·潜》：“猗与漆沮，潜有多鱼。”疏曰：“此漆、沮二水，其中有养鱼之潜，此潜内乃有多众之鱼。”这养鱼之潜，据《小尔雅》解释是“鱼之所息谓之橬。橬，槮也。”谓积柴水中，令鱼依之止息，因而取之也。槮，据《尔雅·释器》解释：“槮谓之涔。”郭璞注曰：“今之作罧者，聚积柴木于水中，鱼得寒，入其里藏隐，因以簿围捕取之。”实际上已具有后世人工鱼礁的雏形。不过学术界也有人认为毛亨在解释“橬”时指出是“糁也”。《尔雅》的“槮”原来也是米旁的“糁”，是郭璞将之改为木旁的“槮”。而韩诗是将“潜”解释作“涔，鱼池也”。段玉裁《说文解字注》说：“舍人李巡皆云：以米投水中养鱼曰涔，从米是也。”因此潜也可能是在天然水域的一定地段，投放用米为原料做成的饵食，引诱鱼类聚食，从而捕取之。故也可视为人工养鱼萌芽的一种形式①。

人工养鱼可能在商代已经萌芽。《尚书·泰誓》记载周武王斥责商朝纣王大兴土木挖掘池塘劳民伤财时说：“惟宫室、台榭、陂池、侈服，以残害于尔万姓。”这“陂池”中可能就养有鱼。卜辞中也常提到园圃中有鱼，如：

贞：今日其雨？十一月，才（在）甫鱼？（《殷契拾缀第二集》一九五）

贞：其凤（风）？十月，才（在）甫鱼？（《殷虚书契前编》4.55.6）

甫即圃，在园圃中的鱼应该是人工饲养的。

金文中也有“呼鱼于大池”的记载，如西周遹簋铭：“穆王才（在）莾京，乎（呼）鱼于大池，王飨酒遹御。”井鼎铭文：“王才（在）莾京。辛卯，王渔于寏池，乎（呼）井从渔。”②

在莾京王室园囿中的“大池”和“寏池”，当为人工开凿，其中的鱼当也是人工饲养的。《诗经·大雅·灵台》也有描写王室园囿中池鱼的诗句：“王在灵沼，於牣鱼跃。”郑玄笺曰：“灵沼之水，鱼盈满其中，皆跳跃，亦言得其所。”灵沼是周文王在丰京宫城中修建的水池，池里的鱼盈满其中，欢蹦乱跳，不像是野生状态，应该是人工饲养的。《大雅·灵台》讲的是殷朝末年的事情，说明人工养鱼在西周之前就已出现。但它只是为了满足王公贵族的游乐和祭祀的需要，并非是生产性的，其规模不大，也不普遍，即使是西周时期，也大致如此。至于老百姓日常所需的鱼，更多的是依靠捕捞野生的鱼类。不过，人工养鱼的出现，毕竟在我国渔业史

---

① 梁家勉：《中国农业科学技术史稿》第二章第六节，农业出版社，1989年。

② 周苏平：《先秦时代的渔业》，《农业考古》1985年2期。

上具有重要的意义。

20 世纪 60 年代，考古工作者在河南信阳市孙砦遗址清理了一座西周时期的大型养鱼坑池。池为长方形，面积约 670 米^2，深有 2 米多。大坑池又可分隔成 10 个小坑，各坑底部均有较厚的青灰色淤泥，遗留有许多鱼的残骸，还发掘出大量的渔捞工具，如竹编的鱼罩、鱼篓、木橹、草鞋以及木豆、木匕和大量陶器等。这表明至迟到西周时期，人们已经熟练地掌握了人工养鱼技术了①。

真正大规模的人工养鱼，恐怕是春秋以后的事情。如前面第三章所引的《吴越春秋》记载："会稽之山，有鱼池上下两处……上池宜君王，下池宜民臣。畜鱼三年，其利可数千万，越国当富盈。"足见越国人工养鱼规模之大，获利之丰，"其利可数千万"，已经是商品性生产了。

第四节 蚕桑业与园圃业

一、蚕桑业

起源于原始社会的蚕桑业到了夏商西周春秋时期有较大的发展，原来直接放到桑树上饲养的蚕，这时已经放到室内饲养，成为名副其实的家蚕了。《夏小正·三月》中已有"妾子始蚕，执养宫事"及"摄桑"的记载，说明已经有了专用的蚕室。《诗经·豳风·七月》描写了妇女采桑："春日载阳，有鸣仓庚。女执懿筐，遵彼微行，爰求柔桑。"反映的是采桑供室内养蚕的情况。《诗经·大雅·瞻卬》有："妇无公事，休其蚕织"的诗句，则养蚕已经专业化了，这显然有利于养蚕经验的总结和养蚕技术的提高。西周的王公贵族都对蚕桑业非常重视，与农耕同等对待，每年春天都要进行象征性劳动以祈求神灵保佑获得好年成。《礼记·祭统》："是故天子亲耕于南郊，以共齐盛。王后蚕于北郊，以共纯服。诸侯耕于东郊，亦以共齐盛。夫人蚕于北郊，以共冕服。天子、诸侯非莫耕也，王后、夫人非莫蚕也。身致其诚信，诚信之谓尽，尽之谓敬，敬尽然后可以事神明，此祭之道也。"若非蚕桑业在当时经济生活中占据非常重要地位，这些王公贵族是不可能这样劳师动众去向神明表示诚信尽敬的。

甲骨文中有许多与蚕桑业有关的文字，如蚕、桑、丝、帛等，都是象形字，据胡厚宣先生《殷代蚕桑和丝织》一文统计，涉及蚕桑业的约有 260 字左右②。卜辞

---

① 河南省文物研究所：《信阳市孙砦遗址发掘报告》，《华夏考古》1989 年 2 期。

② 胡厚宣：《殷代的蚕桑和丝织》，《文物》1972 年 11 期。

中多处记录了有关视察养蚕的占卜，如：

□□□，□省于蚕。三。（《殷虚书契后编》下11.9）

□子卜，□省于蚕。（《战后宁沪新获甲骨集》3.79）

□子卜，□省□蚕。（《南坊》4.56）

戊子卜，乎省于蚕。九。（《续补》999）

乎即呼，“呼省于蚕”就是快派人去察看蚕事的意思。据胡厚宣先生研究，确认这一组卜辞达9次之多。同一内容的占卜多达9次，可见当时对养蚕业是非常关心的，因此要经常去视察、督促。

为了祈求养蚕的顺利进行和取得好收成，殷人经常要向神灵祷告，其中的一个神灵就是蚕神。卜辞中就有祭祀蚕神的：

卜蚕王，吉。（《殷契粹编》1577）

辛酉卜。穷。□□子酓。牵牛□□□十牛。蚕□□□□至□□。（《殷虚书契前编》6.6.63）

贞元示五牛，蚕示三牛。十三月。（《续补》999）

十宰。□五宰。蚕示三宰。八月。

蚕王就是蚕神。宰为一对公母羊。祭祀蚕神用三头牛或三对公母羊，说明商代的统治者对养蚕业的重视，联系本章第一节所述的商汤要到桑林中去祈祷求雨，对桑林怀有虔诚的敬意，都表示养蚕业在商人的心目中占有重要的地位。商代贵族常以玉蚕殉葬。如1953年安阳大司空村发掘的商墓，其随葬品中就有玉蚕，长3.15厘米，共有7节，保存完整，体呈扁圆长条形，白色（图6-1）[①]。1966年在山东益都苏埠屯晚商大墓中，也发现了同样的玉蚕[②]。这一现象在西周同样存在，各地西周墓中也常有玉蚕出土，如陕西西安沣西、宝鸡茹家庄、扶风强家村，山东济阳刘台村的西周墓中都出土雕刻相当逼真的玉蚕（图6-2）。

图6-1 商代玉蚕（河南安阳大司空村出土）

养蚕业在西周有很大的发展，种桑养蚕的地区已遍及黄河流域。《诗经》中涉及蚕桑的诗篇有秦、豳、魏、唐、郑、卫、曹、鲁等地，相当于现在的陕西、山西、河南、河北、山东一带。而《尚书·禹贡》记载的养蚕地区就更为广泛，已扩

① 马得志、周文珍等：《1953年安阳大司空村发掘报告》，《考古学报》1955年9期。

② 陈文华：《中国农业考古图录》，江西科技出版社，1994年，78页。

展到长江流域了。如：

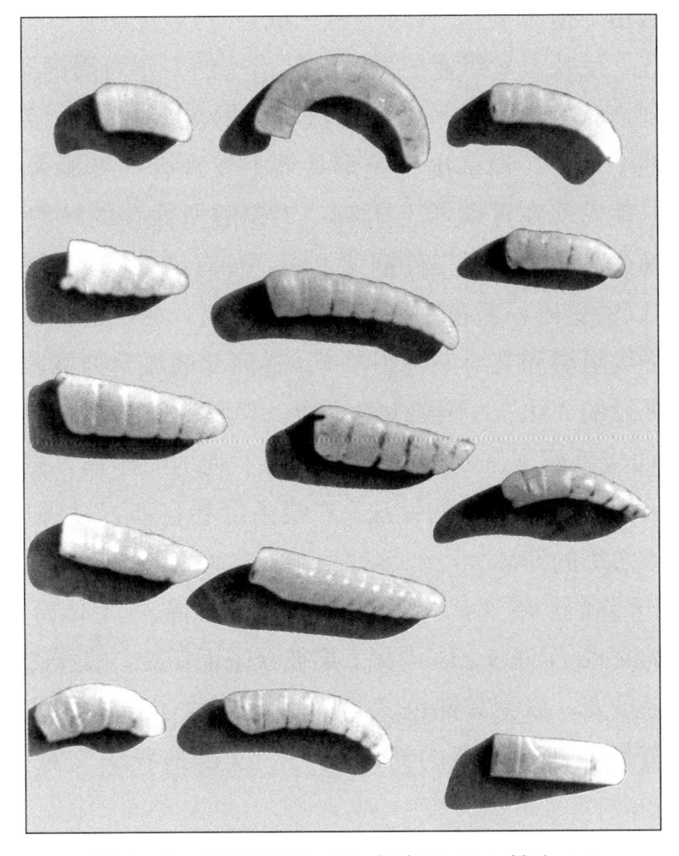

图6-2　西周玉蚕（山东济阳刘台村出土）

兖州："桑土既蚕，……厥贡漆丝。"兖州在今山东北部、河北南部一带，境内适宜栽桑养蚕的地方都已利用，这个地区向王朝缴纳的贡赋有漆和蚕丝。

青州："厥贡……丝、枲、铅、松、怪石。莱夷作牧，厥篚檿丝。"青州在今山东南部、河南东部一带，这个地区向王朝缴纳的贡赋有蚕丝和柞蚕丝（檿），柞蚕丝质地坚韧，适合于作琴弦。

徐州："厥篚玄纤缟。"徐州在今安徽、江苏的淮河流域，缴纳的贡赋是一种细而白的绸子（缟）。

扬州："厥篚织贝。"扬州在今江苏、安徽的沿长江两岸，缴纳的贡赋是"织贝"，即织有贝壳纹饰、品质高贵的绸子。

荆州："厥篚玄纁、玑珠。"荆州在今湖北、湖南，缴纳的贡赋是丝织的红色绶带（纁）。

豫州："厥贡漆、枲、絺……"豫州在今河南和湖北北部，缴纳的贡赋是细而薄的绢绸和丝绵。

上述之缟、织、纁、絺等，都是丝织品的专门名称，可见周代的蚕桑业已经普及到全国各地。丝织品也成为人们的日常生活用品，并且可以自由买卖。《诗经》中的诗句“氓之蚩蚩，抱布贸丝”（《卫风・氓》）可以证明。

蚕桑业的兴旺，反映了丝织业的发达。从出土的一些商周铜器上附着的丝织品残迹，也可以看到当时的丝织技术已相当进步。早在1929年，安阳殷墟第三次发掘，在小屯西北地十八・二号墓出土戈形兵器上发现有“极显著的布纹”①。1949年以前，安阳殷墟就发现在青铜器上附有“为铜酸所保存的纺织物遗痕”②。1950年在安阳武官村晚商大墓中发现三件铜戈上面“皆有绢帛”的痕迹，有的“裹有极细绢纹”，有的“以銎受柲，裹布纹”③。据专家研究，商代的丝织物已有不同的平纹组织、畦纹的平纹组织和文绮三种织法④。在河北藁城台西商代遗址发现的丝织物，经鉴定包括平纹的“纨”、平纹纱类织物、纱罗一类的织物，还有平纹绉丝织物的“縠”⑤。陕西宝鸡茹家庄西周墓中也发现了刺绣的印痕，据观察，其“绣法是采用今天还在采用的辫子股绣的针法”“线条舒卷自如，针脚也相当均匀齐整，说明刺绣技巧是很熟练的”⑥。

《诗经・小雅・巷伯》唱道：“萋兮斐兮，成是贝锦。”毛传曰：“萋、斐，文章相错也。贝锦，锦文也。”正义曰：“女工集彼众采而织之，使萋然兮，斐然兮，令文章相错，以成是贝文，以为其锦也。”描写了当时女工集体纺织有贝文图案的锦，花纹交错，彩色斑烂，具有很高的纺织技巧。这也是我国文献上有关锦的最早记载。

总之，商周时期的蚕桑业和丝织业都已达到相当高的水平，在我国纺织史上占有非常重要的地位。

二、园圃业

1. 园圃　《周礼・天官・大宰》：“以九职任万民：一曰三农，生九谷；二曰园圃，毓草木。”郑玄注曰：“树果蓏曰圃，园其樊也。”果为果树，蓏为瓜类果实，泛指蔬菜。就是说种植果树和蔬菜的园地，四周围有篱笆加以保护，就是园圃。《周礼》将园圃列为仅次于粮食种植（“三农，生九谷”）之后，排在林业和畜牧之

① 李济：《俯身葬》，《安阳发掘报告》1931年3期。

② 梁思永：《国立中央研究院参加教育部第二次全国美术展览会出品目录》（1937年），收入《梁思永考古论文集》，科学出版社，1959年。

③ 郭宝钧：《1950年春殷墟发掘报告》，《考古学报》1951年5期。

④ 陈娟娟：《两件有丝织品花纹印痕的商代文物》，《文物》1979年12期。

⑤ 高汉玉等：《西村商代遗址出土的纺织品》，《文物》1979年6期。

⑥ 北京大学历史系考古教研室商周组：《商周考古》，文物出版社，1979年，180页。

前的位置，可见古人对蔬菜和果树的栽培是何等的重视。

早在夏代园圃业就已萌芽。《夏小正》："正月……采芸。""囿有见韭。""二月，荣芸。""四月……囿有见杏。"可见当时在田边地头和宅屋周围已人工种植蔬菜和果树。

甲骨文中有□、□、□字，据考证就是"圃"字的三种写法，表示在一定范围的田里生长着草木①。

早期的园圃是场圃结合，春夏之时种植蔬菜，秋冬之时收获蔬菜之后，筑平做为打谷场，用以堆积禾谷和脱粒。即《诗经·豳风·七月》中所说的"九月筑场圃，十月纳禾稼。"毛传曰："春夏为圃，秋冬为场。"郑玄笺曰："场圃同地耳。物生之时，耕治之以种菜茹，至物尽成熟，筑坚以为场。"但早期的场圃不只是种植蔬菜瓜果，有时也还种植着粮食作物。如《诗经·小雅·白驹》："皎皎白驹，食我场苗。""皎皎白驹，食我场藿。"苗是粟苗，藿是豆叶。因此有些农史学家认为："园圃是从大田中分化出来的，还保留了它所由脱胎的痕迹。同时也表明这时的园艺生产还不是一种独立的专业，而只是一种附属于大田农业的经营项目。"②

园圃形成的另一个途径可能来自畜养禽兽的苑囿。《说文解字》："囿，苑有垣也，……一曰禽兽曰囿。"孔颖达在注疏《左传》时也说："囿者，所以养禽兽，故令自取其麋鹿焉。天子曰苑，诸侯曰囿。"③ 即囿是围有矮墙的畜养野生动物的场所，本是供王公贵族们观赏和游猎的地方。从甲骨文的囿字写作□、□、□等形状来看，囿中是长满草木，其中有些植物可能会由自然保护发展为人工种植，前述《夏小正》"囿有见韭"、"囿有见杏"等记载，说明囿中是种植着蔬菜和果树的。卜辞中也有"乙未卜，贞：黍才（在）龙囿……受有年。"的记载，囿中既然可种黍等粮食作物，当然也可能会种植蔬菜瓜果。所以古代也经常会圃囿并提的，如《左传·僖公三十三年》："郑之有原圃，犹秦之有具囿也。"杜预注曰："原圃、具囿，皆囿名。"可见囿有时也称圃。《左传·庄公十九年》："惠王即位，取蒍国之圃为囿。"则圃有时也可倒回去成为囿，或者说这圃本来就是设在囿中的。因此在大面积的囿中种植蔬菜瓜果的地方会逐渐转化为专业性的园圃④。

这个转化至少是在西周时期完成。《周礼》中就有"场人"一职："掌国之场圃，而树之果蓏珍异之物，以时敛而藏之。凡祭祀、宾客，共其果蓏。"即专门负责管理政府经营的园圃中的蔬菜瓜果种植和收藏，以供给祭祀和宴会之所需。

---

① 杨树达：《卜辞求义》，上海古籍出版社，1986年，9页。商承祚：《殷墟文字类编》六·六，1923年，木刻本。

②④ 梁家勉：《中国农业科学技术史稿》第二章第五节，农业出版社，1989年。

③ 《左传·僖公三十三年》。

虽然还是沿用早先的名称叫“场圃”，实际上这时已经脱离“场圃同地”，而是专业性的园圃了。《史记·索引》在注《燕召公世家》时说：“召者畿内菜地，奭始食于召，故曰召公。”这是有关周初王家菜园的记载，可证《周礼》所述还是有所根据的。

至春秋时期园圃业有较大的发展，《诗经》中多处提到园、圃，如：《魏风·园有桃》：“园有桃，其实之殽。”“园有棘，其实之食。”传曰：“棘，枣也。”此园中种植着桃、枣等果树。《齐风·东方未明》：“折柳樊圃。”传曰：“樊，藩也。圃，菜园也。”《郑风·将仲子》：“将仲子兮！无逾我园，无折我树檀。”传曰：“园所以树木也。”正义曰：“园者圃之蕃，故其内可以种木也。”可见园的范围比较大，圃包括其中，其中可种植经济树木，当然也会种植果树。

《左传》中也有桃园、蒲圃的记载。如“宣公二年”提到晋国“赵穿攻灵公于桃园”，“襄公四年”提到鲁国“季孙为己树六槚于蒲圃东门之外”。注曰：“蒲圃，场圃名。”《论语·子路》记载：“樊迟请学稼。子曰：‘吾不如老农。’请学为圃。曰：‘吾不如老圃。’”这里明确地将农与圃分开，园圃业已成为一门专业了。

此外，《管子·问》：“问理园圃而食者几何家？人之开田而耕者几何家？”《韩非子·外储说左上》记述春秋末年“中牟之民弃田耘、卖宅圃而随文学邑之半。”此处田、圃并提，都表明园圃已经从大田中脱离出来，专门从事蔬菜瓜果的种植。

2. 果树 园圃中种植的果树主要有杏、桃、李、枣、栗、梅等。

（1）杏。《夏小正·正月》：“梅、杏、杝桃则华。”《夏小正·二月》：“囿有见杏。”杏已生长在园囿中，应该是人工种植的，至少也是被人工所保护的。

（2）桃。上述《夏小正》中已有桃的记载，《诗经·魏风·园有桃》以及《左传》的“桃园”等，说明桃已在黄河北岸种植。《诗经·周南·桃夭》：“桃之夭夭，灼灼其华”，“桃之夭夭，有蕡其实”，“桃之夭夭，其叶蓁蓁”，表明黄河南岸也已种植。桃花盛开（“灼灼其华”），果实硕大（“有蕡其实”），枝叶繁茂（“其叶蓁蓁”），都不像是野生状态，而是人工栽培的桃树了。

（3）李。《诗经·王风·丘中有麻》：“丘中有麻”，“丘中有麦”，“丘中有李”。李树和麻、麦等粮食作物同在丘中，麻、麦是栽培作物，则李树也应该是人工栽培的果树。桃李是中国古代种植最普遍、影响最为广泛的两种果树。

（4）枣。《夏小正》和《诗经·豳风·七月》都有“八月剥枣”的记载。《七月》提到：“七月亨葵及菽，八月剥枣。十月获稻，为此春酒，以介眉寿。”菽就是大豆，剥枣与亨菽和获稻并提，则此枣也应该是人工栽培的枣树。

（5）栗。《诗经·鄘风·定之方中》：“定之方中，作于楚宫。……树之榛栗，椅桐梓漆，爰发琴瑟。”郑玄笺曰：“树此六木于宫者，曰其长大可伐以为琴瑟。”

虽说春秋初年卫文公种植栗树等 6 种树主要是为了取其木材制作琴瑟等乐器，但栗树所结的果实板栗营养丰富、味美可口，当时与枣子同被视为可以充饥的果实，故老百姓喜欢种植。

（6）梅。梅原产于南方，但《夏小正》中已有梅树开花和“煮梅”的记载，说明早在先秦时期已被引种到北方。《诗经》中多处提到梅，如“墓门有梅，有鸮萃止”（《陈风·墓门》），“鸤鸠在桑，其子在梅”（《曹风·鸤鸠》），“摽有梅，顷筐塈之”（《召南·摽有梅》）。

梅在古代不但是果实，而且也是制作调味品的主要材料之一，如《尚书·说命下》：“若作和羹，尔惟盐梅。”孔安国传曰：“盐咸，梅酸，羹须咸醋以和之。”故人们多种植之。

（7）桑椹。《诗经·鲁颂·泮水》：“翩彼飞鸮，集于泮林。食我桑黮，怀我好音。”桑黮即是桑椹，为桑树的果实，酸甜可口，也是爱吃的果实。估计当时除了因养蚕需要而大力植桑之外，也会为了人们的需要而培育水果型的桑椹，故这部分的桑树应视为果树。

（8）木瓜。《诗经·卫风·木瓜》：“投我以木瓜，报之以琼琚。”木瓜，《尔雅·释木》称“楙，木瓜。”郭璞注曰：“实如小瓜，酸可食。”以美玉（琼琚）来回报送木瓜之人，可见当时的木瓜是相当珍贵的水果。

此外，根据《礼记·内则》记载，当时种植的水果还有梨、柿、柤（梨之一种）等。

3. 蔬菜 园圃中种植的蔬菜主要有韭、蒜、葱、姜、瓜、瓠、芸、葑、菲、荠、葵、薇、芹、笋、蒲、荷等。

（1）韭。《夏小正·正月》：“囿有见韭。”《诗经·豳风·七月》：“四之日（夏历二月）其蚤（早），献羔祭韭。”《周礼·天官·醢人》：“朝事之豆，其实韭菹。”《仪礼·少牢馈食礼》：“韭菹在南，葵菹在北。”韭菹是用韭菜制作的腌菜，鲜韭和腌韭既可供人们日常食用，又可作为祭品，故当时甚受重视，是最早被人工栽培的蔬菜之一。

（2）蒜。《夏小正·十有二月》：“纳卵蒜。”即收藏大蒜。《尔雅·释草》：“萬，山蒜。”可见大蒜的种植历史也很古老。

（3）葱。《管子·戒》记载齐桓公“北伐山戎，出冬葱与戎菽，布之天下。”《尔雅·释草》：“茖，山葱。”冬葱在春秋时期被引进中原，则山戎地区在此之前当已广泛种植。

（4）姜。《论语·乡党》：“不撤姜食。”注曰：“姜辛而不臭，故不去。”《墨子·天志下》也记载普通人家的园圃中有瓜姜等菜蔬。估计姜的种植当在春秋以前。

以上属于调味蔬菜类。

(5) 瓜。《诗经·大雅·生民》:“麻麦幪幪，瓜瓞唪唪。”《诗经·小雅·信南山》:“中田有庐，疆埸有瓜，是剥是菹。”都表明是人工栽培的蔬菜，除了生吃熟食外，还可腌制。

(6) 瓠。《诗经·豳风·七月》:“七月食瓜，八月断壶。”壶即瓠，与瓜一样是很古老的葫芦科植物。其嫩瓜可做菜吃，其叶嫩也可烹食:“幡幡瓠叶，采之亨之。”(《诗经·小雅·瓠叶》)瓠长老后其外壳坚硬，可以作为容器和涉水工具。《诗经·大雅·公刘》:“执豕于牢，酌之用匏。”匏即瓠。《诗经·邶风·匏有苦叶》:“匏有苦叶，济有深涉。”《国语·鲁语》:“苦叶不材，于人供济而已。”韦昭注:“供济而已，佩匏可以渡水也。”都说明匏(瓠)的用途十分广泛。

(7) 芸。《夏小正·正月》:“采芸。”传曰:“为庙采也。”《夏小正·二月》:“荣芸。”正月可采，二月就开花，而且花是黄色的(《诗经·小雅·裳裳者华》“芸其黄矣”)，夏纬瑛先生推断为芸薹菜，即现在的油菜[①]。在甘肃秦安县大地湾和西安半坡遗址都发现过新石器时代的油菜籽，夏商时期种植油菜当是可能的。《吕氏春秋·本味》也说:“菜之美者，阳华之芸。”可见芸菜是先秦时期的主要蔬菜之一。

(8) 葑。葑即现在的蔓菁。《诗经·邶风·谷风》:“采葑采菲，无以下体。”毛传曰:“葑，须也。”“下体，根茎也。”郑玄笺引《草木疏》云:“芜菁也。”《诗经·鄘风·桑中》:“爰采葑矣，沫之东矣。”郑玄笺曰:“葑，蔓菁。”其根茎质嫩甘美可食。

(9) 菲。上述《谷风》之“采葑采菲”之菲就是现在的萝卜。《尔雅·释草》释菲为芴。郭璞注曰:“土瓜也。”疏引孙炎解释为“葍类也。”《尔雅》有葍，释为“葍”，郭璞注曰:“大叶，白华，根如指，正白，可啖。”与萝卜的特征相符。《尔雅·释草》还解释“葖”为“芦萉”。郭璞注曰:“萉宜为菔，芜菁属。紫华，大根，俗呼雹葖。”邢昺疏曰:“似芜菁，大根，一名葖。俗呼雹葖。一名芦菔，今谓之萝卜是也。”因此，萝卜至少在春秋时期或者更早被栽培当是可能的。

(10) 荠。《诗经·邶风·谷风》中亦歌咏道:“谁谓荼苦，其甘如荠。”毛传和《尔雅》都释荼为苦菜，苦菜为野菜故其味甚苦，与之相对其味甘甜的荠菜当为人工栽培的蔬菜。

(11) 葵。葵即后世的蕲菜、冬寒菜，是我国古代的重要蔬菜。《诗经·豳风·七月》:“七月亨葵及菽。”《豳风·七月》所亨(烹)之葵是新鲜葵菜。葵也可以腌制酸菜，称为葵菹。《周礼·天官·醢人》:“馈食之品，其实葵菹。”《仪礼·少牢

---

① 夏纬瑛:《〈夏小正〉经文校释》，农业出版社，1981年。

馈食》："韭俎在南，葵菹在北。"说明葵菹是祭祀时的重要食品。《管子·轻重甲》说："去市三百步不得树葵菜。"《韩诗外传》载"鲁监门女相从夜绩，中夜而泣，其偶问其故，曰：……食吾园葵，是岁吾园亡一半。"① 说明春秋时期，葵菜种植是相当普及的。

（12）笋。《诗经·大雅·韩奕》："其蔌维何？维笋及蒲。"毛传及《尔雅》均释："笋，竹萌也。"即竹子所萌生者为笋，蔌是菜肴的意思，笋和蒲都成为菜肴，笋也应该是人工培育的笋竹所产。

以上是陆生蔬菜。

（13）薇。《诗经·小雅·采薇》："采薇采薇，薇亦作止。""采薇采薇，薇亦柔止。""采薇采薇，薇亦刚止。"《尔雅·释草》："薇，垂水。"郭璞注："生于水边。"邢昺疏曰："草生于水滨而枝叶垂丁水者曰薇。"可见，薇菜是种在水边潮湿地带的蔬菜。

（14）芹。《诗经·鲁颂·泮水》："思乐泮水，薄采其芹。"郑玄笺曰："芹，水菜也。"《尔雅·释草》："芹，楚葵。"郭璞注："今水中芹菜。"邢昺疏曰："又有渣芹，可为生菜，亦可生啖。别本注云：芹有两种，'荻芹取根，白色，赤芹取茎叶'。并堪作菹及生菜。"是种水生蔬菜。

（15）蒲。《诗经·陈风·泽陂》："彼泽之陂，有蒲与荷。"蒲是水草，可编织草席，其嫩芽可吃。郑玄笺曰："蒲，柔滑之物。"故与笋都被当做蔬菜食用，亦可腌制成酸菜。《周礼·天官·醢人》中提到"加豆之实"的各种菹、醢，其中就有一种是"深蒲"，即以蒲草嫩芽腌制成的食品。前引《左传》襄公四年的"蒲圃"和襄公十九年"公享晋六卿于蒲圃"。亦可证至少在春秋时期已有专门种植蒲的园圃。

（16）荷。荷即莲藕，既可熟食，亦可凉拌生吃，是可口的蔬菜。其实莲子，可作菜羹，其花艳丽，受人喜爱，故《诗经》多处歌咏之。毛传在注释《陈风·泽陂》时说："荷，芙蕖也。"《尔雅·释草》："荷，芙渠。其茎茄，其叶蕸，其本蔤，其华菡萏，其实莲，其根藕。"邢昺疏曰："今江东人呼荷华为芙蓉，北方人便以藕为荷，亦以莲为荷，蜀人以藕为茄。"

以上是水生蔬菜。

总之，我们今天日常食用的主要蔬菜，很多在夏商西周春秋时就已经培育成功，并成为当时的常用蔬菜，是当时园圃业的一个重要成就，也为战国以后园圃业的繁荣奠定了坚实的基础。

---

① 《太平御览》卷九七九引。

第五节 酿造业

作为传统农业的农副产品加工的重要门类，夏商西周春秋时期的酿造业有很大发展，在酿酒、制醋和制酱等方面都取得突出成就，其中尤以酿酒最具代表性，这是因为酿酒的历史最为古老，同时社会需求量也最大，故历来受到统治者的高度重视。

一、酿酒

我国的酿酒起源于新石器时代，已为考古发现所证实，只是有的主张始于仰韶文化，有的主张始于大汶口文化，有的主张始于龙山文化，时代先后不同而已。但文献上的记载，却把酿酒的功劳归于夏禹时代的仪狄。《世本·作篇》："仪狄始作酒醪，变五味。少康作秫酒。"宋衷注曰："仪狄，夏禹之臣。"《战国策·魏策一》说的更具体些："帝云女令仪狄作酒而美，进之禹。禹饮而甘之，……遂疏仪狄而绝旨酒。"其原因是禹已估计到"后世必有以酒而亡国者。"果然，夏代的最后一个国王夏桀，就是以酒为池，"使可运舟，一鼓而牛饮者三千人。"（《新序·刺奢》）最后以酗酒亡国。看来，仪狄可能是对酿酒技术加以总结和推广之人，但不管如何，夏代已有酿酒业是不成问题的。

取夏朝而代之的商朝，更是以嗜酒而闻名于世。卜辞中就有许多用酒祭祀的内容，如："乙卯贞，酌大乙……"（《殷契粹编》133）"贞王于畓酌于上甲。"（《殷契拾掇》2.98）"癸酉卜，争贞：来甲申，酌，大报自上甲。五月。"（《甲骨文拾零》第21片）"贞昱乙酉，酌唐足。"（《遗》4）"昱丁亥，酌大丁。"（《殷虚文字乙编》4510）酌是用酒祭祀的专用字，上述卜辞都是记录用酒祭祀祖先，说明酒在商代祭祀中是经常使用的物品，在日常生活中也必然是相当普及的饮料。

商代的青铜器举世闻名，其中大部分是酒器，如觥、卣、彝、尊、壶、罍、觚、觯、盉、勺、爵、角、斝、盉等（图6-3至图6-14），制作精美，种类远超过饮食器皿。商代贵族墓中经常以大量青铜酒器随葬，其种类和数量也超过饮食器。而且凡是酒器大都和棺木一起放在木椁之内，而鼎、鬲、甗、簋、豆等饮食器皿都放在椁外，可见商代贵族嗜酒胜于饮食，死了也要将酒器放在离身体近一些的地方。贵族们的地位和等级之区别，主要在酒器而不在食器上反映出来，较大的墓中可以见到10件左右的青铜酒器，晚期大墓中可以见到100多件酒器，一般的平民墓葬是见不到这些酒器的①。于此亦可看出商代晚期饮酒风气日益严重，这自然

① 王仁湘：《饮食与中国文化》，人民出版社，1994年，190页。

图 6-3　商代青铜觥（上海博物馆藏品）

图 6-4　商代青铜尊（河南郑州出土）

图 6-5　商代青铜壶（河南安阳殷墟出土）

图 6-6　商代青铜斝（上海博物馆藏品）

图 6-7　商代青铜卣（河南罗山蟒张出土）

图 6-8　商代青铜罍（上海博物馆藏品）

图 6-9　商代青铜爵（上海博物馆藏品）

图 6-10　商代青铜觚（上海博物馆藏品）

图 6－11　商代青铜觯（上海博物馆藏品）

图 6－12　商代青铜彝（上海博物馆藏品）

图 6－13　西周青铜瓒
（江西新干大洋洲出土）

图 6－14　西周青铜盉
（陕西西安张家坡出土）

是和商朝最高统治者酗酒成风有关。据《史记·殷本纪》记载，商朝最后一个国王纣“好酒淫乐，嬖于妇人。……以酒为池，悬肉为林，使男女倮相逐其间，为长夜之饮。”《六韬》也说：“纣为酒池，回船糟丘而牛饮者三千余人为辈。”其奢靡程度丝毫不逊于夏桀，最后终于落个亡国自焚的下场，成为历史上酗酒亡国的典型国君。不过，既然统治者如此好酒，对酒的品种、质量自然会有更高的要求，因而对社会上的酿酒技术也会起到促进作用，所以商代的酿酒技术比起夏代更为进步。

西周建国之初，严厉禁酒，因为他们非常清楚商朝灭亡的原因之一就是酗酒。《尚书·酒诰》记载了周公对于酗酒祸害的阐述："惟天降命，肇我民，惟元祀。天降威，我民用大乱丧德，亦罔非酒惟行。越小大邦用丧，亦罔非酒惟辜。"意思是上天教导我们民众懂得作酒，主要是为了祭祀之用。天若降威惩罚，使民乱德，也是借酒而行。各大小邦丧亡，亦无不以酒为罪。又指出"昔殷先哲王"，"自成汤咸至于帝乙"都能保成其王道，畏敬辅相之臣，不敢为非作歹，"罔敢湎于酒"。但是纣王却"惟荒腆于酒"。"庶群自酒，腥闻在上，故天降丧于殷"。因此周公制定了严厉的禁酒措施：凡民群聚饮酒者，"尽执拘以归于周，予其杀。"禁酒的结果，使酒器的生产受到制约，各地考古发掘中出土的西周酒器远没有商代的多，就是在一些大型西周墓葬中，有时连一件酒器都没有。不过，西周的禁酒也不可能禁绝，无论是政府还是民间都还是需要酒的，所以《诗经》中很多诗篇都歌咏酒。如：

十月获稻，为此春酒，以介眉寿。……朋酒斯飨，曰杀羔羊。跻彼公堂，称彼兕觥，万寿无疆。(《豳风·七月》)

饮之食之，教之诲之。(《小雅·绵蛮》)

食之饮之，君之宗之。(《大雅·公刘》)

为酒为醴，烝畀祖妣，以洽百礼。(《周颂·丰年》)

君子有酒，酌言尝之。……君子有酒，酌言献之。(《小雅·瓠叶》)

既醉以酒，既饱以德。……既醉以酒，尔殽既将。(《大雅·既醉》)

我有旨酒，以燕乐嘉宾之心。(《小雅·鹿鸣》)

君子有酒，旨且多。……君子有酒，旨且有。(《小雅·鱼丽》)

以御宾客，且以酬醴。(《小雅·吉日》)

唯酒食是议。(《小雅·斯干》)

彼有旨酒，又有嘉肴。(《小雅·正月》)

或以其酒，不以其浆。(《小雅·大东》)

我仓既盈，我庾维亿。以为酒食，以享以祀。……既醉既饱，小大稽首。(《小雅·楚茨》)

酒既和旨，饮酒孔偕。钟鼓既设，举酬逸逸。……彼醉不臧，不醉反耻。(《小雅·宾之初筵》)

据统计，《诗经》中涉及酒者有50多篇，可见西周至春秋期间，饮酒仍然是社会上的普遍现象。而西周政府更是设立了一系列与酿酒有关的官职，如"酒正""酒人""浆人""郁人""鬯人"等。如：

酒正：掌酒之政令，以式法授酒材。……掌酒之赐颁，皆有法以行之。(《周礼·天官·酒正》)

酒人：掌为五齐、三酒，祭祀则共奉之，……共宾客之礼酒、饮酒而

奉之。（《周礼·天官·酒人》）

浆人：掌共王之六饮：水、浆、醴、凉、醫、酏，入于酒府。（《周礼·天官·浆人》）

郁人：掌祼器。凡祭祀、宾客之祼事，和郁鬯以实彝而陈之。（《周礼·春官·有队》）

鬯人：掌共秬鬯而饰之。（《周礼·春官·鬯人》）

而酒正的职数就有“中士四人，下士八人，府二人，史八人，胥八人，徒八十人。”酒人的职数则是“奄（奄宦之人）十人，女酒（懂得做酒的女奴）三十人，奚（没有知识的奴婢）三百人。”可见机构相当庞大，说明当时官方所需要的用酒量是相当大的。

上述的醴、鬯、浆、凉、医也是各种不同的酒之名称，只是醴是带糟的甜酒，鬯是加入香料的酒，浆是汁滓相混酒味很薄的甜酒，凉是掺水的酒，医是用酏酿制的酒。

大体说来，商周时期的酒可分为两类，一为醴类，一为酒类。主要是按酿造方式来区别的。《尚书·说命下》：“若作酒醴，尔唯麴糵。”即做酒需用麴，做醴需用糵。

糵就是发芽的谷粒，《说文解字·米部》：“糵，牙米也。”《释名·释饮食》：“糵，缺也，渍麦覆之，使生芽开缺也。”酿酒的原料是谷物，谷物中淀粉不能直接接受酵母的作用发酵成酒，必须经过一个糖化过程才能进一步酒化。而谷物发芽时会生出糖化酵素，使淀粉变成糖以供发芽生根之需，用它来作酒糖化程度高酒化程度低，所以喝起来很甜。也就是说，醴就是用糵做的甜酒，而且酿制时间短。《说文解字》：“醴，酒一宿熟也。”郑玄在注《周礼·天官·酒正》“醴齐”时说：“醴犹体也，成而汁滓相将，如今恬酒矣。”滓即酒糟，恬即甜。说明醴就是汁和糟一样多的甜酒，相当于今天江南地区还在饮用的甜酒酿（醪糟）①。喝的时候是连汁带糟一块吃进去的。因此在饮醴的时候需要使用工具——柶。柶就是食器饭匙，类似今天的汤匙。郑玄注《周礼·天官·浆人》时说：“饮醴用柶者糟也，不用柶者清也。”即用柶吃醴是因为要连酒糟一起吃。喝清酒没有糟，就不用柶。

商代已有醴，有卜辞为证：“丙戌卜：叀（惟）新豊（醴）用？叀（惟）旧豊（醴）用？”（《殷契粹编》232）

醴的种类较多，《周礼·天官·酒正》中提到的“五齐”都属于醴酒一类：“（酒正）辨五齐之名：一曰泛齐，二曰醴齐，三曰盎齐，四曰缇齐，五曰沈齐。”

---

① 《吕氏春秋·孟春纪·重已》高诱注：“昔先圣王……其为饮食配醴也，足以适味充虚而已。”时亦说：“醴者，以糵与黍相体，不以麴也，浊而甜耳。”

这五齐就是五种醴酒，按郑玄的注释是：

泛齐：泛者，成而滓浮泛泛然，如今宜成醪矣。

醴齐：醴犹体也，成而汁滓相将，如今恬酒矣。

盎齐：盎犹翁也，成而翁翁然，葱白色。

缇齐：缇者，成而红赤，如今下酒矣。

沈齐：沈者，成而滓沈，如今造清矣。①

主要是因原料、酿造时间和方法有所不同，酿造后酒的成色、清浊亦不一样。郑玄注中就指出："自醴以上尤浊。""盎以下差清。"不过，郑玄是以汉时（"如今"）的酒来解释周代的醴酒，只是一种大概的解释，连他自己在注中也说："其象类则然，古之法式未可尽闻。"这五齐醴酒质量较差，主要用来祭祀，"祭祀必用五齐者，至敬不尚味而贵多品。"不过在祭祀之前，需将酒糟过滤掉，并要用清水和兑。郑玄在《礼记·郊特牲》注中即说："五齐浊，泲之使清。"泲即过滤。《周礼·春官·司尊彝》郑玄注曰："醴齐尤浊，和以明酌，泲之以茅，缩去滓也。盎齐差清，和以清酒，泲之而已。"就是用茅草来过滤醴酒的糟，用清酒来和兑盎酒使之更加清澈些。河北平山中山王墓出土有六对带盖的铜壶，每一对壶都是一壶水、一壶酒配合置放。壶里的酒，酒精含量很低，液体下面有很多沉淀物，应该就是醴酒。又有一件铜方壶，壶上铭文有"铸为彝壶，节于醺（禋）醉（齐），可法可尚，以飨上帝，以祀先王"。与《周礼·天官·酒正》郑玄注："齐者，每有祭祀，以度量节作之。"相合，可知这是祭祀时用来齐酒的量壶，便是和酒所用之具。由此亦可证"五齐"在祭祀之前确实是需要和兑的②。

麴，本是发霉长毛的谷物。《释名·释饮食》："麴，朽也。郁之使生衣朽败也。"麴中不但含有能促成酒化的酵母，而且含有能促成糖化的丝状菌毛霉，从而把谷物淀粉糖化和酒化两个步骤合在一起进行。据陈梦家先生在《殷虚卜辞综述》中研究，商代已有"蘖"字。卜辞中有"贞：王往立（莅）蘖黍□?"（转引自《古文字研究》第四辑）"乎（呼）[小] 蘖臣?"（《乙》2813）河北藁城台西商代遗址中曾出土一块重达 8.5 千克的酒麴，更可证明早在商代我国已经在用酒麴酿酒了，这是我国古代酿造业中的一项重大创造③。早期的麴质量还不大高，其糖化作用不强，还需要和蘖一起用，直到周代还是如此，如《礼记·月令·仲冬之月》谈到做

① 有的学者则认为"五齐"是指酿酒过程的五个阶段：发酵开始时二氧化碳气体把部分谷物冲上液面上来，为"泛齐"。逐渐有薄薄的酒味，为"醴齐"。气泡很多，还发出一些声音，为"盎齐"。颜色由黄变红，为"缇齐"。气泡停止，发酵完成，糟粕下沉，为"沈（即沉）齐"。见袁翰青：《酿酒在我国的起源和发展》，《新建设》1955 年 9 期。

② 扬之水：《诗经名物新证》，北京古籍出版社，2000 年，474 页。

③ 唐云明：《河北商代农业考古概述》，《农业考古》1982 年 1 期。

酒的六个要求时，其中之一就是“麴蘖必时。”即麴蘖兼用。其全文是“乃命大酋，秫稻必齐，麴蘖必时，湛炽必洁，水泉必香，陶器必良，火齐必得。兼用六物，大酋监之，毋有差贷。”即命令负责监督酿酒的长官（如“酒正”“酒人”等）必须做到每次酿酒都要：用米的数量要不多不少正合适；准备的麴蘖要不失时限，不受污染变质；浸米和蒸米都要保持清洁，不沾异物；所用泉水要清纯甘洌，没有异味；蒸酒的陶器如釜甑等要精良；蒸的米饭要注意火候，不能夹生，也不能蒸得过烂。大酋必须注意这六项要求，不得有任何差错。由此可见当时对酿酒的技术要求是很严格的。

用蘖酿造的酒就是与“五齐”相对的“三酒”，这是真正意义上的酒。《周礼·天官·酒正》：“辨三酒之物，一曰事酒，二曰昔酒，三曰清酒。”疏曰：“此三酒并人所饮。”即与“五齐”并言，“五齐”是专用于祭祀，为神灵所享用。“三酒”则专用于人，因此酒味更浓，即疏中所云：“三酒味厚，人所饮者也，五齐味薄，所以祭者也。”关于三酒之名称，据贾公彦疏中解释：“但事酒酌有事人饮之，故以事上名酒也。二曰昔酒者，久酿乃熟，故以昔酒为名。酌无事之人饮之。三曰清酒者，此酒更久于昔，故以清为号，祭祀用之。”大体说来，事酒是投料不精，酿造时间短，酒滓未经仔细过滤者，是为祭祀和宾客等事而新酿的酒。昔酒是酿造过程精细，酿造时间较长，酒味清醇的酒。清酒则是一种连续投料反复重酿多次而且酿造过程更长并仔细过滤掉糟滓的酒①。

此外，当时还有一种添加香料而气味芬芳的酒——鬯酒。

商代就有一种酒叫鬯，经常用于祭祀。卜辞就有：

> 癸亥卜，何贞：其登鬯于且（祖）乙，叀（惟）羽（翌）乙丑？（《殷虚文字甲编》2407）
>
> 癸卯卜，贞，弹鬯百，牛百，用。（《殷虚书契前编》5.8.4）
>
> 鬯五卣又（有）足。（《战后京津新获甲骨集》4237）
>
> 其福新鬯二升一卣，王……（《戬寿堂所藏殷虚文字》25.10）
>
> ……人，鬯十卣，卯牛……（《金》731）

每次祭祀，要用数卣甚至上百卣的鬯酒，既说明鬯是祭祀中重要的祭品，也说明鬯是当时生产较多的一种酒。鬯在周代也是一种重要的祭祀用酒，叫作秬鬯。

《诗经·大雅·江汉》：“秬鬯一卣。”毛传曰：“秬，黑黍也。鬯，香草也。筑煮合而郁之曰鬯。”郑玄笺曰：“秬鬯，黑黍酒也。谓之鬯者，芬香条鬯也。”《周礼·春官》有“郁人”一职，其职责之一便是“和郁鬯”。郑玄注曰：“筑郁金，煮之以和鬯酒。郑司农云：‘郁，草名，十叶为贯，百二十贯为筑，以煮之鐎中，停

---

① 扬之水：《诗经名物新证》，北京古籍出版社，2000年，471～472页。

于祭前。郁为草若兰。'"《说文解字》也说："鬯，以秬酿郁草，芬芳攸服，以降神也。"《周礼·春官》还有"鬯人"一职，其职责之一是"掌共秬鬯而饰之"。郑玄注曰："秬鬯，不和郁者。"看来，鬯有秬鬯和郁鬯两种。按郑玄的解释，秬鬯就是用黑黍作原料酿造的酒，因其气味芳香条鬯，而称之为秬鬯。另一种是在蒸饭时加上一种叫郁金的香草酿成的酒，叫作郁鬯。而秬鬯是不加郁草的。不过，毛亨则认为鬯是一种香草名称，而郁只是一个动词（筑煮）而已。不管如何，秬鬯也好，郁鬯也罢，总之是种添加天然香料酿制而成的香酒，在商周时期是敬神和赏赐的珍品。它和"五齐""三酒"都反映了商周时期酿酒技术已经达到一个相当高的水平。

二、制醋

醋在古代称作"酢"。颜师古注《急就篇》说："大酸谓之酢。"段玉裁注《说文解字》："凡味酸者皆谓之酢……今俗皆用醋。"而在先秦时期则称作"醯"。《礼记·礼运》："昔者先王未有宫室……未有火化，食草木之实，鸟兽之肉。……后圣有作，然后修火之利，……以炮，以亨，以炙，以为醴酪。"郑玄注："酪，酢截。"如是则醋的出现可能在夏商以前的原始社会晚期，大概是伴随着酒的产生而产生的。制醋所需要的醋酸菌，是一种能使糖类发酵变酸的曲霉菌丝。酿酒时被醋酸菌侵入，酒即变酸，就可以作醋种。因此，醋是酒的伴生物，是先有酒才有醋，但有了酒便就可能变成醋。醋的主要作用是解除油腻及辅助胃酸分解蛋白质。古代贵族整日大鱼大肉，需要醋来解腻助消化，故先秦贵族阶层日常生活中很需要醋来作调味品。

周代宫廷中就设有一个40多人的制醋作坊。《周礼·天官》有"醯人"一职，就是王室专管制醋的官员，底下从事制醋的人员有"奄（被宫刑的男奴）二人，女醯（掌握制醋技术的女奴）二十人，奚（奚族奴隶）四十人。""醯人"的职责是"掌共五齐、七菹，凡醯物，以共祭祀之齐、菹。凡醯酱之物。宾客亦如之。王举，则共齐、菹醯物六十瓮，共后及世子之酱、齐、菹。宾客之礼，共醯五十瓮。凡事共醯。"郑玄注："齐菹酱属醯人者，皆须醯成味。"即当时腌制泡菜和制作鱼肉之酱等都需要用醋（醯）来调味。故当时醋的需要量很大，所以动辄50瓮、60瓮。

《礼记·内则》记述了周代王室贵族的丰盛菜肴中经常要用到醯。如："和用醯。"郑玄注："畜与家物自相和也。"即煮畜肉要用醯调味，以去腥气。"麋、鹿、鱼为菹，……切葱若薤，实诸醯以柔之。"郑玄注："酿菜而柔之以醯，杀腥肉及其气。""炮：取豚若将，……而后调之以醯醢。"即烧烤小猪炖煮以后，用醯及醢调味。"渍：取牛肉必新杀者，薄切之必绝其理……其朝而食之以醢若醯、醷。"即渍腌牛肉，吃时也要用醯调味。

《左传·昭公二十年》记载晏婴谈到："水火醯醢盐梅，以烹鱼肉。"疏引正义曰："醯，酢也。"《论语·公冶长》也记载了鲁国的微生高"或乞醯焉，乞诸其邻而与之"的故事，说明四邻均备有醋，可见醋在春秋时期也是民间的日常食品了。

总之，制醋是我国古代继酿酒之后的另一个成就。

三、制酱

制酱是先秦时期酿造业中的一项特殊成就。酱是以豆类为主料，加上适量的麦麸、淀粉、盐、糖等配料，利用毛霉菌的作用发酵而成，因含有多种氨基酸、维生素 B_1 和麸酸钠等成分，与各种菜肴都能调和而增强其美味，并富有营养，历来是我国传统烹饪中不可缺少的调味佐料。早在春秋时期孔子就说过："割不正，不食。不得其酱，不食。"（《论语·乡党》）可见酱的食用在当时已很普遍。

周代国王在祭祀和享宴中，都很喜欢用酱，而且用量很大，如《周礼·天官·膳夫》："掌王之食饮膳羞，……酱用百二十瓮。"郑玄注："酱谓醯醢也。"贾公彦疏曰："酱是总名。知酱中兼有醯醢者。"实际上，酱作为调味品的总称，包括醯在内。醯就是醋，已如上述，而醢才是真正的酱，并且品种繁多。《周礼·天官》有"醢人"一职，负责提供国王祭祀和宴会时所需要的各种酱食，其职数有"奄一人，女醢二十人，奚四十人"。规模和"醯人"相当，由此亦可见酱在当时饮食中的地位不在醋之下。

根据《周礼·天官·醢人》记载，当时酱（醢）的种类很多，其中重要的是所谓"七醢"和"三臡"。"七醢"，据郑玄注就是醓、蠃、蠯、蚳、鱼、兔、雁等材料制成的酱。"三臡"，郑玄注："三臡亦醢也。"其原料是麋、鹿、麇三种野生动物的肉。其具体做法是："作醢及臡者，必先膊干其肉，乃后莝，杂以粱曲及盐，渍以美酒，涂置甀中百日则成矣。"又说："或曰麋臡，酱也。有骨为臡，无骨为醢。"可知，臡是带骨的肉酱，醢是不带骨的肉酱。

从《周礼》的记载可以看出，当时的酱主要是用水产和肉类做原料，类似今天的鱼酱、肉酱，和汉代之后以黄豆为主要原料的豆酱还是有所不同。但从其要掺入粱曲及盐和美酒，放入瓮中经过百日才能食用来看，肯定是经过毛霉菌发酵作用而成为美味食品，其性质与豆酱是相同的。因此，酱的发明至少始于周代是不成问题的。

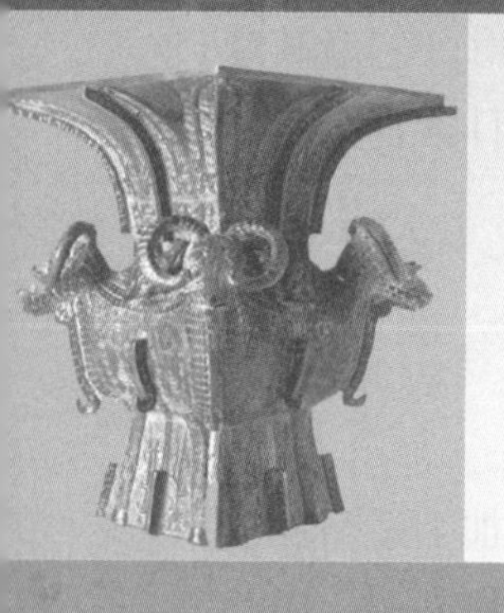

第七章　农业经济

第一节　土地制度

一、“溥天之下，莫非王土”的国有制

当夏禹接受舜的禅让时，他只是一个原始民主制时代部落联盟的领袖而已，还不是真正意义上的专制主义国家的帝王。但他在治水的过程中就领导过各部落的大队人马，声威显赫。曾经以专横的手段镇压违犯纪律者，如有次夏禹召集各路头领商讨治水良策时，就杀了迟到的防风氏。《韩非子·饰邪》：“禹朝诸侯之君会稽之上，防风之君后至而禹斩之。”《国语·鲁语》也说：“昔禹致群神于会稽之山，防风氏后至，禹杀而戮之。”仅以迟到为由就可杀掉一个部落首领，可见夏禹的权威已经很大。这也反映他们之间已是君臣关系，而不是原始民主制时代部落联盟领袖们之间的那种平等关系。在夏禹掌握部落联盟的领导权期间，又打败了南方的三苗①，显赫的战功也加强了他的统治地位。因此，国家政权已经初步建立，夏禹的个人权力也极大地膨胀，这就为他的儿子启继承帝位创造了条件。如果我们不是只听儒家们美化远古圣王所谓禅让的一面之词，而是注意《韩非子·说疑》中所说的“舜逼尧，禹逼舜，汤放桀，武王伐纣。此四王者，人臣弑其君也”，则夏禹是用武力逼迫舜退位，而非舜自愿禅让的。那么，通过武力夺取政权者，不会轻易将它拱手让人，将之传给儿子是很自然的事情。夏禹应该是我国历史上实现世袭制的第一人。

---

① 《墨子·兼爱下》。

儒家们曾经美化这个“家天下”过程。说是夏禹曾经将帝位禅让给益，只是因为益辅佐夏禹的时间不长，威望不高，人们都拥护启继承帝位。如《孟子·万章上》说：“禹荐益于天，七年，禹崩。三年之丧毕，益避禹之子于箕山之阴，朝觐讼狱者不之益而之启，曰：‘吾君之子也。’……启贤，能敬承禹之道。益之相禹也，历年少，施泽于民未久。”好像启是由于他的贤德受到人民的拥戴而被推上帝位的。但是《韩非子·外储说右下》却是另一种说法：“古者禹死，将传天下于益，启之人因相与攻益而立启。”《战国策·燕策》也有类似的说法：“禹授益，而以启人为吏。及老，而以启为不足任天下，传之益也。启与交党攻益而夺之天下。”《史记·燕召公世家》亦云：“禹荐益，已而以启人为吏。及老，而以启人为不足任乎天下，传之于益。已而启与交党攻益，夺之。天下谓禹名传天下于益，已而实令启自取之。”从“传于贤”的禅让制到“传于子”的世袭制，是一个巨大的变革，权力之争夺是你死我活的激烈斗争，不可能是风平浪静的和平过渡，看来采用武力来解决问题应是更符合历史实际的描述。

既然是用武力手段夺取的天下，自然就会认为天下就是自己一家的，所有的人都是他的臣民，所有的土地自然也是归国君所有。只是臣民们需要靠土地为生，国家需要靠赋税度日，只得将土地分配下去，让臣民们去经营耕种，每年都得根据土地的好坏和人口的多少来分配土地，这就是《夏小正》上所说的“农率均田”。

至于商汤放桀、武王伐纣，通过战争夺取政权，更是把整个国家都视为自己的天下，只不过是将这种家天下涂上一层王权神授的色彩。于是就有《诗经·商颂·玄鸟》的“古帝命武汤，正域彼四方。方命厥后，奄有九有”之说。就有大盂鼎上的铭文：“丕显文王受天有大命，在武王嗣文作邦，辟厥匿，匍有四方，畯正厥民……越我其遹省先王，受民，受疆土。”既然各代的国王是根据上天之命而拥有天下，据有无可争议的权威性，土地王有也就顺理成章了。于是土地成了国王的私人财产，可以任意赏赐给下面的臣民，因此在西周就形成“溥天之下，莫非王土。率土之滨，莫非王臣”（《诗经·小雅·北山》）的土地国有局面。

土地归国家所有，实际上就是归天子个人所有。天子除了给自己留下最好的一部分土地作为私田，将大部分的土地赏赐给属下的公卿、侯、伯等大小官僚以及分配给全国民众耕种，但后者是由各级官吏分配下去的，并非由天子个人直接分配，也不参与直接剥削。因此有人将之称为贵族土地所有制①。从下文所引的“夷王十二年大簋盖”上的铭文可以看出，天子有权将赏赐给臣下的里收回来改赐给别人。可见所谓贵族土地所有制，只能是相对而言。因为只有天子才拥有最终的所有权，他随时都可以用任何名义将贵族的土地收归王有，不会遇到任何阻力。或者可以

① 王玉哲：《中华远古史》第十四章第二节，上海人民出版社，2000年。

说，土地国有更多时候是通过各级官吏（贵族）所有来体现的。所以也有人称之为“国王所有，贵族享有”①。

分配给官吏们的土地，范围大的称为“土”，或称为“采”，其次是“邑”，再其次是“里”和“田”。如康王时的宜侯矢簋载：“易（锡）土：厥川（甽）三百□，厥□百又廿，厥宅邑卅（三十）又五，厥□百卌（四十）。”这是“土”中包括甽、宅邑等。昭王时的作册旂尊、作册旂方彝、作册旂觥上面都有“令作册旂兄（贶）望土于相侯”的铭文。同时期的召卣也有“赏毕土方五十里”的铭文。其中的“望”和“毕”都是地名，据杨宽先生的研究，认为当时有以地名与“土”连称的习惯。

称“采”的，如《尚书·康诰》载：“周公初作新大邑于东国雒，四方民大和会：侯、甸、男、邦、采、卫。”《礼记·礼运》载：“大夫有采以处其子孙。”昭王时的䞣尊和䞣卣的铭文亦有：“易（锡）䞣采，曰趆。”采的所在地名趆。

称“邑”的有厉王时的鬲从盨，记载了先后赏赐许多邑的名称，结尾说：“凡复友（贿）鬲从田十有三邑。”邑是赏赐田地的单位名称。实际上，夏商时期已有邑之名称，如《尚书·汤誓》：“夏王率遏众力，率割夏邑，有众率怠勿协。”卜辞也有：“呼从臣沚有㽙卅邑。”（《戬寿堂所藏殷虚文字》四三一）商王一次赏赐从臣沚 30 邑，可见这里的邑不是指一般的所谓城邑，而是土地单位。

称“里”的有夷王时的十二年大簋盖上的铭文：“易（锡）趛嬰里。”这是将原赏赐给趛嬰的“里”改赐给别人。“里”是作为赏赐单位的。毛亨给《诗经·大雅·韩奕》作注：“里，邑也。”《释名·释言》也说：“里，邑也。”因此“里”和“邑”应该同是土地单位。

称“田”的如厉王时的敔簋铭文记载敔击退淮夷的入侵，周王在成周太庙接受敔“告禽（擒）”的献俘礼，王使尹氏赏给圭瓒以及“贝五十朋”，“于敆五十田，于早五十田”。“朋”是贝的计数单位，“田”则是地的计数单位。杨宽先生认为这个“田”当有一定面积，当指百亩之田，并引用贤簋的铭文“公命吏晦（贿）贤百亩𥃝，用作宝彝”，认为“‘百亩’下一字不识，当为百亩田所生产的食物，可知当时已以‘百亩’田作为生产单位，可见古文献以‘百亩’田为分配生产者的单位，是真实的”②。

分给老百姓的土地是由地方官吏负责。《礼记·月令》：“孟春之月……王命布农事，命田舍东郊，皆修封疆，审端经术。善相丘陵、阪险、原隰，土地所宜，五

① 陈振中：《青铜生产工具与中国奴隶制社会经济》第十二章，中国社会科学出版社，1992 年。

② 杨宽：《西周史》第二章第一节，上海人民出版社，1999 年。

谷所殖，以教道民，必躬亲之。田事既饬，先定准直，农乃不惑。”按注疏解释，即每年春天“春气既和，王命群官分布检校农之事，命遣田畯之官舍于郊之上，令农夫皆修理地之封疆，审正田之径路，及田之沟洫，故曰‘审端径术’”。这个“田畯之官”在《周礼》中就是“遂人”。《周礼·地官·遂人》：“掌邦之野。以土地之图经田野，造县鄙形体之法。五家为邻，五邻为里，四里为酂，五酂为鄙，五鄙为县，五县为遂，皆有地域，沟树之，使各掌其政、令、刑、禁，以岁时稽其人民，而授之田野，简其兵器，教之稼穑。”可见在西周，每年正月都要分配一次土地。这项工作在《夏小正》中记为“农率均田”，起初是每年都要重新分配一次，后来逐渐改为三年分配一次，即《公羊传·宣公十五年》何休注中所说的：“圣人制井田之法而分之，一夫一妇受田百亩。……三年一换土易居，财均力平。”到了西周时期，虽然是说每年都要分配农田，但据陈振中先生研究，认为“西周每年正月的分配土地方式，大部分是抽补调整，而不是打乱平分”，这种“照顾原耕基础上的抽补调整，为份地的进一步固定化和私有化创造了条件”。①

分配给老百姓的土地是以百亩为单位的。上述的贤簋铭文中就有“百亩”之词。在先秦文献中经常提到“百亩”不是偶然的。如：

周人百亩而彻。……八家各私百亩。（《孟子·滕文公上》）

一夫百亩。（《孟子·万章下》）

百亩之田，匹夫耕之。（《孟子·尽心上》）

一农之量，壤百亩也。（《管子·巨乘马》）

地量百亩，一夫之力也。（《管子·山权数》）

故家五亩宅，百亩田，务其业。（《荀子·大略》）

百亩之守，事业穷，无所移之也。（《荀子·王霸》）

可见，先秦时期“一夫百亩”的现象是普遍的，因此西周时期分配土地的标准应该就是“一夫百亩”。西周时期的一尺合今 0.23 米，百亩则相当于今天的 31.2 亩。“一夫”是指户主，百亩之田除了缴纳赋税，还要养活一家人。不过每家人口多少不一，因此分地时就要考虑区别对待。《周礼·地官·小司徒》：“乃均土地，以稽其人民，而周知其数。上地家七人，可任也者家三人。中地家六人，可任也者二家五人。下地家五人，可任也者家二人。”即同样是百亩之田，上等的土地分给七口之家（有三个劳动力），中等的土地分给六口之家（有两个半劳动力），下等的土地分给五口之家（有两个劳动力），这样就能做到相对的公平。这些土地属于可以连年耕种的“不易之地”，对于需要休耕一年的“一易之地”和休耕两年的“再

① 陈振中：《青铜生产工具与中国奴隶制社会经济》第十二章，中国社会科学出版社，1992 年。

易之地”，就需要多分给一倍或两倍的土地。这就是《周礼·地官·大司徒》中所说的：“不易之地家百亩，一易之地家二百亩，再易之地家三百亩。”和《周礼·地官·遂人》中所说的：“辨其野之土，上地、中地、下地，以颁田里。上地夫一廛，田百亩，莱五十亩，余夫亦如之。中地夫一廛，田百亩，莱百亩，余夫亦如之。下地夫一廛，田百亩，莱二百亩，余夫亦如之。”所谓“余夫亦如之”的“余夫”就是家中成年未婚的男子（即有劳动力而未独立成家的男子），其授田的标准是25亩，其在上、中、下三等耕地或田、莱的比例与户主相同，故谓“亦如之”。

农户们领取一份耕地成为“私田”，但是需要到政府或贵族们的“公田”上进行无偿的劳动，这种劳动称之为“藉”。即《夏小正·正月》中所说的“初服于公田”，卜辞中所说的“人三田藉”（《殷虚书契续编》2.28.5）、“众作耤”（《殷契粹编》1299片），孔子所说的“先王制土，籍田以力”（《国语·鲁语下》），《公羊传·宣公十五年》的“古者十一而藉”，《穀梁传·哀公十二年》的“藉而不税”等。此外还要负担其他各类的贡纳和力役，负担是相当繁重的。而这些是有专门的机构和官吏进行严格的监督管理，如《周礼·遂人》中所载的“里宰掌比其邑之众寡，与六畜兵器，治其政令，以岁时合耦于耡，以治稼穑，趋其耕耨，行其秩序，以待有司之政令，而征敛其财赋。”因此，农夫们所受的剥削非常沉重，缺乏人身自由，其社会地位也是十分低下的。

二、土地分封制

分封制始于西周初期。周文王时就在王畿内采用分封制将自己的儿子们安排到各地去占有土地和扩展势力。周武王克商之后，就在原来商的王畿内分封邶、鄘、卫而设置三监，同时在周的王畿内分封同姓亲属的封邑，目的都是为了巩固周的统治，即所谓“封建亲戚，以藩屏周”（《左传·僖公二十四年》）。《史记·周本纪》记载武王克商之后，“封诸侯，班赐宗彝，作《分殷之器物》”。除了分封一批有功的异姓贵族使他们能继续为巩固周朝的统治卖力外，将原来的商朝王畿分成几个部分，北部作为殷纣之子武庚的封国，以安抚笼络商朝旧贵族，但在中部和东南部则作为邶、鄘、卫“三监”的封国，以加强对商朝遗民的监督控制。同时又将同姓亲属分封到重要的地方，控制战略要地，防止殷贵族的叛乱和四周夷戎的侵犯。如武王同母所生的管叔鲜、周公旦、蔡叔度等6个弟弟都封在王畿之内。武王还有异母弟弟8人，也分封在毛、郜、雍、滕、毕、原、酆、郇等富饶之地。

周公在武王去世成王年幼之时，摄政称王，三年东征，平定了“三监”和武庚的叛乱，又远征东方的薄姑、徐、奄诸国，使西周的政权转危为安。《逸周书·作雒解》说：“周公立，相天子，三叔及殷东徐奄及熊盈以衅，周公召公内弭父兄，外抚诸侯。……凡所征熊盈族十有七国，俘维九邑。”这时周朝的势力才真正到达遥远的东部边地。周公为了巩固新建的王朝，推行了一系列措施，其中很重要的一项就是大搞分封诸侯的制度。

《左传·僖公二十四年》：“昔周公吊二叔之不咸，故封建亲戚，以藩屏周。”就是说周公痛感管叔、蔡叔和武庚的叛乱危害周王朝的安全，因而将亲属子弟分封到各地去作周王朝的屏藩。其中重要的封国有鲁、卫、唐、齐、燕等。

周公在东征平定奄国之后，就派其长子伯禽镇抚东方，建立了鲁国，成为鲁公。当然这个任命是要通过成王的名义颁布的。所以《诗经·鲁颂·閟宫》中就记叙成王对周公说：“王曰叔父，建尔元子，俾侯于鲁。大启尔宇，为周室辅。乃命鲁公，俾侯于东。锡之山川，土田附庸。”鲁国地望在今山东曲阜一带。

周公封其弟康叔为卫君。所封之地实即三监所居之邶、庸、卫三地，即原商畿内旧域。《汉书·地理志》也说：“武王崩，三监衅，周公诛之，尽以其地封弟康叔，号曰孟侯。以夹辅周室。”其地望在今河南的安阳、淇县、辉县、濮阳、滑县一带。

封成王之弟叔虞于唐，曰唐侯。《汉书·地理志》：“晋阳故时唐国，周成王灭唐，封弟叔虞。”其地望在今天太原一带，或说是在今临汾、翼城一带。

封姜太公吕尚之后代于齐。《史记·齐世家》称武王平商而王天下，封师尚父（吕尚）于齐营丘。王玉哲先生认为武王灭纣之时，东方为商奄、薄姑的势力范围，武王无力在那里分封。齐的被封肯定是在周公东征商奄、薄姑之后，将新征服的土地和人民封给了太公吕尚的后代建立齐国，都于营丘。营丘的地望在今山东临淄。①

封召公（奭）于北燕。《史记·燕召公世家》：“周武王之灭纣，封召公（奭）于北燕。”王玉哲先生也认为其时该地系商人的势力范围，非周人所能控制，故封北燕只能在周公平定武庚叛乱之后。当时召公并没有就封，受封者乃其长子②。北燕的地望相当于今北京地区。

此外还封了一些直系亲属，组成了一道完整的屏障。如《左传·僖公二十四年》：“昔周公吊二叔之不咸，故封建亲戚以蕃屏周。管、蔡、郕、霍、鲁、卫、毛、聃、郜、雍、曹、滕、毕、原、酆、郇，文之昭也。邘、晋、应、韩，武之穆也。凡、蒋、邢、茅、胙、祭，周公之胤也。”

周公当时到底分封了多少诸侯国，历来没有确数。《吕氏春秋·观世》说：“周之所封四百余，服国八百余，今无存者矣。”《荀子·儒效》说：周公兼制天下，“立七十一国，姬姓独居五十三人焉”。《史记·汉兴以来诸侯王年表》说：“武王长

①② 王玉哲：《中华远古史》第十二章第三节，上海人民出版社，2000年。

康所封数百，而同姓五十五。”现在既无法也没有必要确定具体的国数，但要知道当时称为国者，只是封地的称谓，与今天的国家概念不同。因此其范围并不统一，有的封国很大，地跨今天数县之地，有的只相当于今天的一县而已，最小者甚至只有今天的乡村那么大。王玉哲先生形容其为“星罗棋布，错处迷离。”①

除了诸侯的分封，还有王臣的任命，也是要赐给封地的，称之为采邑。只是王臣的采邑多在王畿之内，诸侯的封地则多在王畿之外。诸侯、王臣在得到封地之后，也是要同样向其下属一级一级地分封下去的，形成一个金字塔形的统治结构。

周王册命诸侯、王臣，除了举行一定的仪式、赐予一定的礼物和舆服器用，最重要的是授民、授土、授职。西周青铜器大盂鼎铭文记载周王封盂，就有“受民，受疆土”的内容。又如《左传·定公四年》记载周公分封给鲁国的是：“殷民六族条氏、徐氏、萧氏、索氏、长勺氏、尾勺氏，使帅其宗氏，辑其分族，将其类丑，以法则周公，用即命于周，是使之职事于鲁，以昭周公之明德。分之土田倍敦，祝宗卜史，备物典策，官司彝器。”分给卫君的是：“殷民七族陶氏、施氏、繁氏、锜氏、樊氏、饥氏、终葵氏。封畛土略，自武父以南，及圃田之北竟，取于有阎之土，以供王职。取于相土之东都，以会王之东蒐。聃季授土，陶叔授民。”分给唐君的是“怀姓九宗，职官五正”。就是说，周公在分封时是将殷的遗民和贵族一起分配给封君们（“帅其宗氏，辑其分族”），同时还包括原属于殷贵族的奴隶（“将其类丑”），所谓“分之土田倍敦”，就是《诗经·鲁颂·闷宫》之“锡之山川，土田附庸”。《礼记·王制》：“附于诸侯曰附庸。”郑玄注：“小城曰附庸。”“土田附庸”就是面积较大的土地上附有城郭居民，即周公是将大块土地连同当地居民一起分封给鲁公伯禽。对农业史研究者来说，土地和人民的分封无疑是要重点研究的内容，因为当时社会经济的主要来源就是农业。

诸侯因功劳大小不同，其爵位高低不同，所封之地自然也阔狭不等。当时的诸侯分为五等。《国语·周语》：“昔者先王之有天下也，规方千里以为甸服，以供上帝山川百神之祀，以备百姓兆民之用，以待不庶不虞之患。其余以均分公、侯、伯、子、男。”《礼记·王制》：“王者之制爵禄，公、侯、伯、子、男凡五等。”这五等爵位所得到的土地也不同。《周礼·地官·大司徒》说：“凡建邦国，以土圭土其地而制其域。诸公之地，封疆方五百里，其食者半。诸侯之地，封疆方四百里，其食者叁之一。诸伯之地，封疆方三百里，其食者叁之一。诸子之地，封疆方二百里，其食者四之一。诸男之地，封疆方百里，其食者四之一。”所为食者半、食者叁之一、食者四之一，注疏的解释就是封国内的财政收入，并不全归诸侯们专有，有一半或三分之一、四分之一要归天子，即以贡赋的形式上缴给天子。之所以有这

① 王玉哲：《中华远古史》第十二章第三节，上海人民出版社，2000年。

些区别，主要是各自的土地肥沃程度不同，物产的丰歉不等，负担自然也就有轻重之别。可见，诸侯们在得到天子的赏赐之后，也是要尽义务的。主要有下列几项：

一是贡赋。如《周礼·天官·大宰》中有“九贡”“九赋”。《左传·昭公十三年》记载郑子产的话：“昔者天子班贡轻重以列。列尊贡重，周之制也。”与上述《周礼》的记载也相符合，即爵位高，贡就重，爵位低，贡就轻。

二是力役。周天子如有重大工程，可以征调诸侯的劳力。如《诗经·大雅·韩奕》：“溥彼韩城，燕师所完。”就是征调燕国的军队修建韩城。

三是兵役。如成王东征就调用诸侯的兵力。周幽王点燃烽火，诸侯之兵就得赶到，一直到春秋时期，勤王乃是诸侯们的义务。

四是朝聘。诸侯要定期朝王，派卿大夫到王朝叫聘。《礼记·王制》：“诸侯之于天子也，比年一小聘，三年一大聘，五年一朝。”如不朝聘就要受到惩罚，《孟子·告子下》：“一不朝则贬其爵，再不朝则削其地，三不朝则六师移之。”

五是不能随意转让土地和人民。诸侯对国土可以世袭，但必须得到天子的批准，才能即位。诸侯国内的卿大夫也必须由周王直接任命。《礼记·王制》：“大国三卿皆命于天子。”“次国三卿，二卿命于天子，一卿命于其君。”“小国二卿，皆命于其君。”

此外，西周还设立“诸监”以监督各地诸侯。江西省余干县曾出土一件青铜器应监甗，应即前述《左传·僖公二十四年》所说的“邘、晋、应、韩，武之穆也”之“应”，是武王之子，被封在应地为诸侯，而“应监”可能是派往应国的监国者①。西周青铜器仲几父簋的铭文有：“仲几父史（使）于诸侯、诸监。”这是西周时期诸侯、诸监并存的记载②。《周礼·天官·大宰》也有记载：“乃施典于邦国而建其牧，立其监。”疏曰：“每一国之中立一诸侯，使各监一国。”这些监国者由周王派到各诸侯国去，既要对诸侯国君加以监视，又要佐助他们加强对封国的管理和统治③。

在周天子直接统治的地区王畿和各诸侯国的领域均由两部分组成，一是城市，即天子和侯国的都城；一是周围的乡村，主要从事农业生产。都城又称为国，乡村又称为野。在国与野的交界处称之为郊。国之本义是指王城和国都。在王城的城郭以内叫作“国中”，在城郭以外有相当距离的周围地区，叫作“郊”或“四郊”。在“国”以外和“郊”以内，分设有“六乡”，这就是乡遂制度的“乡”。《周礼·地官·叙官》“乡老”注引郑众云：“百里内为六乡，外为六遂。”同卷“遂人”注云：

---

① 郭沫若：《释应监甗》，《考古学报》1960年1期。

② 徐中舒：《西周史论述》（上），《四川大学学报》1979年3期。

③ 耿铁华：《西周监国制度考》，《研究生论文选集·中国历史分册（一）》，江苏古籍出版社，1984年。

“遂人主六遂，若司徒之于六乡也。六遂之地，自远郊以达于畿，中有公邑、家邑、小都、大都焉。”在“郊”以外相当距离的周围地区称为“野”，在“郊”以外和“野”以内，分设“六遂”，这就是乡遂制度的“遂”（但诸侯国只有三郊三遂，即三乡三遂）。此外，卿大夫的所受封的采邑更在六遂（或三遂）之外，称为“都鄙”。就“野”的广义而言，指“郊”外所有的地区，包括“六遂”和“都鄙”。大体说来，王城连同四郊六乡，可以合称为“国”，六遂及都鄙等地可以合称为“野”①。其地域的相对距离，按《周礼·地官·载师》郑玄注引《司马法》曰：“王国百里为郊（引杜子春云：‘五十里为近郊，百里为远郊。’），二百里为州，三百里为野，四百里为县，五百里为都。”（“都”为王畿的最外缘地区，分别置大夫、卿、三公以及王子弟的采邑，这里亦统称“都鄙”。）当然这只是大概言之而已，并非真的机械地以百里为基本单位来划分的。

所以“乡”和“遂”是有“国”“野”之别的，其居民的身份也是不同的。两者可以通称为“民”，但“六遂”之民则叫作“甿”“氓”或“野民”“野人”。《周礼·地官·遂人》：“凡治野，以下剂致甿，以田里安甿，以乐昏（婚）扰甿（郑玄注：‘扰，顺也。’），以土宜教甿稼穑，以兴耡利甿，以时器劝甿（郑玄注：‘铸作耒耜钱镈之属。’），以强予任甿（郑玄注：‘强予，谓民有余力，复予之田，若余夫然。’），以土均平政。”郑玄注：“甿犹懵。懵，无知貌也。”可见“甿”是没有文化的乡下居农民，因住在野外，故又称为野人、野民或田民。甿也作“萌”。《说文解字·耒部》“耡”字下引《周礼》即作“以兴耡利萌”。《说文解字·田部》训“甿”为“田民”。《战国策·秦策》高注：“野民曰氓。”《孟子·滕文公》：“无君子莫治野人，无野人莫养君子。”赵岐在注《孟子·滕文公上》“愿受一廛而为氓”时说：“氓，野人也。”《管子·山国轨》尹注：“萌，田民也。”

“六遂”因处于在“野”的地区，被称为野人、野民，六乡因处于“国”的地区，其居民则称为“国人”。《周礼·地官·泉府》：“都鄙从其主，国人、郊人从其有司。”贾公彦疏曰：“云国人者，谓住在国城之内，即六乡之民也。云郊人者，即远郊之外六遂之民也。”野人是农业生产的主要担当者，受到国中统治者的沉重剥削。国人虽然也要分配土地，从事农业生产，但他们主要是为诸侯贵族提供兵役和劳役，享有公民权利，其地位高于野人，可以说是属于不同阶级，因此他们的社会组织也不相同。

《周礼·地官·大司徒》：“令五家为比，使之相保。五比为闾，使之相受。四闾为族，使之相葬。五族为党，使之相救。五党为州，使之相赒。五州为乡，使之相宾。”贾公彦疏曰：“大司徒注六乡，故令六乡之内，使五家为一比，则有下士为

---

① 杨宽：《西周史》第五章第一节，上海人民出版社，1999年。

比长主之，使五家相保，不为罪过。‘五比为闾’者，二十五家为一闾，立中士为闾胥。‘使之相受’者，闾胥使二十五家有宅舍破损者受寄托。‘四闾为族，使之相葬’者，百家立一上士为族师，使百家之内有葬者，使之相助益，故云使之相葬。‘五族为党，使之相救’者，五百家立一下大夫为党正，民有凶祸者，使民相救助，故云使之相救。‘五党为州，使之相赒’者，二千五百家为州，立一中大夫为州长，民有礼物不备，使赒给之。‘五州为乡，使之相宾’者，万二千五百家为乡，立一六命卿为乡大夫，乡内之民有贤行者，则行乡饮酒之礼宾客之，举贡也，故云使之相宾。”

而六遂的邻里组织不同。《周礼·地官·遂人》：“掌邦之野。以土地之图经田野，造县鄙形体之法。五家为邻，五邻为里，四里为酂，五酂为鄙，五鄙为县，五县为遂，皆有地域，沟树之。使各掌其政令刑禁，以岁时稽其人民，而授之田野，简其兵器，教之稼穑。”

六乡的组织为比、闾、族、党、州、乡，多采取聚族而居的方式，还保留一些以血统关系作为维系的纽带，带有氏族组织的残余形式。六遂的邻里组织则为邻、里、酂、鄙、县、遂，没有血统色彩，是以地域关系、邻居关系为基础组织起来。这种区别是由分封制决定的。分封是既授土又授民，所授的是受封之地的土地和居民，诸侯具有管理统治该地土地和人民的权力，其土地就是野或鄙，其人民就是当地的土著，称为野人或鄙人。而诸侯到封国去是把他的家族、亲戚和属下一起带去，住在城里和六乡之内的国中，成为国人，他们是属于外来的统治者阶层，具有一定的血缘关系。居住在六乡之内的国人也是劳动者，他们也要从事农业或手工业生产，但他们主要是负担兵役和劳役，其政治地位远高于住在六遂的土著野人①。

正因有此区别，他们所承受的负担也就不同。《孟子·滕文公上》：“请野九一而助，国中什一使自赋。”可见对野人的剥削主要是“助”，对国人的剥削主要是“赋”。助，亦作耡，也称为耤、藉或籍。孟子自己就说：“助者，藉也。”并说：“唯助为有公田。”（均见《滕文公上》）即在公田上进行无偿劳动。《周礼·地官·里宰》：“以岁时合耦于耡，以治稼穑，趋其耕耨，行其秩叙，以待有司之政令，而征敛其财赋。”耦是两人配合的耦耕，当时在公田上主要是实行耦耕的耕作方式。里宰的职责就是在农业生产季节，要督促里中的居民（野人）无偿地在公田上进行集体耕作。到底要多少人去公田上劳动呢？《周礼·地官·遂人》：“以下剂致甿。”郑玄注曰：“以下剂为率，谓可任者家二人。”即每家要出两个劳动力服役，五口之家要出工二人，其负担是很沉重的。

实际上六遂的野人所受的剥削不仅如此，除了“助”之外还有许多负担。他们

---

① 启良：《中国文明史·上古卷》第一章，花城出版社，2001年。

每家都有份地，就是《遂人》中所说“上地，夫一廛，田百亩，莱五十亩。”“中地，夫一廛，田百亩，莱百亩。”“下地，夫一廛，田百亩，莱二百亩。”这些田、莱并非白种的，也是要缴纳贡赋的。《里宰》中就说到：“以待有司之政令，而征敛其财赋。”《周礼·地官·司稼》：“巡野观稼，以年之上下出敛法。”疏曰：“谓秋熟时观稼善恶，则知年上下丰凶而出税敛之法。”这是用估产的方法来确定税赋。因是巡视“野”里之稼，所征收的对象当然也是“野”中之民。同时，还要服其他劳役，称之“野役”。《遂人》：“若起野役，则令各帅其所治之民而至，以遂之大旗致之，其不用命者诛之。”对违命者的处罚是非常严酷的。此外，“凡国祭祀，审其誓戒，共其野牲。入野职、野赋于玉府。”（《周礼·地官·遂师》）疏曰：“谓牛羊豕在六遂者，故曰野牲。”“野职，薪炭之属。”“野赋，谓民之九赋。”《周礼·地官·委人》：“掌敛野之赋，敛薪刍，凡疏材、木材，凡畜聚之物。”郑玄注曰：“所敛野之赋，谓野之园圃、山泽之赋也。凡疏材，草木有实者也。凡畜聚之物，瓜瓠葵芋，御冬之具也。”总之，野民所经营的农、林、牧、副、渔诸业，均被征敛，无一漏网。可见诸侯贵族对他们的剥削是何等之厉害，野民们的生活是十分艰难困苦的。

作为“国人”的“六乡”居民是国家的军赋、兵役和力役的主要负担者。他们也要从诸侯贵族那里领取一份土地。份地的标准就是《周礼·地官·大司徒》中所说的：“不易之地家百亩，一易之地家二百亩，再易之地家三百亩。”这些土地是位于城市的近郊，尽管有三个等级，总的来说，是要比“六遂”之民所种的土地好得多，肥料来源也较为充足。但他们不需要像“野人”那样到公田上进行无偿劳动，而是交纳军赋，即孟子所说的“国中什一使自赋。”按收成的十分之一交纳赋税，比起“九一而助”的“野人”来说负担还是较轻些。在服兵役和力役方面，“凡起徒役，毋过家一人。”（《周礼·地官·小司徒》）相对“可任者家二人”的“野人”来说，不算太过沉重。按《周礼·小司徒》所述“六乡”的军事组织是在比、闾、族、党、州、乡的基础上，每家抽一人入伍，组成伍、两、卒、旅、师、军的军事单位：“乃会万民之卒伍而用之：五人为伍，五伍为两，四两为卒，五卒为旅，五旅为师，五师为军。以起军旅，以作田役，以比追胥，以令贡赋。”于是“六乡”之民就编成“六军”，不仅用于战争，而且用于田猎和力役以及追捕寇贼，还要负责征收“六乡”的军赋。而“六遂”之“野人”则没有这个资格。此外，“六乡”之民还享有一些政治权利和教育权利。《周礼·地官·小司徒》：“凡国之大事致民”就是国家有重大事情就招致“六乡”之民参加。《周礼·秋官·小司寇》：“掌外朝之政，以致万民而询焉，一曰询国危，二曰询国迁，三曰询立君。”即国家最重要的三种大事要征求他们的意见，这是参与政治的权利。《周礼·地官·大司徒》：“以乡三物教万民，而宾兴之。一曰六德：知、仁、圣、义、忠、和。二曰六行：孝、友、睦、姻、任、恤。三曰六艺：礼、乐、射、御、书、教。”即有接受教育的权利。此外，他们还有被选拔充任基层乡吏的权利。《周礼·地官·乡大夫》："三年则大比，考其德行、道艺，而兴贤者、能者。乡老及乡大夫帅其吏与其众寡，以礼礼宾之。厥明，乡老及乡大夫群吏献贤能之书于王，王再拜受之，登于天府，内史贰之。……此谓使民兴贤，出使长之；使民兴能，入使治之。"

由此可知，作为"国人"的"六乡"之民，其政治、经济、文化的地位都要比"六遂"之"甿"高得多，虽然他们都属于平民阶级，都要从事农业生产，但后者几乎没有什么政治地位，其经济水平和文化素质也远远不如前者，其生活条件更为贫穷困苦，这些都会制约他们农业技术的发展。而前者的生活环境较好（主要是居住在国中，靠近城郭，人烟稠密，交换频繁，产品较有销路，交通方便，信息灵通，土地较肥沃，因而产量也一定较高），政治地位又较高（享有较多的人身自由），文化素质也较好，他们的劳动积极性也必然较高，较有条件去改进农具和栽培技术以提高产量，以增加自己的收入。所以，他们对当时的农业生产技术的提高也一定会起着促进作用。我们要研究西周的农业历史，是不能忽视这"六乡"之民的积极贡献的。

三、井田制

在先秦文献中，最早而又较具体谈到井田制的是《孟子·滕文公上》记载孟子向滕文公谈治国之道时说到："请野九一而助，国中什一使自赋。卿以下必有圭田，圭田五十亩，余夫二十五亩。死徙无出乡，乡田同井，出入相友，守望相助，疾病相扶持，则百姓亲睦。方里而井，井九百亩，其中为公田，八家皆私百亩，同养公田。公事毕，然后敢治私事，所以别野人也。"

这里所谓"乡田同井""方里而井""井九百亩"的"井"都是指周代所实行的井田制而言。只是过于简略，令后代的学者绞尽脑汁为之阐释而又众说纷纭。到了20世纪初期，以胡适博士为首的一些学者提出质疑，认为"井田制"纯属孟子的空想。胡适在同廖仲恺、胡汉民的通信中详细进行论述，认为："不但'豆腐干块'的封建制度是不可能的，'豆腐干块'的井田制度也是不可能的。井田的均产制乃是战国时代的乌托邦。战国以前从来没有人提及古代的井田制……我们既没有证据证明井田制的存在，不如从事理上推想当时的政治形势，推想在那种半部落半国家的时代是否能实行这种'豆腐干块'的井田制度。"① 当时的疑古派学者也普遍支持胡适的观点，后来也有不少学者赞成此说。不过至今为止，很多学者还是认为孟子所说的井田制是有所根据的，是西周时期曾经实行过的一种独特的土地制度，只

---

① 胡适：《胡适文存》一集，黄山书社，1996年，302页。

是在为滕文公设计滕国土地制度时，孟子是针对当时的具体情况提出个人的一些设想，未必全属西周的实际情形。但是如果将孟子所说与其他周代古籍的记载相对照，还是可以找到一些联系，并非全属凭空杜撰的。

也有些学者不但赞成西周有井田制，而且还认为“井田”在夏商时期也实行过，甚至是起源于原始社会末期。如金景芳先生在《中国奴隶社会史》中就认为夏代已有井田制，并说：“中国的井田制产生于原始社会末期。”吴慧先生也认为：“井田制既是客观存在的历史事实，那么这种由来久远的土地制度是从什么时候开始的呢？对此各人估计不一。个人认为，迟至原始社会末期，……井田的雏形的形成，便不是难以理解的事了。”①

井田之制是否真的起源于夏商以前的原始社会末期，因缺乏过硬的文献资料，只能是一种推论。《左传·哀公元年》曾记载伍员谈到夏朝的少康逃奔有虞时说：“虞思于是妻之以二姚，而邑诸纶，有田一成，有众一旅，能布其德，而兆其谋，以收夏众，抚其官职”。有的学者根据《周礼·考工记·匠人》所说的“九夫为井”“方十里为成”的“成”字就是《左传》“有田一成”的“成”，一井为一里，方十里为成就是百井，因而认为是“反映了夏代井田制即公社所有制的存在”②。不过这毕竟是春秋时期的文献，一时还难以定论。虽然甲骨文中的田、[illegible]、[illegible]等字似乎与“井”字有些相像，卜辞中也有耤、藉等字，有人也认为就是实行井田的证据。其实田、[illegible]、[illegible]等字只是田亩形状的象形，耤、藉等是国王祭祀仪式，而非耕作行为，与作为土地制度的“井田”，是不同性质的两件事。所以商代是否真的实行过井田也还有待更深入的研究。但是从先秦的有关文献记载来加以考察，则至少可以肯定西周确是实行过这种制度的。

要探讨井田制问题，首先还是要立足于最早提到井田的《孟子·滕文公上》那段材料。我们认为其中最关键的是“九一而助”“乡田同井”“方里而井”“井九百亩，其中为公田”“八家皆私百亩，同养公田”“公事毕，然后敢治私事”诸项，这些与传说商周曾经实行过的助法都很近似。王玉哲先生曾经将《诗经》中的有关描述与孟子的话进行对照，发现两者之间还是有些联系的。如：

> 大田多稼……以我覃耜，俶载南亩。……雨我公田，遂及我私。（《小雅·大田》）

> 倬彼甫田，岁取十千。我取其陈，食我农人。……曾孙之稼，如茨如梁。曾孙之庾，如坻如京。乃求千斯仓，乃求万斯箱。黍稷稻粱，农夫之

① 金景芳：《中国奴隶社会史》，上海人民出版社，1983年，46页。吴慧：《井田制考索》，农业出版社，1986年，5页。

② 白寿彝：《中国通史》第三卷《上古时代（上）》第五章第二节，上海人民出版社，1994年。

庆。（《小雅·甫田》）

噫嘻成王，既昭假尔。率时农夫，播厥百谷。骏发尔私，终三十里。亦服尔耕，十千维耦。（《周颂·噫嘻》）

千耦其耘，徂隰徂畛。侯主侯伯，侯亚侯旅，侯彊侯以。……有略其耜，俶载南亩。（《周颂·载芟》）

获之挃挃，积之栗栗。其崇如墉，其比如栉，以开百室。（《周颂·良耜》）

实墉实壑，实亩实藉。（《大雅·韩奕》）

王命申伯：式是南邦，因是谢人，以作尔庸。王命召伯：彻申伯土田。（《大雅·崧高》）

王玉哲先生从上述的诗篇中归纳出下列几点有关西周田制的基本内容：

第一，西周田制分“公田”和“私田”。

第二，有“大田”，又称“甫田”。

第三，农产品收获量大，可见土地所有者必然是大贵族。

第四，“千耦其耘”，田间劳动者人数众多。

第五，“百室”，表示收获者是“族”众，而不是“八口之家”的个体家庭。

第六，从事生产劳动者是“农夫”或“农人”。

第七，农夫有“庸”、有“彻”、有“助”、有“亩”、有“籍”等负担。

将这些内容与《孟子》相对照，“发现孟子说的与《诗经》所反映的西周田制有基本一致之处”。“《孟子》的这些说法，在《诗经》里都有不同程度的反映，可见有其史料价值，不能完全视为空想”①。

实际上，井田制是与分封制相联系的，也是与当时的田亩耕作技术相适应的。

分封制的最重要内容是“授土授民”。所授之土乃是封邑所在之处的土地，所授之民乃是原来就生活在该地的土著，只因换了新的统治者，他们就得为新来的老爷们服务。受封的贵族领主们携带自己的家族及属下臣吏来到封国，住在城里，不事农耕，靠当地的土著（所谓“野人”）养活。其方法是将原来的土地进行重新分配，划分成小块让“野人”去耕种，然后按一定的比例收取谷物和其他农产品。这就是孟子所说的“无君子莫治野人，无野人莫养君子”。分配的标准就是以百亩为基本单位，每个户主可以得到一百亩的份地以养家糊口，这就是每家“皆私田百亩”。条件是他们必须在贵族的公田上服劳役，进行无偿的劳动，标准是八家共同耕种一百亩公田，即所谓“同养公田”。为了保证公田上的收成，规定每当生产季节到来，八家必须先将公田上的农活干好才能回去耕种私田，这就是孟子所谓的

① 王玉哲：《中华远古史》第十四章第二节，上海人民出版社，2000年。

“公事毕，然后敢治私事”。也就是《诗经》上所说的“雨我公田，遂及我私”的意思。为了方便农夫们的耕种，这一百亩公田一般是和八家的私田连在一起，总共为九百亩，这就是“井九百亩，其中为公田”。这“其中为公田”，可以理解为“其中央为公田”，也可以理解为“其中包括公田”。这八户人家连同公田上的管理人员（如里宰之类）组成一个基层单位，就叫作井。九百亩组成一个大方块，正好等于当时一方里地，这就是“方里而井”（也有人认为“里”和“井”一样，是个基层组织单位，在其他情况下，“里”确实是个基层单位。但是细省孟子的语气，既说是“方里”，不像是基层组织的意思）。至于为什么称作“井”，一般认为是八家的私田加上一百亩公田，组成一个大的方块，中间如用田埂隔开，很像一个“井”字，而且如果将孟子所说的“其中为公田”理解为公田在正中，则和每家私田的距离相等，里宰之类的管理人员“趋其耕耨”倒是很方便的，这可以说是最理想的井田制。但是，也有人认为，“这个井也可能是‘凿井其中’八家共一汲水之井故名”①。

这种“八夫为井”公田居中的井田，可能主要是最早实行的井田制。据吴慧先生的研究，他认为在西周初期，齐国公室的直属领地和卿大夫的采地都是实行八夫为井的商代旧制，这种井田制是有公田的②。这可能是早期地广人稀，得到开发的农田都是较为肥沃的良田，其收成也大体相当，这样，把一井之中的一块地作为公田，其收入不会低于私田，对领主来说是不会吃亏的。同时，西周的田亩制度是宽一步长百步的长亩制，每百亩便形成一个整齐的方块。在农田的四周修建的排灌沟洫也是纵横相间，规划整齐，这样每九百亩地形成一个井字形的大方块，也与当时的农耕技术体系相适应（请参见第四章第二节“沟洫制度”）。因此，这种井田制也是有可能实行的。

但是这样理想的地方毕竟太少，农业生产对自然条件的依赖性太强，而自然界又是千变万化的，必须因地制宜才能获得好收成，所以，公田不可能处处都在正中地位。特别是越到后来，人口增加，开发的土地就越多，其地形和肥力的差别也越大，就不可能再那样整齐划一来规划土地。如果我们将孟子的话理解为“其中包括公田”的意思，也许会更符合实际。《穀梁传·宣公十五年》在谈到“初税亩”时就说：“井田者，九百亩，公田居一。”所以我们也可以将孟子所说的井田制理解为每八家要共同负担一百亩公田的劳役，而这百亩公田不一定就处在正中央的位置，只要在私田的附近就可以。特别是当时的土地并非到处都是上等良田，而是有不易之地、一易之地和再易之地之分，那么当有的农夫分到的是一易或再易之地时，就

---

① 吴慧：《井田制考索》，农业出版社，1985年，146页。

② 吴慧：《井田制考索》，农业出版社，1985年，31页。

不可能出现井字形大方块的井田，这种情况下的公田就更不可能是在正中位置了。所以《穀梁传》的“公田居一”的说法应该是有根据的。

在王畿之内的乡遂实行井田制时，则与此不同，只有私田而没有和私田掺在一起的公田，这是因为王畿之内的公田就是王室的“藉田”，这些“藉田”的面积很大（如《诗经》中的“大田”“甫田”），都是上等良田，耕种时要抽调大量的农夫去助耕（如“千耦其耘”“十千维耦”），这样就无须再设立分散的公田。因此，郑玄在注《周礼·考工记》时就说：“周制，畿内用夏之贡法，税夫无公田。”

井田制更多的是在远离王畿都邑三四百里的都鄙实行。这里是卿大夫采地，卿大夫受领采邑“以处其子孙”，可以世袭。采邑主留出部分土地和民众作为“宗邑”，传给嫡长子，其余土地则分给兄弟和诸子。显然，这里的土地其肥瘠差别程度更为悬殊，更无可能将公田都设在私田的正中。贵族们更愿意将上等良田留给自己作为公田，而将较差的土地分给“野民”们作为私田。这样，公田就不设在井田之中，而是在私田之外的地方。但是原来的井田是按九百亩规划的，其中多出原来作为公田的一百亩，就分配给另一户“野民”耕种，这样一来，原来的八户人家就变成九户了，“八夫为井”，也就变成了“九夫为井”。《周礼·地官·小司徒》：“乃经土地，而井牧其田野。九夫为井，四井为邑，四邑为丘，四丘为甸，四甸为县，四县为都，以任地事，而令贡赋，凡税敛之事。”郑玄注曰：“此谓造都鄙也。采地制井田，异于乡遂。”又说：“今造都鄙，授民田，有不易，有一易，有再易，通率二而当一，是之谓井牧。”可见都鄙之地，土地分配比较复杂，每家分到的土地面积并不相等，有分到一百亩的不易之地，有分到二百亩的一易之地，也有分到三百亩的再易之地。因此，每一“井”的土地面积和形状是各不相同的，不能形成“豆腐干块”土地布局，自然也就不可能出现井字形的局面。所以我们如果将“九夫为井”之“井”理解为都鄙野外的农村基层单位，也许更符合于历史的实际情况。

随着时代的发展，井田制也在发生变化。随着人口的增多，荒地的开垦，生产力的发展，以及阶级力量对比的变化，农夫们对公田的耕种越来越没有积极性，导致公田收成的下降，就出现“无田甫田，维莠骄骄”，“无田甫田，维莠桀桀”（《诗经·齐风·甫田》）的“公田不治”“田在草中”现象。领主们就不再叫农夫们去公田上劳动，而是将公田分给农夫们直接耕种，按一定比例收取谷物。这样不但是“八夫为井”改为“九夫为井”，有的地方甚至改为“十夫为井”。如《论语·公冶长》的“十室之邑，必有忠信如丘者”和《穀梁传·庄公》的“十室之邑，可以逃难”。邑就是里，《说文解字》：“里，居也。从土从田。以因土田而制邑，故谓之里也。”因为取消了公田，改为征收租税，一井之内户数就可因地制宜地有所变化。有的地方可以多到二十五家为一里，如《周礼·地官·遂人》：“五家为邻，五邻为里。”最终就导致井田制的崩溃。这个过程发生在西周末年到春秋之间，因此春秋各国都相继对赋税制度进行变革。如齐桓公时（前685—前645）实行“相地而衰征”（《国语·齐语》）。鲁宣公十五年（前594）实行“初税亩”（《左传·宣公十五年》）。郑国简公二十八年（前538）“作丘赋”（《左传·昭公四年》）。鲁哀公十二年（前483）“用田赋”（《左传·哀公十二年》）等，井田制也就退出历史舞台了。以致到了战国时期，滕文公要向孟子来请教，而孟子自己在回答滕文公之后，也不得不说“此其大略也”。而且还可以“润泽之”。连大儒孟子都只能是说个大概，可见战国时期井田绝迹，人们对井田制已经不甚了了。

第二节　赋税制度

夏商时期的赋税制度，至今未能详细了解，“文献不足故也”（《论语·八佾》）。人们谈论三代的赋税，往往引用孟子的话：“夏后氏五十而贡，殷人七十而助，周人百亩而彻，其实皆什一也。”（《孟子·滕文公上》）然而何谓贡、赋、彻，历来也是众说不一。虽然学者们经过长期的努力，也只能勾画出一个大体轮廓而已。

一、夏商的税制

农业是古代最重要的生产部门，农产品是国家财政收入的主要来源。因此当时最主要的税赋就是土地税，或称为田税。夏代的田税就是《孟子》所说的“夏后氏五十而贡”。赵岐注：“民耕五十亩，贡上五亩。”《说文解字》：“贡，献功也。”《初学记》卷二〇：“《广雅》云：‘贡，税也，上也。’郑玄曰：‘献，进也，致也，属也，奉也，皆致物于人，尊之义也。’按《尚书》：‘禹别九州，任土作贡。’其物可以特进奉者曰贡。”《周礼·夏官·职方氏》：“制其贡，各以其所有。”郑玄在注《周礼·冬官·匠人》时说：“夏之贡法，税夫无公田。”“贡者，自治其受田，贡其税谷。”可见贡就是农户将劳动所得献纳于上，而无须到公田上劳动。因此孟子所言就是每个农户耕种公家50亩地，要缴纳5亩地上的收获作为贡赋，十分取一，即所谓“皆什一也”的十一而税。但是这十分之一是如何确定的呢？按《孟子·滕文公上》的说法是：“贡者，校数岁之中以为常。乐岁，粒米狼戾，多取之而不为虐，则寡取之。凶年，粪其田而不足，则必取盈焉。”就是根据若干年的收成情况，取其平均年产量的十分之一定为税额，不管以后年成好坏都不变更。当然，根据农田离王畿的远近，其缴纳的贡物也不一样。《尚书·禹贡》说到：“五百里甸服：（孔安国传：‘规方千里之内谓之甸服。为天子服治田，去王城面五百里。’孔颖达疏曰：‘甸服去京师最近，赋税尤多，故每于百里即为一节。’）百里赋纳緫，（传曰：‘甸服内之百里近王城者。禾稿曰緫，入之供饲国马。’疏曰：‘禾穗与稿，緫皆送之。’）二百里纳铚，（传曰：‘铚，刈，谓禾穗。’）三百里纳秸服（传曰：‘秸，稿也，服稿役’。疏曰：‘盖纳粟之外，斟酌纳稿。’）四百里粟，五百里米。（传曰：‘所纳精者少，粗者多。’疏曰：‘直纳粟米为少，禾稿俱送为多。其于税也皆当什一，但所纳有精粗，远轻而近重耳。’）”也就是根据农田距离王城的远近，所缴纳的贡物也有所区别，距离近的既缴纳谷物也缴纳秸稿，距离远的则缴纳谷穗或者谷粒或者米粒，越远越轻但也越精。不过，总的来说都是十分取一，其负担还是相当重的。这种贡法与《孟子》中所说的“校数岁之中以为常”的办法还是不同，因此学者们多认为《孟子》所说的贡法是战国时期的情况，而非禹之贡法。清代学者阎若璩就引胡谓之说：“乃战国诸侯之贡法，非夏后氏之贡法也。”①

夏代的生产工具是以木石农具为主，依靠集体耕作方式进行生产，生产力低下，收成也是听天由命，极不稳定，不具备实行定额地租的客观条件，更不可能实行比商代还要进步的赋税制度。因此有的学者认为，夏代征收田税的形式应当是类似商朝的“助”法。所谓“助”法，按孟子自己的说法就是：“助者，藉也。”“惟助为有公田。”（《孟子·滕文公上》）赵岐注曰：“藉，借也，借民力而耕公田之谓也。”《礼记·王制》：“古者公田藉而不税。”郑玄注曰：“藉之言借也，借民力治公田。美恶取于此，不税民之所自治也。”在《周礼·冬官·匠人》注文中又说：“殷之助法，制公田，不税夫。”用现代经济学的术语来说，“‘助’法是采取力役形式的田税，是以实施有公田与私田（份地）之别的土地占有制度为前提的。劳动者被强制地集中在公田上进行集体劳动，公田所获就是这些劳动者的集中性剩余劳动的物化表现。”②

卜辞中有“耤”的记载：

甫耤于姷，受年。（《殷虚文字乙编》上 3212）

丁酉卜，㱿贞，我受其苗耤才姷年。（《殷虚文字乙编》上 3154）

己亥卜，王往雚耤，征往。（《殷虚文字甲编》3420）

辛丑贞，□□人三千耤。（《殷契粹编》1299）

虽然这里的耤是商王在举行祭祀仪式的名称，但是这是在为祈求丰收而举行的祭祀，并且有时要动员多达 3 000 的人马，当非仅为象征性的活动。实际上是借祭祀之机进行集体耕作，这 3 000 人马肯定是征调来进行无偿劳动的，其耤田上的收获当然也是全部归商王所有，所以这里也是在“借民力而耕公田”。推论贵族领地中也是会如此征调民力的。因此，孟子说商代实行“助”法当是可信的。而夏代的生产力不可能比商代进步，其田税的征收也应该是与商代差不多的。联系《夏小

① 阎若璩：《四书释地三续·龙子曰》。

② 郑学檬：《中国赋役制度史》第一编第一章第二节，上海人民出版社，2000 年。

正》的“农率均田”“初服于公田”等记载，夏代实行“助”法应该是更为可信。

当然这种征调决不会是毫无节制的，必然是会按一定的比例来决定的。这就是孟子所说到“夏后氏五十而贡，殷人七十而助。”赵岐注曰：“民耕五十亩，贡上五亩。耕七十亩者，以七亩助公家。”都是十一而税。超过这个限度，劳动者的生存就会出现问题。

不过实际上农民们的负担并不仅此而已。如《尚书·禹贡》中记载的夏朝贡纳制度，各地还要进贡许多土特产品。如兖州“贡漆丝”，青州“贡盐、絺、海物维错”及丝、枲，徐州“贡惟土五色”及水产，扬州贡“齿、革、羽、毛、木、卉服”，荆州贡“羽、毛、齿、革”，豫州贡“漆、枲、絺、纻”，梁州贡“熊、罴、狐、狸、织皮”，等等，这些负担最终都要落在农民的身上。

此外，商王朝还要征调大量的民力用于军事、田猎、建筑、造舟车、搞运输等，这些征役没有一定的时间和数量限制，而又无法抗拒，因此农民们的力役负担也是非常沉重的。

二、西周的税制

西周实行的是彻法。《孟子·滕文公上》：“周人百亩而彻。”又说“《诗》云：‘雨我公田，遂及我私。’惟助为有公田。由此观之，虽周亦助也。”说明西周是彻、助兼施的。“助”已如上述，“彻”则因为孟子只说了一句含含糊糊的：“彻者，彻也。”没有具体阐述，因而后人也有几种解释：

赵岐在注《孟子·滕文公上》时云：“耕百亩者，彻取十亩以为赋，虽异名而多少同，故曰皆什一也。彻犹人彻取物也。”

郑玄在注《论语·颜渊》曰：“周法，什一而税，谓之彻。彻，通也，为天下通法。”在《诗经·大雅·公刘》“度其隰原，彻田为粮”作笺时也说：“度其隰与原田之多少，彻之使出税以为国用。什一而税谓之彻。”

《广雅·释诂》：“彻，税也。”

朱熹《孟子集注》云：“周时，一夫授田百亩。”“耕则通力合作，收则计亩而分，故谓之彻。……彻，通也，均也。”

毛奇龄《四书賸言》：“周制彻法但通贡助，大抵乡遂用贡法，都鄙用助法，总是什一。”

毛奇龄《论语稽求》：“彻与助无别，皆什一法。改名彻者，以其通贡助而言也。”

金鹗《求古录礼说》卷一一《周彻法名义解》：“助、彻皆从八家同井起义，借其力以助耕公田，是谓之助；通八家之力共治公田，是谓之彻。”“《孟子》云：‘八家同养公田’，同养者，通共治之谓也。”

崔述《崔东壁遗书·王政三大典考·三代经界通考》：“按彻也者，民共耕此沟间之田，待粟既熟，而后以一奉君，而分其九者也，是故无公田无私田。助也者，民各耕所受之田而食其粟，而别为上耕其田以代税者也，是故有公田，有私田。彻自彻，助自助，判然不能相兼。……通其田而耕之，通其粟而析之，之谓彻。”“同沟之田，十夫共耕之，民固未尝自私其百亩也。所谓以一奉君，而以其九分于民者，粟之数耳。”

姚文田《求是斋自订稿》：“彻之名义……似彻取之义，尤为了当，然其制度何若，终不能明。惟《周礼·司稼》云：‘巡野观稼，以年之上下，出敛法。’是知彻无常额，惟视年之凶丰。……谓之彻者，直是通盘核算，犹彻上彻下之谓。”

白寿彝主编的《中国通史》在归纳了上述各种意见之后，认为“彻”字多次见于《诗经》。如：

> 《大雅·公刘》：“彻田为粮。”毛传：“彻，治也。”
>
> 《豳风·鸱鸮》：“彻彼桑土。”毛传：“彻，剥也。”
>
> 《大雅·江汉》：“彻我疆土。”毛传：“治我疆界于天下。”
>
> 《大雅·嵩高》：“彻申伯土疆。”毛传：“彻，治也。”郑玄笺：“治者，正其井牧，定其赋税。”

这些“彻”字都是作为动词，而且都与“土”“田”“疆”连在一起，特别是《公刘》中的“度其原隰，彻田为粮”，明显是种周人的治田法。郑玄笺中所说的“什一而税谓之彻”应较为正确，并推论：“彻字，似是周族的一种方言，就是彻取公社土地的十分之一作为‘公田’，谓之彻。”①

有的经济史学者则认为，如果将“彻”仅理解为“取公社土地的十分之一作为公田”，则与“助”没有区别，似乎不符合孟子的原意。觉得崔述所谓的“共耕分粟”指出彻法在耕作季节与收获季节的区别，具有启发性。有的学者则赞同朱熹的说法，主张把“彻”字训为“通”，理解为“通公私”之义，即打破公田与私田的固定界限，先由生产者在耕作季节统一经营，到收获之际才把一部分田地划为当年的公田，其上的农产品便成为税物。这种彻法乃是由于生产力的发展和直接生产者阶级意识的萌发，“民不肯尽力于公田”，统治者被迫采取的使田税从力役形态向实物形态转化的过渡方式。这种“耕则通力合作，收则计亩而分”的论点，既肯定“彻”与“助”一样表现为力役形态，又指出二者在时间与空间上的区别，比较符

---

① 白寿彝：《中国通史》第三卷《上古时代（上）》第五章第三节，上海人民出版社，1994年。

合孟子的表达方式，“不失为是一种机智的见解”①。

如此，“彻”与“助”还是有所区别的，因此才会建议在“野”实行“助”法，在国中实行“彻”法，即“请野中九一而助，国中什一使自赋”。“野”外是被统治的当地土著，实行原始的力役。国中居住的是周族同宗的公民“国人”，逐渐从劳役地租向实物地租过渡，可以说是种进步。

但是并非所有地方都是实行什一而税，而是根据地之远近有所区别的。如《周礼·地官·载师》：“凡任地，国宅无征，园廛二十而一，近郊十一，远郊二十而三，甸稍县都皆无过十二，唯其漆林之征二十而五。”郑玄注：“征者，税也。郑司农云：任地，谓任土地以起税赋也。”除了园圃因为“少利”只二十税一，从近郊开始逐渐加重，即越远税赋越重，最远的甸稍县都高达十分税二。其原因郑玄说是“周税轻近而重远，近者多役也。”就是近处征调力役方便，经常要服役，故税赋要轻些。边远地方征调力役不方便，因少服役就得多缴纳租税。至于漆林之税特别重，达二十税五，其原因据贾公彦疏的解释是因为“此其漆林之税特重，以其漆林，自然所生，非人力所作故也。”

可见西周的农民除了田税之外，还有力役的负担。当时“国”中的“六乡”之民和“野”外的“六遂”之民，都要承担兵役或力役。兵役及军赋主要由“六乡”农民来承担。他们平时要服役组成军队建制，听从政府的调遣。《周礼·地官·小司徒》：“乃会万民之卒伍而用之。五人为伍，五伍为两，四两为卒，五卒为旅，五旅为师，五师为军，以起军旅，以作田役，以比追胥，以令贡赋。”即五人为基本单位，故叫作伍，二十五人为两，一百人为卒，五百人为旅，二千五百人为师，一万二千五百人为军。他们的任务是当兵打仗（“以起军旅”）、参加贵族的田猎和服劳役（“以作田役”）、捕捉盗贼（“以比追胥”）和缴纳军赋（“以令贡赋”）。

其征兵的标准是：“上地之家七人，可任也者家三人。中地家六人，可任也者二家五人。下地家五人，可任也者家二人。凡起徒役，毋过家一人，以其余为羡，唯田与追胥竭作。”（《周礼·地官·小司徒》）根据注疏的解释就是耕种“上地”之家，出一人为正卒，二人为羡卒。耕种“中地”之家，两家共出二人为正卒，三人为羡卒。耕种“下地”之家，出一人为正卒，一人为羡卒。正卒为正式兵役，羡卒则担任田猎和地方治安②。

服兵役者是成年男子，其年龄规定为：“以岁时登其夫家之众寡，辨其可任者。国中自七尺以及六十，野自六尺以及六十五，皆征之。其舍者，国中贵者、贤者、

① 郑学檬：《中国赋役制度史》第一编第一章第二节，上海人民出版社，2000年。洪钢：《“彻”法卮言》，载《中国古代财政史研究（夏、商、西周时期）》，中国财政经济出版社，1990年，481～490页。

② 韩连琪：《周代的军赋及其演变》，《文史哲》1980年3期。

能者、服公事者；老者、疾者，皆舍。”（《周礼·地官·乡大夫》）贾公彦疏：“七尺谓年二十。”“六尺谓年十五。”可知国中服役的年限是从20岁到60岁，而“野”里的年限是从15岁到65岁。此外，国中的贵者、贤者、能者、服公事者等皆不用服兵役。可见“野”里的农民的力役负担要比“国”中农民沉重得多了。

三、春秋的税制

由于生产工具的改进，农耕技术的发展，使得农作物的产量进一步提高，农民们对自己私田上的生产更加关心、尽力，而“不肯尽力于公田”（《公羊传·宣公十五年》何休注），导致出现“公田不治”（《汉书·食货志上》）的局面，因此西周末年，已经出现井田制崩溃的现象，到了宣王即位时，只好宣布废除籍田礼仪，这就是《国语·周语上》所记载的“宣王即位，不籍千亩”。即不再征调大规模农民到周王的籍田上进行无偿劳动，而是将土地分给他们去耕种，然后直接收取一定量的谷物。进入春秋时期，各国都纷纷进行改革。其中在田税方面的改革以鲁国最为有名。

《公羊传·宣公十五年》：“初税亩。初者何？始也。税亩者何？履亩而税也。”何休注曰：“时宣公无恩信于民，民不肯尽力于公田，故履践案行，择其善亩谷最好者，税取之。”宣公十五年是前594年，初税亩标志着鲁国正式废除公田、私田之分，实行按亩收取实物税，这是我国赋税制度史上的一个大变革，具有重大意义。

在此之前，齐桓公在位期间（前685—前643）任用管仲为相，实行变革，其中之一就是“相地而衰征”（《国语·齐语》）。韦昭注曰：“相，视也。衰，差也。视土地之美恶及所生出，以差征赋之轻重也。”《管子·大匡》记载：“桓公践位十九年，弛关市之征，五十而取一。赋禄以粟，案田而税。二岁而税一，上年什取三，中年什取二，下年什取一。岁饥不税，岁饥弛而税。”案田而税，就是“相地而衰征”，就是根据土地的肥沃程度来征收军赋的。本来“赋”在西周是指兵役，农民只服兵役，而不负担军需品。《周礼·地官·小司徒》详细记载了西周的征兵制度，其中并无征发车马及兵器的记载。所以郑玄在注中说：“赋谓出车徒，给徭役也。”但是到了春秋时期就将本来由王室和邦国负担的军赋摊派到农民身上，其办法就是按田亩来征收。

这一现象并不限于齐国。晋国在鲁僖公十五年（前645）进行“作爰田”和“作州兵”。“作爰田”也叫“作辕田”。《左传·僖公十五年》：“晋于是乎作爰田。”《国语·晋语三》作“辕田”，贾逵注：“辕，车也。以田出车赋。”① 《左传·僖公十五年》：

---

① ［清］洪亮吉：《春秋左传诂》卷三。

“晋于是乎作州兵。”《国语·晋语三》：“若征缮以辅孺子，以为君援，……众皆悦焉，作州兵。”韦昭注：“征，税也。言当赋税以缮甲兵，辅子圉以为君援。”可见，作州兵既是改易兵制，也是改革军需品的征收办法，也是要按田亩来收取的。

鲁国在实行“初税亩”之后，于成公元年“作丘甲”。《穀梁传·成公元年》：“三月，作丘甲。作，为也。丘为甲也。”注：“使一丘之民皆作甲。”“作丘甲”就是以丘为单位征收军需品。一丘为十六井，《周礼·地官·小司徒》：“九夫为井，四井为邑，四邑为丘。”所出的军需品是“有戎马一匹，牛三头，是曰匹马丘牛”①。

哀公十二年（前483），鲁国又“用田赋”。《公羊传·哀公十二年》：“春，用田赋。何以书？讥。何讥尔？讥始用田赋也。”何休注：“田，谓一井之田。赋者，敛取其财物也。言用田赋者，若今汉家敛民钱，以田为率矣。”看来“用田赋”是将原来“作丘甲”的以丘为单位改为以井为单位来征收军赋，缩小了起征单位，也就扩大了征收对象。

楚国于襄公二十五年（前548）进行“量入修赋”的军赋改革。《左传·襄公二十五年》：“楚蒍掩为司马，子木使庀（治）赋，数甲兵。甲午，蒍掩书土田，度山林，鸠薮泽，辨京陵，表淳卤，数疆潦，规偃猪，町原防，牧隰皋，井衍沃。量入修赋，赋车籍马，赋车兵、徒兵、甲楯之数。既成，以授子木。”蒍掩整治军赋的办法是划分山林、薮泽（湖泊沼泽）、京陵（丘陵）、淳卤（盐碱地）、疆潦（刚硬易潦之地）、偃猪（陂塘）、原防（堤防间地）、隰皋（下湿之地）、衍沃（平原）9种土地，按其收入多寡分别确定其征赋的数量。军赋征取的内容包括士卒、车马、兵器。征取时以平原井田为标准单位，其他土地都折算成相当的井数②。

郑国则是在襄公三十年（前543）由子产主持进行田制改革。《左传·襄公三十年》：“子产使都鄙有章，上下有服，田有封洫，庐井有伍。”“田有封洫”就是整理土地经界沟洫，“庐井有伍”是调整原来井田中农民的土地庐舍。子产的改革遭到民众的反对，说他“取我衣冠而褚之，取我田畴而伍之。熟杀子产，吾其与之。”《吕氏春秋·乐成》作“我有衣冠而子产贮之”。杨宽先生认为“贮”是财产税③。“伍”字《吕氏春秋·乐成》作“赋”，可知“伍”是“赋”的借字。因此子产的改革是与田制赋税有关，应该也是“履亩而税”。实践证明子产的改革是成功的，三年之后，民众用歌颂他：“我有子弟，子产诲之。我有田畴，子产殖之。子产而死，

---

① ［清］洪亮吉：《春秋左传诂》卷三。

② 李学勤：《论掩治赋》，《江汉论坛》1984年3期。

③ 杨宽：《古史新探》，中华书局，1965年。

谁其嗣之?”五年之后，“郑子产作丘赋”（《左传·昭公四年》）。杜预注曰：“丘，十六井，当出马一匹，牛三头。今子产别赋其田，如鲁之田赋。”孔颖达疏指出：“又别赋其田，使之出粟，若今输租，更出马一匹、牛三头。是一丘出两丘之税。”

由此亦可了解春秋列国的军赋改革都与田制相关，因公田不治，井田崩溃，政府财政日益困难，不得不先后对军赋进行改革，民众除服兵役之外，还要缴纳军费。“赋”在西周本是指兵役，并非征收军需品。春秋之后就只指军费而言。其征收办法也由按地区（丘、井等）征收，进而分配到户，按丁口征收。政府因“一丘出两丘之税”而增加收入增强国力，然而民众却也因此而加重了经济负担。不过从中也反映了此时由于铁农具的使用和牛耕的推广，精耕细作的农耕技术体系日趋成熟，农民已有可能去开垦更多的荒地，单位面积产量也较前提高，可以提供更多的剩余产品，因此政府才有可能增加剥削量。

第三节　农业生产水平与农民的生活水平

一、农业生产水平的估计

上古时代的农业生产水平到底如何，由于史料的缺乏，实在是难以估计的。只能从生产工具、农耕技术、农作物种类、土地、人口等方面加以综合考察，推论当时的劳动力水平和土地生产率的大概情况。其中最关键的是看当时一个劳动力能耕种多少土地和同一单位面积土地能生产多少农产品。

《孟子·滕文公上》记载孟子谈到夏商周三代的税赋时说到：“夏后氏五十而贡，殷人七十而助，周人百亩而彻，其实皆什一也。”赵岐注曰：“民耕五十亩，贡上五亩。耕七十亩者，以七亩助公家。耕百亩者，彻取十亩以为赋。”这说明夏代之时，每户农家只能耕种 50 亩田地，殷代能够耕种 70 亩，到了西周就可以耕种 100 亩田地。上古时期，地广人稀，越古土地越多，因此绝不是夏商时期土地不够分配，只能是开垦能力有限的问题。也就是说，夏代时候，农具简陋，技术落后，每户农家只能耕种 50 亩地。到了商代，耕垦土地的能力有所提高，每户农家可以耕种 70 亩地。而西周时期的农民，由于农具的改良和技术的进步，耕垦农田的能力即达到每户 100 亩的水平。相应的，领主贵族的剥削量也随之加大，虽然仍然是什一而税，但其剥削的绝对量增大了，即农民的剩余产品比以前增多了，社会就是这样随之进步的。

古代农田的分配是按“夫”分配的，如“一井九夫”“一夫百亩”等。“夫”是一家的户主，他所受的田实际上是一家的田，因此这 100 亩的田并非只是一人耕种，通常是全家人耕种，一般情况下应该是夫妻两人，或者是父子两人是主要劳动力。所以，“一夫百亩”不是表示一个劳动力能够耕种100亩田，而是只能耕种50亩田。《周礼·地官·小司徒》：“乃均土地，以稽其人民而周知其数。上地家七人，可任也者家三人；中地家六人，可任也者二家五人；下地家五人，可任也者家二人。”郑玄注曰：“有夫有妇然后为家，自二人以至于十，为九等，七六五者为其中。可任，谓丁强任力役之事者。出老者一人，其余男女强弱相半，其大数。”可见当时大多数家庭为五至七人，除掉一个丧失劳动力的老人，平均有一半人可以服力役，所以七人之家有三个男丁，六人之家平均有两个半男丁，五人之家有两个男丁。能服兵役之男丁，肯定是强劳动力，所以这条材料可以反映当时农家的劳动力情况。

同时，这条材料也说明，同是100亩地，肥沃的“上地”所生产的粮食可以养活七口之家，贫瘠的“下地”所生产的粮食只能养活五口之家，其亩产量是不一样的。由于七口之家比五口之家多一个劳动力，对土地进行精耕细作的水平也就可能更高一些，因而也会促进产量的提高以养活更多的人口。从先秦的文献记载来看，当时家庭人口平均为五人，所以经常以“五口之家”作为代表。如《汉书·食货志》引用战国时期李悝所说的：“今一夫挟五口，治田百亩。岁收亩一石半，为粟百五十石。除十一之税十五石，余百三十五石。食，人月一石半，五人终岁为粟九十石，余有四十五石。石三十，为钱千三百五十。除社闾尝新春秋之祠用钱三百，余千五十。……”这是一段著名的材料，经常为学者们所引用。这五口之家，如果按《周礼·小司徒》的标准，只能分到“下地”，则“岁收亩一石半”应该是当时最低水平，因而具有代表性。当时人们的口粮是“人月一石半”，即是一亩的产量，而人们的口粮古今变化不是太大，可以作为比较的一个尺度。

不过，《管子·禁藏》也有一段话：“食民有率，率三十亩而足于卒岁，岁兼美恶，亩取一石，则人有三十石。果蓏素食当十石，糠秕六亩当十石，则人有五十石。布帛麻丝，旁入奇利，未在其中也。故国有余藏，民有余食。”这里每人分到的田是30亩，五口之家就是150亩，亩产只有一石，每人每年平均食粮30石，即30亩田的产量。据吴慧先生的研究，这里的亩比上述李悝所说的亩面积要小。《礼记·王制》：“古者以周尺八尺为步，今以周尺六尺四寸为步。古者百亩，当今东田百四十六亩三十步。”郑玄注曰：“古者百亩，当今百五十六亩二十五步。”则《管子·禁藏》所说的亩，只合周亩0.64亩，150亩仍合周亩一百来亩，亩产还是一石半①。可见亩产一石半确实具有代表性。

由此亦可知古代的亩在不同时候不同地区是有差别的。从《礼记·王制》所说的“古者以周尺八尺为步，今以周尺六尺四寸为步”来看，周代最早实行的应是

① 吴慧：《中国历代粮食亩产研究》，中国农业出版社，2016年，67页。

“八尺为步”的亩制，即八尺为步，百步为亩。但是周尺一尺究竟是多长，学术界也有不同的意见。吴慧先生综合各家意见及个人研究心得，结论是周尺一尺为19.7厘米。八尺为步，则一步为长157.6厘米，一百方步为248.38米^2，约合今0.3726市亩（一市亩为666.6米^2），这是周亩最早的面积。那么，“一夫百亩”就是37.26市亩。以五口之家两个劳动力计算，每个劳动力能够耕种18.63亩。这是西周的农业劳动力的平均水平。

商代的尺小于周尺。河南安阳曾出土两支象牙尺，一支实测长15.78厘米（中国国家博物馆藏），一支实测长15.8厘米（上海博物馆藏）。与周尺（19.7厘米）相比，则商尺约等于周尺的8寸（19.7×0.8＝15.76厘米）。可知如果商代也是“八尺为步”“步百为亩”的话，则商代的亩只有周亩的64％，商代的百亩只相当于周亩64亩。或者说周代的百亩相等于商亩156亩多，这正与《礼记·王制》说“今以周尺六尺四寸为步。古者百亩，当今东田百四十六亩三十步”，以及郑玄注中所说的“古者百亩，当今百五十六亩二十五步”基本相合。所谓东田，据吴慧先生考证是指使用商尺的东方之国的田亩，主要是齐国地区，因为商人遗民多住在这里，周灭商后没有改变其原来的许多制度，保留了商代的习俗，所以“东田”就是按商尺计亩，但是周代是实行“一夫百亩”的井田制，所以按商尺就是约“百四十六亩三十步”或“百五十六亩二十五步”①。由此，我们可以推论商代亩也是如此，其面积只有周亩的64％。如果商代也实行“一夫百亩”的话，其面积只有23.84市亩，也按每家两个劳动力计算，每个劳动力耕种11.92市亩。如果商代真的如孟子所说是实行“七十而助”，则每户只能分到16.69市亩的土地，每个劳动力只能耕种8.35市亩的土地。这是商代农业劳动力的平均水平。

夏尺多长因没有实物可测，难以确定。如按明朱载堉《律吕精义》中所说“商尺去二寸为夏尺。”则夏尺只有商尺的8寸长。那么夏代的百亩相当于19.07市亩，按每家两个劳动力计算，每个劳动力耕种9.54市亩土地。如果夏代真的如孟子所说的“五十而贡”的话，则每户只有9.54市亩，每个劳动力只能耕种不到5市亩的土地。

当然，这种计算只是一种假设而已，不一定就符合历史实际。不过，由此似乎也可以看出一点趋势来。即夏代每个劳动力耕垦的土地有限，说明其农具简陋，生产力低下，每户最多只能耕种9.54～19.07市亩土地。随着农具的改进和生产力的提高，商代每户农民就可以耕种16.69～23.84市亩土地。至周代则可以耕种37.26市亩。至少从相对意义来说，由“五十而贡”“七十而助”到“百亩而彻”，与生产力发展的进程是相一致的，说明夏商周三代的农业生产水平是在逐步提

① 吴慧：《中国历代粮食亩产研究》，中国农业出版社，2016年，7页。

高的。

上述《汉书·食货志》和《管子·禁藏》所述“岁收亩一石半”计算，据吴慧先生研究，这“亩一石半”合今一市亩205.8市斤[①]，如果吴慧先生的估计不会过高的话，西周每个劳动力可耕种18.63市亩土地，则最多可以生产3 834市斤粮食(粟)。至于夏商因无亩产记载，无法猜测，但可以想象生产技术落后的商代的亩产量一定比西周低，而夏代又要更低些。而夏商又是“五十而贡”“七十而助”，则其粮食总产量肯定小得多。除了贡纳之后，恐怕没有多少粮食来养活一家大小。因此夏商时期采集、狩猎、捕捞经济占很大比重，也是必然的现象。

二、农民的生活水平与负担

夏商时期的农民生活状况，因文献缺乏，难道其详。仅从卜辞中窥测商代农民的生活是相当艰苦的。商代的农民的主体是当时农业生产的主要担当者的“众”“众人”。他们是与商王同姓的族人，具有一定的人身自由，享有一定的政治权利，其地位要比毫无人身自由及个人财产的奴隶好得多。在实行“七十而助”的商代，他们从贵族领主那里领取一份私田进行农业生产以养家糊口，但必须到“公田”上进行无偿劳动，大体上是每户耕种70亩，就要为公家耕种7亩“公田”。这种公田有时也叫“耤田”或“籍田”，是直接归商王经营。在籍田上进行的劳动有时也叫“劦田”，卜辞有“□□卜，㱿贞，王大令众人曰劦田，其受年，十一月。”（《殷虚书契续编》2.28.5）又如：

> 王往氐众黍于冏。（《殷虚书契前编》5.20.2）
>
> 贞，叀小臣令众黍，一月。（《殷虚书契前编》4.30.2）
>
> 贞，惟吴呼小众人臣。（《甲骨续存》476）
>
> 丙辰卜，争贞：呼耤于隹，受有年。（《殷虚文字乙编》4057）

其中的冏、隹是地名，黍是动词，即令众人到冏地去种黍，到隹地去耤田。因为是到公田上去集体耕作，需要有人管理督促，这些管理人员就是“小臣”“小众人臣”等。

除了参加耤田，众人还要参与王室贵族们的田猎活动。卜辞有：“贞，呼众人［逐］麋……”（《殷虚文字甲编》3538）“贞，其令马亚射麋？贞，其又众?”（《殷虚文字甲编》2695）就是召集众人去射猎麋鹿。

众人也经常被征调去打仗。如卜辞有：“贞：王勿令卓氏众人伐吕方。”（《殷虚书契后编》上16.10）“丁未卜，争贞：勿令卓氏众伐吕［方］。”（《殷契粹编》

① 吴慧：《中国历代粮食亩产研究》，中国农业出版社，2016年，139页。

1082）这是商王要命令卓族长召集其众去征伐吕方的占卜。

众人还要服劳役为商王建筑宫室。如卜辞“甲午，贞：其令多尹作王寝。”（《殷虚书契续编》6.17.1）“尹”是族长，卜辞的意思就是很多族长率领众人来建筑王寝。

众人又要被征调去修筑城墙。如卜辞“立众……立众人……立邑墉商……”（《殷虚文字缀合》30）墉是城墙，这是征调众人去修筑商的城墙。

此外，还要贡纳许多物品给商王。如卜辞“氐刍其五百。”（《殷虚文字乙编》6896）“卓氏新鬯。”（《殷虚书契续编》4.15.1）“贞晏乎取白马，氐?”（《殷虚文字乙编》5305）贡纳的有饲草、香酒、白马和牛等。

由此可见，商代农民的负担是十分沉重的，其生活状况是非常艰难的。只是由于记载过于简略，我们无法了解得很详细。

但是，由于《诗经》中的许多描写，我们对西周时期的农民生活状况就能够了解得更为具体、生动一些。特别是《豳风·七月》一篇更是将当时农民一年四季的劳动生活描写得栩栩如生。该诗第一章先描写冬天的情况：

一之日觱发，二之日栗烈。无衣无褐，何以卒岁？

一之日是西周的正月，二之日是二月，相当于夏历的十一月、十二月。“十一月寒风呼啸（觱发），十二月寒气凛冽，连粗布短衣（褐）都没有，如何度过这个寒冬?”劈头传来了痛苦的呼号。可想而知，当时农民的生活是何等的悲惨。接着描写春耕的情形：

三之日于耜，四之日举趾。同我妇子，馌彼南亩，田畯至喜。

三之日、四之日是西周的三月、四月，相当于夏历的正月、二月。春天来临，先是修理农具（耒耜），然后下田耕地（举脚踩踏耒耜翻土），同老婆孩子一起下地，连饭也送到田头吃（馌彼南亩），这样认真地干活，监督劳动的田官自然很高兴（田畯至喜）。有田官监督，这说明农民们是在公田上劳动。这与《夏小正》“正月，农纬厥耒，初服于公田”的记载正相吻合。

第二章和第三章是描写蚕桑纺织：

春日载阳，有鸣仓庚。女执懿筐，遵彼微行，爰求柔桑。春日迟迟，采蘩祁祁。女心伤悲，殆及公子同归。

蚕月条桑，取彼斧斨，以伐远扬，猗彼女桑。七月鸣鵙，八月载绩。载玄载黄，我朱孔阳，为公子裳。

春天气候转暖，黄莺（仓庚）欢叫。姑娘们提着深筐，走在桑田间的小道上，采摘嫩桑叶（要拿回去喂蚕）。春季白日越来越长，姑娘们成群结队采白蒿（蘩，以其煮汁浸蚕子，可使蚕出得快些）。但是心里却十分伤悲，担心被公子少爷强行带走。三月（蚕月）还要修剪桑树，用斧砍掉又高又长的枝条，拽下细小桑枝采摘嫩叶。七月伯劳鸟（䴗）还在啼叫，八月就得刈麻纺织，将布染成黑色和黄色，红的更加鲜艳，但不是给自己穿，而是“为公子”做衣“裳”。

第四章描写狩猎：

> 四月秀葽，五月鸣蜩。八月其获，十月陨萚。一之日于貉，取彼狐狸，为公子裘。二之日其同，载缵武功。言私其豵，献豜于公。

四月野草（葽）开花，五月蝉儿（蜩）鸣叫，八月收获禾谷，十月树叶凋落，转眼冬天来到。十一月（一之日）就得去捕捉狐狸，取下皮为公子少爷们做裘皮衣服。十二月（二之日）要和老爷一同去打猎，操练武功，打下小野兽可以归自己，打下大野兽却得交给老爷。

第五章描写修屋御寒：

> 五月斯螽动股，六月莎鸡振羽。七月在野，八月在宇，九月在户，十月蟋蟀入我床下。穹窒熏鼠，塞向墐户。嗟我妇子，曰为改岁，入此室处。

五月蚂蚱（斯螽）摩擦出声，六月纺织娘（莎鸡）振翅鸣叫。七月蟋蟀还在田野中，八月就移到屋檐下，九月进到门后，十月就钻到床底下，说明天气一天天变冷了，就得找到老鼠洞烟熏之后堵死。北面的窗户也得塞紧免得漏风。一家老少辛苦一年，就要准备过年了。可是正如第一章所描写“无衣无褐，何以卒岁?”的景况，只能和“妇子”一道嗟叹了。

第六章描写平时的饮食情况：

> 六月食郁及薁，七月亨葵及菽。八月剥枣，十月获稻，为此春酒，以介眉寿。七月食瓜，八月断壶，九月叔苴，采荼薪樗，食我农夫。

六月到野外采集郁李和野葡萄（薁），七月烹煮葵菜和大豆（菽）叶子，还有甜瓜可食。八月打枣充饥，摘断葫芦（壶）也可当菜吃。九月采集雌麻的子实可以当粮食。十月打下稻谷，就可做成春酒喝上几口，以求得长寿。此外，还要采些苦菜（荼），砍些枯树枝干当柴烧。可见农夫们平时的饮食也就是粗菜淡饭而已，甚是清苦。

第七章描写收获情况：

> 九月筑场圃，十月纳禾稼。黍稷重穋，禾麻菽麦。嗟我农夫，我稼既同，上入执宫功。昼尔于茅，宵尔索绹。亟其乘屋，其始播百谷。

九月要将原来种菜的场地修筑成打谷场，十月就可以存放收割下来的庄稼。种植的庄稼有品种不同的黍稷和粟、麻、大豆和麦子。可叹我们农夫，刚把粮食集中交纳给公家之后，又得去服劳役，到老爷们的宫室中去干活。白天赶快去割茅草，晚上搓成草绳，急急忙忙上房去修理屋顶。忙完之后就要准备来年春播的事情了。

第八章描写岁终之庆：

二之日凿冰冲冲，三之日纳于凌阴。四之日其蚤，献羔祭韭。九月肃霜，十月涤场。朋酒斯飨，曰杀羔羊。跻彼公堂，称彼兕觥，万寿无疆。

九月天高气爽，开始打霜，十月收获完毕清扫谷场。交纳完粮食，服完劳役，该做的事都做了，贵族老爷们自然满意，于是杀羊备酒，由族长招集大家在乡村的学校（公堂）里欢庆丰收，举杯感谢上苍的保佑。农民一年忙到头，只有这时候才能喝上几杯酒，吃上几口肉，酒酣耳热之际，就高声欢呼："万寿无疆！"

不过到了夏历十二月（二之日）又得去冰河上为老爷们凿冰，正月将凿来的冰藏到冰窖（凌阴）中去。实际上，十一月还要"取彼狐狸，为君子裘"。十二月要"载缵武功""献豜于公"。整个冬天，农民们也是不得闲的。

我们真的应该感谢《诗经》的编纂者们将《豳风·七月》整篇地保存下来，使我们得以如此真切地了解两千多年前农民们的生产和生活状况：除了经营自己的一份私田和依靠采集捕猎作为补充以维持全家人的生活，还得到贵族的公田上进行无偿的劳动，又要缴纳贡物和服力役。贡物包括农妇们的纺织品和农夫的猎物，力役则包括修屋、搓绳、取冰等杂务。姑娘们还经常要被带走，人身自由没有什么保障。显然，《诗经》的许多篇章是经过编纂者们的加工润饰过的，对当时农民的生活已经进行了美化，然而还是掩饰不住现实的严酷，面对"无衣无褐，何以卒岁"的苦难生活，农夫们只能"嗟我妇子""嗟我农夫"地长吁短叹了。

从《左传·昭公三年》："民三其力，二入于公，而衣食其一"的记载，我们可以想象商周时期农民的负担是异常沉重的。特别是繁重的赋役、徭役使农民们苦不堪言，这在《诗经》中也有反映：

东方未明，颠倒衣裳。颠之倒之，自公召之。（《齐风·东方未明》）

天还未亮，公差就来催促动身，黑暗之中连衣服都穿颠倒了。

既去服役，也不知何时才能归来，叫家里妻女如何不挂念：

君子于役，不知其期。……日之夕矣，羊牛下来。君子于役，如之何勿思？（《王风·君子于役》）

徭役是以国王的名义征调的，农民无法抗拒，但是徭役过多就影响生产：

肃肃鸨翼，集于苞棘。王事靡盬，不能艺黍稷。父母何食？悠悠苍天，曷其有极？（《唐风·鸨羽》）

农民不得不望天长叹：

之子于征，劬劳于野。爰及矜人，哀此鳏寡。（《小雅·鸿雁》）

连鳏寡也不能幸免王事，民间自然要怨声载道了。于是就发出愤怒的呼喊：

不稼不穑，胡取禾三百囷兮？不狩不猎，胡瞻尔庭有县鹑兮。彼君子兮，不素飧兮！（《魏风·伐檀》）

严酷的现实已经促使农民们觉醒，他们开始认识到这些无偿剥夺他们劳动果实的君子们都是一些吃白饭的，愤怒地斥责他们是一群害人大老鼠：

硕鼠硕鼠，无食我黍！三岁贯女，莫我肯顾。逝将去女，适彼乐土。乐土乐土，爰得我所。

硕鼠硕鼠，无食我麦！三岁贯女，莫我肯德。誓将去女，适彼乐国。乐国乐国，爰得我直。

硕鼠硕鼠，无食我苗！三岁贯女，莫我肯劳。逝将去女，适彼乐郊。乐郊乐郊，谁之永号？

农民们不再只停留在长久哀叹的阶段，他们要采取行动了，就是抛开这些吃人的野兽们去寻找自己的乐土。他们除了“不肯尽力于公田”，致使“公田不治”“田在草中”之外，就是逃亡，奔向一些剥削较轻的国家和地区。

《魏风》的《伐檀》和《硕鼠》都是春秋时期的作品，这表明周王朝实行的井田制度到这时已经无法维持下去了，中国的上古社会面临转折关头，旧的生产关系正在被打破，新的生产关系正在逐步建立，于是才有齐鲁各国的“相地而衰征”“履亩而税”等改革，才有后来战国诸雄的变法。

第八章　农业科学的成就及影响

第一节　农业科学知识的积累

一、物候与农业气象

（一）物候

人们在长期生产实践和生活过程中，对周围生物的周期性现象和季节气候的关系会有所认识，如植物的发芽、开花、结实，候鸟的迁徙，某些动物的冬眠等都在每年的某一季节发生，于是就将这些现象出现的时候作为季节的标志，以便于生产和生活的安排，这就是所谓“物候”。

物候知识早在原始农业产生之前的采集、狩猎时代就已萌芽，农业产生以后，更需要注意物候的变化，以便安排农事。民族学有很多物候学的材料，如云南西双版纳景洪县的基诺人，每当树叶落完了，一种叫“吉个老”的鸟叫了，就该上山在准备耕种的地段上砍树芟草，以便晒干放火焚烧。每当苦笋发芽，一种叫“拉查巴布”的鸟叫了，就该烧荒了。每当满山的“借宝”树盛开白花，就撒苞谷，种棉花。每当马登树开花，“卡巴”鸟、“布吉”鸟、“哩哩”鸟叫了，就该撒旱谷。这已成为人人都知道的知识①。云南的独龙族等少数民族还形成了以物候为标志的计时体系，这就是物候历。它的特点是以特定物候的出现为一年或某一月的开始，虽月无定日，比较粗疏，但因与农事安排结合密切，故又称为农事物候历。由于物候

① 卢央、邵望平：《云南四个少数民族天文历法情况调查报告》，《中国天文学史文集》第二集，科学出版社，1981 年，18 页。

的变化如天气寒暑、草木荣枯、鸟兽出没等是受地球围绕太阳公转规律所支配，所以物候历本质上是一种太阳历。从我国少数民族的材料看，在历法发展史上，物候历的出现早于以观察天象变化定时的天文历①。

进入夏商时期，虽然已经出现了天文历，物候历还是被继承下来并有所发展。《夏小正》中便是每个月都用物候来指示，有的月份还用了好几个物候。如“正月”的物候的就有：启蛰，雁北乡，雉震呴，鱼陟负冰，囿有见韭，田鼠出，獭祭鱼，鹰则为鸠，柳稊，鸡桴粥，梅、杏、杝桃则华。

正月的气象是：时有俊风，寒日涤冻涂。正月安排的农事是：农纬厥耒，祭耒，农率均田，采芸，农及雪泽。初服于公田。

又如“三月”的物候是：毂则鸣，田鼠化为鴽，拂桐芭，鸣鸠。三月的气象是：越有小旱。三月安排的农事是：摄桑，委扬，颁冰，采识，妾子始蚕，执养宫事，祈麦实。

又如“四月”的物候是：鸣丕，囿有见杏，鸣蜮，王萯秀。四月的气象是：越有大旱。四月安排的农事是：取荼，执陟攻驹。

再如“九月”的物候是：递鸿雁，陟玄鸟蛰，熊罴豹貉鼶鼬则穴，荣鞠，雀入于海为蛤。九月安排的农事是：树麦，王始裘。

《夏小正》中的物候，除了个别的是道听途说，如“田鼠化为鴽”“雀入于海为蛤”等，大多数都是合乎实际的，不少观察与农业生产和人们日常生活都有密切关系，因而是有利于当时的农业生产，也表明物候历本来就是为农业服务而形成的。

能和《夏小正》相提并论的是《诗经》，其中也有很多物候方面的记载。特别是《豳风·七月》全面地记述一年的农事活动，几乎每个月都有物候内容，如以周历称的有：

一之日：“觱发”，“于貉”。

二之日：“栗烈”，“其同”，“凿冰冲冲”。

三之日：“于耜”，“纳（冰）于凌阴”。

四之日：“举趾”，“其蚤”，“献羔祭韭”。

以夏历称的有：

三月：“蚕月条桑”，“采蘩祁祁”。

四月：“四月秀葽”。

五月：“五月鸣蜩”，“五月斯螽动股”。

六月：“六月莎鸡振羽”，“六月食郁及薁”。

七月：“七月流火”，“七月鸣䴗”，“七月（蟋蟀）在野”，“七月亨葵

① 李根蟠、卢勋：《中国南方少数民族原始农业形态》第一章第三节，农业出版社，1987年。

及菽”，“七月食瓜”。

八月：“八月萑苇”，“八月载绩”，“八月（蟋蟀）在宇”，“八月其获”，“八月剥枣”，“八月断壶”。

九月：“九月肃霜”，“九月授衣”，“九月（蟋蟀）在户”，“九月叔苴，采荼薪樗”，“九月筑场圃”。

十月：“十月陨萚”，“十月蟋蟀入我床下”，“十月获稻”，“十月纳禾稼”，“十月涤场”。

这是中国以诗歌形式来总结、传授物候知识的最早记载，因此有的学者将《豳风·七月》称之为“最早的有关物候学的诗歌”①。

（二）农业气象

由于农业生产的需要，古人对气象的观察自然倍加重视，也积累了相当丰富的知识。在《夏小正》中就已经有气象的记录。如正月的“时有俊风”“寒日涤冻涂”，三月的“越有小旱”，四月的“越有大旱”，七月的“时有霖雨”，十一月的“万物不通”，等等。

商代人们对气象的观察更为仔细，卜辞中就有大量的关于风、雨、雷、电、雾、晴的记载，这些气象都是与农业生产有密切关系的。如：“今日壬王其田，不遘大风?”（《殷契佚存》73）

遭遇大风时，殷人就祈求社神让风停止，称为“宁风”。如：“于土（社）宁风。”（《甲骨文合集》32301）

有时还要用牲畜来祭祀以祈求“宁风”，如：“甲戌贞，其宁风，三羊、三豕、三犬。”（《小屯南地甲骨》254）

殷人还将风向进行排列。如：东风曰“协”，南风曰“长”，西风曰“介”，北风曰“冽”。（《甲骨文合集》14294）《尔雅·释天》也有类似的解释：“南风谓之凯风，东风谓之谷风，北风谓之凉风，西风谓之泰风。”称谓虽不相同，但可以相互印证②。

雨水对于农业更为重要，卜辞中关于雨的记载也比较多。如：“乙雨　乙巳允雨。丙雨　丙午允雨。丁雨　丁未不雨。戊雨。”（《甲骨文合集》34138、34137）“允雨”就是果然下雨，“不雨”自然就是不下雨的意思。

还有对与雨水有密切关系的云、雾、晴等气象也很关切。如：“兹云其有降

---

① 曹宛如：《中国古代的物候历和物候知识》，载《中国古代科技成就》，中国青年出版社，1978年，257～263页。

② 商代四方的风名，参见胡厚宣：《释殷代求年于四方和四方风的祭祀》，《复旦大学学报》1956年1期。于省吾：《释四方和四方风的两个问题》，《甲骨文字释林》，中华书局，1979年，123页。

雨?”(《甲骨文合集》13391)“[癸]未卜,争贞,翌甲申易日。之夕月有食,甲雾,不雨。翌甲申不其易日。”(《殷虚文字丙编》56)“易日”就是由阴雨转晴,有时也称“启”。《说文解字》训“启”为“雨而昼晴”。卜辞的“启”就是指白天雨止转晴的气象。如:“翌壬寅启,壬寅雾。”(《甲骨文合集》13449)“翌丁酉彭伐,启。日明雾,大食日启。”(《英国所藏甲骨集》1102)因为有雾的天气常常会转晴,故卜辞将雾与“启”联系在一起。

卜辞中经常记载占卜有没有雨水以保证庄稼的收成。如:“黍年有足雨?”“来年有足雨?”(《殷虚书契前编》4.40.1)“禾有及雨?”(《殷虚书契前编》3.29.3)“帝令雨足年?帝令雨弗其足年?”(《殷虚书契前编》1.50.1)都是占卜有没有足够的雨水使得黍、麦、禾等粮食作物能够丰收。

到了西周时期,有关农业气象的知识更为丰富,文献记载也较为明确。如《尚书·洪范》:“庶征:曰雨、曰旸、曰燠、曰寒、曰风、曰时。五者来备,各以其叙,庶草蕃庑。一极备,凶。一极无,凶。”孔安国传曰:“雨以润物,旸以乾物,煖以长物,寒以成物,风以动物,五者各以其时,所以为众验。”“五者备至,各以次序,则众草蕃滋庑丰也。”“一者备极,过甚则凶。一者极无,不至亦凶。谓不时失叙。”可见当时已经认识到湿度(晴、雨等)、温度(寒、暖)及通风等气象因素对农作物生产的影响极大,而且了解到任何一个条件的过度(极备)和不足(极无)都对农业不利,只有“五者来备”,风调雨顺,才能五谷丰登,“庶草蕃庑”。《尚书·洪范》篇中经常用气象来比喻政治,如“日月之行,则有冬有夏”。是说日月之行,冬夏各有常道,若失其常道,天气就会变坏。又说“岁月日时无易,百谷用成”。“日月岁时既易,百谷用不成”。是说季节时令没有错乱,庄稼就按时生长,丰收在望。时令若是错乱,庄稼就生长不好,导致歉收。《尚书·洪范》是我国最早论述天时条件与农业生产关系的一篇著作,反映了西周时期已经积累了不少的农业气象知识,因此学者们认为,“我国农业气象学,至迟在西周时代已经萌芽了”①。

由于农业气象知识的日益丰富和物候学的进一步发展,也由于周王朝实行“颁朔”“告朔”制度的需要,周代对农时特别重视,并形成了按月根据政令安排农事活动的“月令”。月令在民众生活中具有准法令条文性质,为社会各阶层所遵守。其内容是以春夏秋冬四季为序,每季又分孟、仲、季三月。每月都标出每月的天象特征、物候现象、天子当月的居处、服饰、车马和饮食,每月的王命、农事和禁忌,不行当月节令的后果等项。周代的月令内容集中地保存在《礼记·月令》篇中。虽然关于《礼记·月令》成书时间历来有争论,该篇也确实掺杂个别秦汉时的

① 梁家勉:《中国农业科学技术史稿》第二章第四节,农业出版社,1989年。

词语，但从其内容看，大多合乎周制，而且书中提到的节气也只有十几个，并不如战国以后那样二十四节气俱全。所以《月令》篇所反映的基本上应该是属于西周至春秋期间的内容。

就本卷而言，我们更看重其中的气象、物候和农事等项内容。现摘其要如下：

孟春之月：

物候："东风解冻，蛰虫始振，鱼上冰，獭祭鱼，鸿雁来。"

节令："是月也，以立春。……天气下降，地气上腾，天地和同，草木萌动。"

农事："天子乃以元日，祈谷于上帝。""亲载耒耜。""帅三公诸侯大夫躬耕帝藉。""王命布农事，命田舍东郊，皆修封疆，审端经术。善相丘陵、阪险、原隰，土地所宜，五谷所殖，以教道民，必躬亲之。"

禁忌："禁止伐木。毋覆巢，毋杀孩虫、胎、夭、飞鸟。毋麛、毋卵。毋聚大众，毋置城郭。"

孟春之月就是春季的首月，为夏历正月。此月天气开始转暖，大地复苏，草木萌发，这是立春节气。国王自己要带领属下官吏举行籍田礼仪，还命令田畯住到东郊以监视农事，命令人们整治田地疆界、田间小路和沟渠，视察丘陵、山区和平原的农田，决定种植的粮食作物，并且禁止砍伐山林和捕猎小动物，也不要大兴土木和修建城郭。

仲春之月：

物候："始雨水，桃始华。仓庚鸣，鹰化为鸠。""玄鸟至。"

节令："是月也，日夜分，雷乃发声，始电，蛰虫咸动，启户始出。"

农事："是月也，耕者少舍。乃修阖扇。"

禁忌："毋作大事，以妨农之事。" "毋竭川泽，毋漉陂池，毋焚山林。"

仲春之月是春季的次月，为夏历二月。节气正是"雨水"。桃树开始开花，黄莺啼叫，燕子飞来。昼夜时间相等。雷电开始发作，昆虫冬眠结束开始活动。农夫出门忙于农事而很少在家里，要将门窗修好。这个月官家不要安排兵役之类的大事，以免妨碍农活。也不要使川泽陂池的水枯竭，不要焚烧山林。

季春之月：

物候："桐始华，田鼠化为鴽，虹始见，萍始生。""鸣鸠拂其羽，戴胜降于桑。"

节令："是月也，生气方盛，阳气发泄，句者毕出，萌者尽达。""时雨将降，下水上腾。"

农事："（天子）乃为麦祈实。""命有司发仓廪，赐贫穷，振乏绝。"

“命司空……循行国邑，周视原野，修利堤防，道达沟渎，开通道路，毋有障塞。”“后妃齐戒，亲东乡躬桑，……以劝蚕事。”“是月也，乃合累牛腾马，游牝于牧。”

禁忌：“田猎罝罘、罗罔、毕翳、餧兽之药，毋出九门。”“命有司无伐桑柘。”

季春之月是春季的最后一月，为夏历三月。此时气候温暖，桐树开始开花，传说田鼠从此要化为鸟。天空开始出现彩虹。萍草也开始生长。鸠鸟展翅鸣叫，戴胜鸟也飞到桑树上。春暖花开，生气勃勃，屈生在地下的植物和有芒的直生在地上的植物都蓬勃生长。雨季快要来临，地下水逐渐上升。天子要举行祈求麦子丰收的祭祀。在这青黄不接的月份，命令有关部门开仓发救济粮。命令“司空”官员要到各地巡视，修建水利工程和田间沟洫道路，不让它们堵塞。皇宫的后妃们也要亲临东乡培植桑树，并且命令官府不得砍伐桑树，以劝导民众重视养蚕业。春天正是牲畜发情的时候，要让牛马进行交配繁殖。三月也是野兽繁殖的季节，所有捕猎工具和毒药都不许出门。

孟夏之月：

物候：“蝼蝈鸣，蚯蚓出，王瓜生，苦菜秀。”

节令：“是月也，以立夏。”“靡草死，麦秋至。”

农事：“命野虞出行田原，为天子劳农劝民，毋或失时。命司徒巡行县鄙，命农勉作。”“农乃登麦”。“蚕事毕，后妃献茧，乃收蚕税。”

禁忌：“毋起土工，毋发大众，毋伐大树。”“驱兽毋害五谷，毋大田猎。”

孟夏之月是夏季的首月，为夏历的四月。气温继续上升，青蛙鸣叫，蚯蚓出土活动，王瓜开始结果，苦菜也开花了。这个月的节气是“立夏”。“靡草”枯死了，麦子成熟了。命令管理山野的官吏巡视田原，代表天子劝导农民不要失去农时，耽误生产。命令“司徒”官员巡行边远的县鄙，督促农民努力耕作。农民收割了麦子之后要进献公家。这个月养蚕结束，后妃们要将蚕茧献上，并且开始向民众收取蚕税。本月是农忙时节，所以不要大兴土木，不要征发群众服力役。也不要砍伐大树。要驱除野兽不让它们糟蹋粮食，也不要在这个月举行大规模的狩猎活动，以免影响农业生产。

仲夏之月：

物候：“螳螂生，鵙始鸣，反舌无声。”“鹿角解，蝉始鸣，半夏生，木堇荣。”

节令：“小暑至。”“是月也，日长至，阴阳争，死生分。”

农事：“（天子）命有司为民祈祀山川百源，大雩帝……以祈谷实。”

“农乃登黍。”“游牝别群，择縶腾驹。班马政。”

禁忌：“令民毋艾蓝以染。”

仲夏之月是夏季的第二个月，为夏历的五月。这时螳螂生长出来活动。伯劳鸟开始啼叫，反舌鸟停止鸣叫。鹿在换角，蝉在啼鸣，半夏生长，木瑾茂盛。这个月的节气是“小暑”，白天最长的一日也到了（夏至）。阴阳相争，凡物死生相半。天气干旱，天子要举行雩祭祈求上天降雨以使五谷丰收。这个月是黍稷成熟的季节，农民乃收割黍谷，并交纳公家。这时放牧进行交配的牛马等牲畜已经受孕，就要将雌雄分开，以免流产。本月也是适宜对小马驹进行阉割的时候。同时颁发有关养马的政令。本月也是蓝草生长，可以进行移栽的时间，命令民众不要在这个月割取蓝草作染料使用。

季夏之月：

物候：“温风始至，蟋蟀居壁，鹰乃学习，腐草为萤。”

节令：“树木方盛”，“水潦盛昌”。“是月也，土润溽暑。大雨时行。”

农事：“烧薙行水，利以杀草，如以热汤。可以粪田畴，可以美土疆。”“大合百县之秩刍，以养牺牲。”“命妇官染采。”

禁忌：“不可以兴土功，不可以合诸侯，不可以起兵动众。毋举大事，以摇养气。毋发令而待，以妨神农之事也。”“乃命虞人入山行木，毋有斩伐。”

季夏之月是夏季的最后一月，为夏历六月。此月温度升高，暖风吹来，蟋蟀长大已能上壁。鹰在学习搏击，腐烂之草化为萤虫。夏季土地湿润，又经常大雨滂沱，要及时烧掉田中杂草，降雨之后，好比灌以热汤，可以作为肥料改良土壤。政府要督促各地农民交纳牧草，饲养作为牺牲的牲畜。命令负责染织的女工开始织染工作。六月也是农忙时节，因此不可以大兴土木，不可以兴兵动众，也不要预先颁发政令，以免扰乱民心，妨碍农业生产。因为六月正是“树木方盛”之时，所以要派负责掌管山林的官员“虞人”进山巡视，不准民众砍伐森林。

孟秋之月：

物候：“凉风至，白露降，寒蝉鸣，鹰乃祭鸟。”

节令：“是月也，以立秋。”“天地始肃。”

农事：“是月也，农乃登谷。天子尝新，先荐寝庙。”“命百官始收敛。完堤防，谨壅塞，以备水潦。”

禁忌：“无以封诸侯、立大官，无割土地、行重币、出大使。”

孟秋之月是秋季的首月，为夏历七月。凉风送爽，白露降临。寒蝉鸣叫，老鹰捕到小鸟也不急于吃食。这个月的节气是立秋，秋高气爽，天地肃穆。正是秋收季节，农民们收获五谷。天子在祖庙祭祀，品尝新谷。命令百官开始征收税赋，修筑堤坝以防水害。在此秋收季节不要分封诸侯、委派大官，也不要割让土地、出大币、派遣大使。

仲秋之月：

物候："盲风至，鸿雁来，玄鸟归，群鸟养羞。"

节令："是月也，日夜分，雷始收声，蛰虫坏户，杀气浸盛，阳气日衰，水始涸。"

农事："穿窦窖，修囷仓。乃命有司趣民收敛，务畜菜，多积聚。乃劝种麦，毋或失时。""乃命宰祝循行牺牲，视全具，案刍豢，瞻肥瘠，察物色，必比类，量大小，视长短，皆中度。"

禁忌："凡举大事，毋逆大数，必顺其时。"

仲秋之月是秋季第二个月，为夏历八月。秋风强劲，鸿雁飞来，燕子飞走，群鸟都在收集食物。从这个月开始白天和夜晚的时间一样长，不再听到雷声，准备过冬的昆虫都将它们的穴口缩小。秋风肃杀，阳气日衰，降雨即将结束，流水开始干涸。正是秋收季节，赶紧修整仓窖好储粮。劝导民众搞好秋收，多储备些蔬菜和粮食好过冬。本月正好是种麦的时节，要劝老百姓及时种好麦子。还要命令负责豢养供牺牲之用的官吏检查所畜养的牛羊狗猪的生长情况，以供祭祀之需。这个季节农事已毕，可以兴修一些工程及征调兵役，但不要过分。

季秋之月：

物候："鸿雁来宾，雀入大水为蛤，鞠有黄华，豺乃祭兽戮禽。""蛰种咸俯在内。"

节令："是月也，霜始降。""草木黄落。"

农事："乃命冢宰，农事备收，举五谷之要，藏帝藉之收于神仓。""乃伐薪为炭。""天子乃以犬尝稻，先荐寝庙。"

季秋之月是秋季的最后一个月，为夏历九月。鸿雁飞来，传说雀儿入海化为蛤，黄菊开花，豺出没田野捕捉禽兽。天气转冷，开始降霜，草木枯黄落叶。这是全面收获的时节，命令官员督促各地收割庄稼，并确定五谷租税的额数以便征收，要将天子籍田中的收获藏到神仓里。因为草木黄落，故可以进山伐木烧炭。本月也是水稻收获的月份，天子要将新收获的稻谷在宗庙中举行"以犬尝稻"的仪式。

孟冬之月：

物候："水始冰，地始冻，雉入大水为蜃，虹藏不见。"

节令："是月也，以立冬。""天气上腾，地气下降，天地不通，闭塞而成冬。"

农事："命司徒循行积聚，无有不敛。""劳农以休息之。""乃命水虞、渔师收水泉池泽之赋。"

禁忌：“无或敢侵削众庶兆民，以为天子取怨于下。”

孟冬之月是冬季的首月，为夏历十月。冬天已到，水开始结冰，地开始冻结，传说野鸡入海化为蜃，天空已看不到虹了。本月的节气是“立冬”，天气上腾，地气下降，因天地不通畅闭塞而成寒冬。命令官员巡视各地仓廪的储藏情况，督促农民缴纳税赋，不使遗漏。农民终年劳碌，冬闲时节要让他们休养生息。命令主管水利和渔业的官吏收取有关赋税，但不要随意侵夺民众的利益，以免造成百姓对最高统治者的不满。

仲冬之月：

物候：“冰益壮，地始坼，鹖旦不鸣，虎始交。”“芸始生，荔挺出，蚯蚓结，麋角解，水泉动。”

节令：“是月也，日短至。阴阳争，诸生荡。”

农事：“农有不收藏积聚者，马牛畜兽有放佚者，取之不诘。”“日短至，则伐木，取竹箭（注：‘此其坚成之极时’）。”

禁忌：“山林薮泽，有能取蔬食田猎禽兽者，野虞教道之。其有相侵夺者，罪之不赦。”

仲冬之月是冬季第二个月，为夏历十一月。冰结得越来越厚，土地冻裂，鹖旦鸟不叫了，老虎开始交配。芸和荔挺两种香草开始生长，蚯蚓冬眠地下，麋鹿的角脱落。本月的节气是冬至，这天是白日最短的一天，从此以后，白日逐渐变长，阳气逐渐上升，与阴气相争，诸种生物开始萌动发芽。在这天寒地冻的日子，如果有农民没有将粮食收藏好，没将放牧的牛马收归厩栏，被人取走者活该，不予治罪。冬至以后可以伐木、砍竹做箭，因为这时的竹木已经长得非常坚硬了。民众可以入山采集蔬菜和打猎了，但必须遵守法规，如果互相侵夺者，要严加治罪。

季冬之月：

物候：“雁北乡，鹊始巢，雉雊，鸡乳。”“征鸟厉疾。”

节令：“冰方盛，水泽腹坚。”

农事：“令告民，出五种。命农计耦耕事，修耒耜，具田器。”“是月也，命渔师始鱼。”

禁忌：“岁且更始，专而农民，毋有所使。”

季冬之月是冬季最后一个月，为夏历十二月。鸿雁向北飞去，鹊鸟开始筑巢，野鸡鸣叫求偶，母鸡开始孵蛋。雄鹰在空中迅猛捕鸟。冰层越来越厚，水塘上下都冰冻了。但是年终也到了，通令民众准备五谷的种子，修好耒耜等农具，田官们要计划安排耦耕的事项，年后就要开始新的一年的生产了。经过一年的饲养，鱼塘中的鱼已经长大，可以捕捞了。在年关时节，为了让农民能专心一意地做好春耕的准备，所以这个月也不要征调农民去服力役。

由此可见，《月令》中的农事安排是与物候和节气紧密联系在一起，即使是在两千年后的今天看来，它与黄河流域中下游地区的农业生产的具体情况也还是大体相符的，可见它是符合客观实际的。《月令》中提到的节气有：春分、秋分、夏至、冬至、立春、立夏、立秋、立冬、惊蛰、雨水、小暑、霜降等，二十四节气中已占一半，虽然还不如战国以后的那么明确、规范，但与《夏小正》和《豳风·七月》相比，已有明显的进步，这无疑是当时农业气象知识长期积累的结果。所以《月令》的形成，应视为上古时代农业气象学方面的一大成就。

二、物候历与历法的产生

（一）物候历的产生

在夏商西周时期的文献古籍中，比较集中和全面地反映当时的农业生产状况的著作，首推作为物候历代表的《夏小正》。

《礼记·礼运》记载孔子的话："我欲观夏道，是故之杞，而不足征也。吾得《夏时》焉。"郑玄注曰："得夏四时之书也。其书存者有《小正》。""本或作《夏小正》。"杞国在今河南杞县，西周武王曾分封"大禹之后于杞"①。故杞国一直在使用夏朝的历书，即孔子在杞国所看到的《夏时》，郑玄认为其中之一就是《夏小正》。看来，《夏小正》应是春秋时期杞国人们使用的历书，其历法是沿用夏历，但书中所记载的农事应该有很多是属于西周至春秋时期的内容，当然也会保存一些属于夏朝时期的材料。

《夏小正》的一些物候记载具有鲜明的淮海地区的特点，如"九月……雀入于海为蛤。""玄雉入于淮为蜃。"如果当时人们见不到淮与海是不会作为物候加以记载的。又如"二月……剥鱓。"鱓就是现在的扬子鳄，是古老的爬行动物的遗存，生活在长江中下游沿海及其附近河流间，淮海地区也有它的踪迹。但是长江以南地区每年都有梅雨时期，《夏小正》中不见记载，而"七月……时有霖雨"也不是江南的现象，故《夏小正》不可能是反映江南地区的物候现象。夏历七月有大量雨水正是淮北大平原的情形，这一地区为冲积平原，属季候风带，雨季时间一般在夏历七月。可见《夏小正》应是淮海地区的产物。杞国是夏王朝灭亡后所成立的诸侯国，曾为殷王朝的诸侯，又为周王朝的诸侯国，其国土远在淮海地区，到春秋鲁僖公时代，为淮夷所侵而内迁。因而其产生的时间也必然在僖公以前。

《夏小正》被收在《大戴礼记》中，全篇由"经"和"传"两部分组成，按十二个月，分别记录各月的物候、气象、星象和农事活动。其中"经"部分大多是二

① 《史记·周本纪》。

字、三字或四字为一独立句，文句极为简奥，其行文不似战国以来的文体。其历法是将一年分为十二个月，既没有置闰痕迹，又没有四时分别。在五月记“时有养日”，在十月记“时有养夜”。据其传文解释，“养者长也”。即五月里有白天最长的一天，十月里有夜间最长的一天，与《礼记·月令》中的“日长至”（夏至）和“日短至”（冬至）相类似，不过十月的“养夜”比《礼记·月令》十一月“日短至”（冬至）早了一个月，不如《月令》精确，只是“夏至”“冬至”的一种雏形，因此夏纬瑛认为这“说明了《夏小正》产生时代的古老；说明它还只是一种比较原始的观象授时的历法。”《夏小正》记载的生产政事，有农业、畜牧、渔猎、采集，但却没有一字提到“百工”之事。商周的手工业相当发达，政府非常重视，设立许多机构来管理手工业。成书于战国时候与《夏小正》类似的历书《吕氏春秋·十二纪》和《礼记·月令》都把“百工”之事当做要政来记载。可见《夏小正》经文产生的时代，手工业还不很发达，在社会经济中还没有占据重要地位，其时代必定较战国为早。比如与《礼记·月令》和《吕氏春秋·十二纪》相比较，《夏小正》记载的物候完全是草木鸟兽等自然现象，而《月令》等却具有浓厚的战国以后盛行的阴阳五行色彩。此外，《夏小正》经文中使用的字，有的为春秋战国以后很少用或不用了。如“雉震”的“震”是动的意思，以后都写作“振”（《诗经·豳风·七月》：“莎鸡振羽”。《礼记·月令》：“蛰虫始振”）。又如“农纬厥耒”的“纬”是“为”的同音假借字，“为”又与“于”通，《豳风·七月》：“三之日于耜”。“于耜”即“为耜”。“为”也可读作“惟”，是维修的意思。其他如“缟”（白、白色）、“乡”（向）、“越”（于）等字，春秋以后也很少见用了。因此夏纬瑛等学者认为：“《夏小正》成书的时代可能是商代或商周之际。最迟也是春秋以前居住在淮海地区沿用夏时的杞国整理记录而成的，是杞国纪时纪政之典册。”“《夏小正》经文中所谈到的农牧、渔猎生产及物候、气象、天文等知识，肯定有很多是夏代传下来的。这些知识经过世代口传的阶段，而后到一定时候才形成文字的作品。”至于《夏小正》中的传文，则是“战国早期儒生所作”①。

我们在前面几章已经多次引用《夏小正》的片段来印证一些问题，现在不妨将夏纬瑛先生校释过的经文部分总览一遍，以窥其全貌：

正月：

启蛰。雁北乡。雉震呴。鱼陟负冰。农纬厥耒。囿有见韭。时有俊风。寒日涤冻涂。田鼠出。农率均田。獭祭鱼。鹰则为鸠。采芸。鞠则见。初昏参中。斗柄悬在下。柳稊。梅、杏、杝桃则华。缇缟。鸡桴粥。

夏历正月，蛰伏冬眠的虫子开始活动，鸿雁北飞，野鸡啼叫，鱼由水底上升近

① 夏纬瑛、范楚玉：《〈夏小正〉及其在农业史上的意义》，《中国史研究》1979年3期。

冰层之处。农夫们修整好耒耜等农具准备耕作。园囿里的韭菜开始长大。时常有大风，寒气变化，冰冻的泥涂开始溶解。随着天气变暖，田鼠也出来活动。要给农夫们均配田地。獭开始捕捉鱼儿，正是捕鱼的时节。鹰化为鸠鸟（鹰去鸠来）。摘采芸薹菜供宗庙祭祀之用。鞠星出现于天空，刚黄昏时参星出现在南方天空正中，北斗星的斗柄向下。柳树生出花序。梅、杏、杝（山桃）等果树开花。莎草生出花序。鸡也在这时开始下蛋。

二月：

往耰黍墠。初俊羔。绥多女士。丁亥，万用入学。祭鲔。荣堇。采蘩。昆蚩，抵蚳。玄鸟来降。剥鱓。有鸣仓庚。荣芸。时有见稊。

二月间，农夫要往公田上去耕地种黍。月初就要养肥羊羔（供给祭祀之用）。这个月可以令男女相会以求其偶。丁亥日吉日，跳完《万》舞就可入学。鲔鱼已来内河（产卵），可以捕捉来祭祀。堇菜已经开花，白蒿（蘩）可供采摘。各种蛰伏的昆虫都蠢蠢欲动，开始收集蚁卵（蚳）做酱。燕子飞来。剥下鱓鱼（鼍）的皮用来做鼓。黄莺啼叫。芸菜开花。白茅草抽荑（稊），开始收取。

三月：

参则伏。摄桑。委扬。螜则鸣。颁冰。采识。妾子始蚕，执养宫事。祈麦实。越有小旱。田鼠化为鴽。拂桐芭。鸣鸠。

三月里参宿伏而不见。整理桑树，去掉其扬出之枝条。蝼蛄发出声。君王在祭祀后将冰颁赐给属下。可以采识草。女奴和妇人开始养蚕，长时间操作宫事。举行祭祀祈求麦子丰收。本月常有小旱。田鼠化为鹌鹑（鴽）。梧桐繁茂，奋发开花。斑鸠鸟欢快啼鸣。

四月：

昴则见。初昏南门正。鸣札。囿有见杏。鸣蜮。王萯秀。取荼。秀幽。越有大旱。执陟攻驹。

四月中，昴星出现。刚黄昏时南门星正当空中。小蝉（札）在鸣叫。园囿中的杏树开始结果。蜮（蛙类）在叫。香附草（王萯）抽茎生出花序。采取荼（苦苣）果上的冠毛充茵褥之用。狗尾草（幽）抽穗。本月常有大旱。将种马（陟，即骘）之足加绊以制其风放。对牡驹进行阉割。

五月：

参则见。浮游有殷。鴂则鸣。时有养日。乃衣。良蜩鸣。启灌蓝蓼。鸠为鹰。唐蜩鸣。初昏大火中种黍。煮梅。蓄兰。叔麻。颁马。

五月间，参星可见。蜉蝣虫子很多。伯劳鸟（鴂）鸣叫。这个月里有白天最长的一天。及时制作衣裳。色彩斑斓的蝉儿鸣叫。可以移栽蓝蓼。鸠变为鹰（鸠去鹰来）。唐蜩在鸣叫。天刚黄昏时，大火星出现在南方天空的正中，可以种黍（晚黍）。可以煮梅做果脯。蓄积兰草供沐浴之用。收取雄麻的纤维。将已进行过交配的马群按雌雄分开放牧。

六月：

初昏，斗柄正在上。煮桃。鹰始挚。

六月里，刚黄昏时北斗星的斗柄方向朝上。采摘桃子煮熟以备食用。雏鹰开始学习飞翔与搏击。

七月：

秀雚苇。狸子肇肆。湟潦生苹。爽死。荓秀。汉案户。寒蝉鸣。初昏织女正东乡。时有霖雨。灌荼。斗柄悬在下，则旦。

七月中，芦苇生长茂盛。小狸已经成长四处乱蹿。雨水积淀处生出浮萍。爽鸠于秋日司（死）其职事。茅草（荓）开花可以割下做扫帚。星汉天河正南北方向。寒蝉鸣叫。黄昏时候织女星在正东的天空。本月时常会下雨，可引水浸灌荼草以杀死它。北斗星的斗柄方向朝下时，天就要亮。

八月：

剥瓜。玄校。剥枣。栗零。群鸟翔。辰则伏。鹿从。鴽为鼠。参中则旦。

八月可以摘瓜。妇女可以染黑布和绿色（校色）的布。枣子成熟可以打下。栗子成熟外皮裂开果实零落。群鸟在天空翱翔。辰星隐伏不见。鹿群相追逐。鴽鸟化为鼠（鴽鸟飞走，田鼠出来活动）。参星位于天空南方正中时天则拂晓。

九月：

内火。递鸿雁。陟玄鸟。熊、罴、貊、貉、鷈、鼬则穴。荣鞠。树麦。王始裘。辰系于日。雀入于海为蛤。

九月里大火星入而不见。天气渐凉，鸿雁南飞。燕子远飞寻找蛰伏处所。熊、罴、貊、貉、鷈、鼬等动物藏于穴中。野菊花盛开。开始种麦。君王开始穿上裘皮衣服。辰星与日同出同入，看不到它。雀入于海就变成了蛤。

十月：

豺祭兽。初昏南门见。黑鸟浴。时有养夜。玄雉入于淮为蜃。织女正北乡，则旦。

十月里以豺等兽类祭祀。刚黄昏时南门星出现在天空。乌鸦（黑鸟）高低飞翔。这个月里有夜晚最长的一夜。黑色的野鸡进入到淮河就变成了蜃。拂晓时，织女星正在北方。

十一月：

王狩。陈筋革。啬人不从。

十一月间，君王在狩猎时，先开列出所要收取的筋革数目。司农之官（啬人）

可以不随王去狩猎。

十二月：

鸣弋。玄驹贲。纳民算。虞人入梁。陨麋角。

十二月中，弋鸟在空中鸣叫。黑色之马已经饲养得肥硕。统计民众的人口数目报告君王。管理水产的官吏“虞人”也要向君王交纳泽梁的账目。麋鹿也在这个月换角。

从《夏小正》的这些内容可以看出这是我国最古老的一部月令体裁的物候历书，从中可以感受到夏代的人对于天象、气候、时令、物候的观察是相当认真仔细，并且与农业生产和日常生活都有密切关系，绝大多数也是符合客观实际的，对于当时及之后的农业生产是有很大帮助的。

《夏小正》的经文只有463字，但讲到的物候便有60条，其中属于动物的物候37条，属于植物的物候18条，非生物的物候5条，可见3 000年前我国积累的物候知识已经相当丰富。至于《夏小正》中所涉及的农事活动，不少是较为早期的农耕情况，如“农纬厥耒”“农率均田”“往耰黍埠”“祈麦实”“妾子始蚕，执养宫事”“执陟攻驹”“启灌蓝蓼”“煮梅”“颁马”“煮桃”“树麦”“王狩”“纳民算”等，涉及公田劳役、农具、整地、种黍、种麦、养蚕、浴蚕、畜牧、狩猎、染料、园圃以及宗庙祭祀等各个方面，虽然文字简短，所反映的内容却是多方面、多层次的，对研究夏商周时期的农业历史都具有重要价值。因此也一直被农史界视为上古时期的一部重要农书。

（二）历法的产生

人们对天文气象规律的认识要晚于对物候规律的认识，但至少在原始社会晚期应该就有天文历法的萌芽。《史记·五帝本纪》说黄帝之时“迎日推策”，颛顼之时“载时以象天”，帝喾之时“历日月而迎送之”，帝尧之时“敬顺昊天，数法日月星辰，敬授民时”等，可见当时已经能够根据日月的出没来计算日子，根据星象的变化来确定时节。

相传到了夏代就已经能够制定历法。《礼记·礼运》：“孔子曰：我欲观夏道，是故之杞，而不足征也。吾得夏时焉。”郑玄笺曰：“得夏四时之书也，其书存者有小正。”虽然《夏小正》的成书未必早到夏代，但就其内容而言，“仍然保留着夏代历法的基本面目”①。

《夏小正》中已经将一年划分为十二个月，并且在正月、三月至十月的每个月中都以一些显著星象的出没表示节候。如：

---

① 陈久金：《历法的起源和先秦四分历》，《科学史文集》第一辑，上海科技出版社，1978年，8页。夏纬瑛：《〈夏小正〉经文校释》，农业出版社，1981年。

正月："鞠则见"（鞠星出现于天空），"初昏参中"（天刚黄昏时参星出现在南方天空正中），"斗柄悬在下"（北斗星的斗柄向下）。

三月："参则伏"（参宿伏而不见）。

四月："昴则见"（昴星出现），"初昏南门正"（刚黄昏时，南门星——即亢宿的上下二星——正当空中）。

五月："参则见"（参星可见），"初昏大火中"（刚黄昏时大火星——即心宿——出现在南方天空正中）。

六月："初昏斗柄正在上"（刚黄昏时，北斗星的斗柄方向朝上）。

七月："汉案户"（星汉天河正南北方向），"初昏织女正东乡"（刚黄昏时，织女星在正东的天空）。

八月："辰则伏"（辰星隐伏不见），"参中则旦"（参星位于天空南方正中）。

九月："内火"（大火星——心宿——入而不得见），"辰系于日"（辰星与日俱出俱入）。

十月："初昏南门见"（刚黄昏时，南门星出现在天空），"织女正北乡，则旦"（织女星见于东北方，天则拂晓）。

同时在这些月份中都安排了一些农事活动，可见这些天象的观察是与这些农事有关系的，这也说明历法的出现就是为农业生产服务的。

由于《夏小正》的"正月"有"鞠则见，初昏参中，斗柄悬在下"的记载，有些学者便认为："当天穹上出现这种星象时，便是正月。既然正月的星象已经固定，那么一年十二个月的划分就不可能完全根据月亮的圆缺来决定，即是说《夏小正》所反映的历法中必有闰月存在，只是《夏小正》中没有明确指明罢了"①。

夏代是否已经出现闰月，尚可研究，但是商代已出现闰月却是有甲骨卜辞为证的。从卜辞记录可知，商代已经有大小月之分，大月 30 天，小月 29 天，一年为 12 个月。但是 12 个月总共只有 354 天或 355 天，与地球绕太阳一周为 365 天 5 小时 48 分 46 秒还差 11 天多，于是每三年增加一个月，叫作闰月，在祖甲以前是将闰月放在十二月之后，称为"十三月"。祖甲以后到武丁时出现了年中置闰的迹象②。这就是《尚书·尧典》所述"期三百有六旬有六日，以闰月定四时成岁"。孔安国传曰："一岁十二月，月三十日，正三百六十日。除小月六，为六日，是为一岁有余十二日。未盈三岁足得一月，则置闰焉，以期定四时之气节，成一岁之历象。"可见商代的历法是阴阳历并用的，比较便于农时的掌握，对农业生产是更为有利的。

---

① 梁家勉：《中国农业科学技术史稿》第二章第四节，农业出版社，1989 年。

② 陈梦家：《殷虚卜辞综述》，科学出版社，1956 年，223 页。

周代继承商代的历法，但有自己的特色，用月相来标记一个月份的特定阶段，并且将之和干支相配合。周代将一个月分成初吉、既望、既生霸、既死霸四个阶段。如西周的铜器铭文：

唯八月既望，辰在甲申。（小盂鼎）

唯四月初吉丙寅。（静卣）

唯王七年十又三月既生霸甲寅。（牧簋）

唯三月既死霸甲戌。（颂鼎）

王国维在解释这些月相的含义时指出："古者盖一月之日为四分。一曰初吉，谓自一日至七八日也。二曰既生霸，谓自八九日以降至十四五日也。三曰既望，谓十五六日以后至二十二三日。四曰既死霸，谓自二十三日以后至于晦也。八九日以降，月虽未满，而未盛之明则生已久矣；二十三日以降，月虽未晦，然始生之明固已死矣。……以始生之明既死，故谓之既死霸。此生霸、死霸之确解，亦古代一月四分之术也。"①

此外，还有哉生霸、旁生霸、旁死霸等相关术语。如《尚书·康诰》："惟三月，哉生魄，周公初基作新大邑于东国洛。"《尚书·武成》："惟一月壬辰旁死霸，若翌日癸巳武王迺朝步自周，于征伐纣"等。哉生魄即哉生霸，专指既生霸的第一天。旁生霸和旁死霸指临近既生霸或既死霸的时间，"如既生霸为八日，则旁生霸为十日；既死霸为二十三日，则旁死霸为二十五日"②。

以月相和干支相配合来记时的方法，可以用月相指明干支日在月中的时段，比殷历仅以干支记时给人的时间概念更为准确些，应该说是个进步，也是周代历法的一个成就。

为了便于统一历法有利于农事的安排，周代还实行了"颁朔"制度。朔是农历每月的第一天，月亮运行到地球与太阳之间，地面上见不到月光，称之为朔，此日也称"朔日"。周代政府每年十二月间把第二年的历书颁发给诸侯，称之为"颁朔"，这个工作是由"大史"之官来完成。《周礼·春官·大史》："正岁年以序事，颁之于官府及都鄙。颁告朔于邦国。"郑玄注曰："中数曰岁，朔数曰年。中朔大小不齐，正之以闰，若今时作历日矣。定四时，以次序授民时之事。""天子颁朔于诸侯，诸侯藏之祖庙，至朔，朝于庙，告而受行之。"《左传·文公六年》："闰月不告朔，非礼也。闰以正时，时以作事，事以厚生，生民之道，于是乎在矣。"周王朝所颁之"朔"，主要内容是第二年有无闰月，每月朔日的干支、每月所应执行的政令和该办的事务。诸侯接受之后要藏在太祖之庙内。至翌年每月朔日，诸侯到宗庙进行祭祀，由有司宣读祝词和当月所应当执行之政令，称之为"告朔"。遇到闰月，

①② 王国维：《观堂集林》卷一。

虽不举行祭祀进行告朔，但诸侯还是要到宗庙里去朝拜一下，这也是表示诸侯对周天子的尊崇。但到了春秋时期，周天子已没有权威，诸侯也就不去宗庙朝拜，因此才有“闰月不告朔，非礼也”的议论。

春秋时期在天文历法方面的成就之一，是春分、秋分、冬至、夏至观念的形成。《左传·庄公二十九年》：“凡马，日中而出，日中而入。”杜预注曰：“日中，春秋分也。”孔颖达疏曰：“中者，谓日之长短与夜中分。故春秋二节，谓之春分、秋分也。”春分正是春草萌生让马出厩放牧的好时节，秋分时候，水寒草枯，牧马应回归入厩，故谓“日中而出，日中而入”。《左传·僖公五年》：“春，王正月，辛亥，朔，日南至。公既视朔，遂登观台以望。”“凡分、至、启、闭，必书云物，为备故也。”注曰：“分，春、秋分也。至，冬、夏至也。启，立春、立夏。闭，立秋、立冬。云物气色灾变也。”所谓“日南至”，是指太阳到达最南端，为白昼最短的时间，就是冬至。《左传》上也称作“日至”，如兴建土木工程应当“日至而毕”（《庄公二十九年》）。即冬至以后天寒地冻应该停工。“日至”后来也具体划分为“日长至”和“日短至”。《礼记·月令》：仲夏之月，“是月也，日长至，阴阳争，死生分”；仲冬之月，“是月也，日短至，阴阳争，诸生荡”。此外，杜预注“启”为“立春、立夏”，注“闭”为“立秋、立冬”，可见“分、至、启、闭”就是后来我国传统历法“二十四节气”里面的八个重要节气，亦称为“八节”，它为战国以后“二十四节气”的形成奠定了基础。

冬至和夏至的确定，就能够较为准确地测算一个回归年的长度，因此周代的历法就比商代的历法要准确得多。《左传》上有两次记载了“日南至”（冬至），一次就是上述的“僖公五年”，另一次是“昭公二十年”：“春，王二月，己丑，日南至。”两者相隔 133 年，其间一共记录了闰月 48 次，失闰一次，共有闰月 49 次，正是十九年七闰。因为十九年七闰采取的回归年长度为 365 天又四分之一，故被称为四分历，这是当时世界上最为先进的历法，比古希腊、罗马类似的历法还要早数百年。这是周代历法的一个重大成就。

三、土壤及生物分类

农业生产是在土地上进行的，古代劳动人民在长期的生产实践中积累了丰富的土壤知识，为我国古代土壤学的形成作出了积极的贡献。

首先表现在土壤概念的形成。早在商代的甲骨文中就有土字，写作Ω，像是作物长在平地上。《周易·离·彖辞》也说：“百谷草木丽乎土。”王弼注：“丽犹著也。各得所著之宜。”孔颖达疏曰：“丽谓附著也。”都说明古人早已认识到植物是生长在土地之上的。至《周礼》才有比较明确的土壤概念。

《周礼·地官·大司徒》："以土宜之法辨十有二土之名物，以相民宅而知其利害，以阜人民，以蕃鸟兽，以毓草木，以任土事。"已知全国土地有12个种类，根据不同的土地安排民众的生活生产。接着又说："辨十有二壤之物而知其种，以教稼穑树艺。"即区别十二种类的农田土壤，根据壤之所宜来指导民众种植各种庄稼。《周礼》是将土与壤分别记述的，可见二者之间是有区别的。郑玄在注中说："以万物自生焉，则言土。土犹吐也。以人所耕而树艺焉则曰壤，壤，和缓之貌。"即万物自生自长的地方叫"土"，也就是现在所说的"自然土壤"。人们耕作、种植庄稼的地方叫作"壤"，就是现在所谓的"农业土壤"。两者之间的本质区别在于前者是自然生成的，而后者是通过人们的生产活动形成的。虽然这是东汉学者的解释，不等于《周礼》的作者一定就有如此明确认识，但既然已经将土与壤分开来，说明当时对农业土壤一定有所认识，这当然是由于农业生产技术发展，精耕细作技术逐步形成，人们对农业土壤有了进一步了解的结果。

其次表现在土壤分类标准的产生。《尚书·禹贡》记载当时九州各地的土壤是不相同的，分别称之为白壤、黑坟、白坟、斥、赤埴坟、涂泥、壤、垆、青黎、黄壤10种。如：

冀州："厥土惟白壤。"孔安国传："无块曰壤，水去土复其性，色白而壤。"又引马氏注曰："天性和美也。"白壤就是土性和缓、肥美呈白色的土壤。

兖州："厥土黑坟。"孔安国传："色黑而坟起。"又引马氏注曰："有膏肥也。"指土性疏松隆起而肥沃的土壤。

青州："厥土白坟，海滨广斥。"虽然传、疏均未解释白坟，但与"黑坟"相对，似乎也可以解释为"色白而坟起。"传释"海滨广斥"曰："言复其斥卤。"说明滨海地区的土壤是盐碱地。

徐州："厥土赤埴坟。"孔安国传曰："土黏曰埴。"应该是呈赤色的黏土。

扬州、荆州："厥土惟涂泥。"孔安国传曰："地泉湿。"属于黏质湿土。

豫州："厥土惟壤，下土坟垆。"孔安国传曰："高者壤，下者垆。"并引《说文》："黑刚土也。"壤为"无块曰壤。"是地势较高而土性和缓肥美的土壤。垆为则地势较低土性坚硬的土壤。

梁州："厥土青黎。"孔安国传曰："色青黑而沃壤。"是一种颜色青黑而肥沃疏松的土壤。

雍州："厥土惟黄壤。"黄壤应是肥沃疏松的黄色土壤。

上述土壤名称中的白、黑、赤、青、黄是指土壤的颜色。壤、坟、斥、涂泥、垆、埴等是指土壤的质地，可见当时区分土壤的标准是根据颜色和质地分类的。这在《周礼》《管子》等书中也可看到相类似的记载。如：

《周礼·地官·草人》记载："掌土化之法以物地，相其宜而为之种。凡粪种，骍刚用牛，赤缇用羊，坟壤用麋，渴泽用鹿，咸潟用貆，勃壤用狐，埴垆用豕，强㯺用蕡，轻爂用犬。”其中骍刚、赤缇、坟壤、渴泽、咸潟、勃壤、埴垆、强㯺、轻爂，都是土壤名称，与《管子·地员》中记载的平原五种土壤（息土、赤垆、黄堂、赤埴、黑埴）等相似，其中不少也是以土壤的颜色和质地来命名的。

当时土壤分类的另一标准是根据土壤肥力来确定的。如《周礼·地官·小司徒》：“乃均土地，以稽其人民而周知其数。上地家七人，……中地家六人，……下地家五人……”是根据土壤肥力的高低划分为上地、中地、下地三个等级。《尚书·禹贡》中将全国九州的土壤分为上、中、下三等，每等有分上、中、下三级，也是根据肥力来定等级的。而《管子·地员篇》分得更仔细，全国共有十八类土壤，其中五息、五沃、五位等三类土壤品位最高。次一等的是五隐、五壤、五粰，“不若三土以十分之二”，即比上述的三类土壤差十分之二。再次一等的是五杰、五垆、五壏，“不若三土以十分之三”。又次一等的是五剽、五沙、五隔，“不若三土以十分之四”。又次一等的是五犹、五壮，“不若三土十分之五”。又次一等的是五埴、五觳，“不若三土以十分之六”。又次一等的是五舄、五桀，“不若三土以十分之七”。这里所谓的“不若三土”的十分之几，就是指其肥力比“三土”差十分之几，都是以土壤的肥力为标准的。

由于对土壤的分类积累了相当丰富的知识，因而对在不同土质的土壤上面生长的植物也有颇为深刻的认识。《管子·地员篇》就说：“凡草土之道，各有穀造，或高或下，各有草土（物）。”又说：“每州（土）有常，而物有次。”据夏纬瑛先生研究，所谓“草土之道”，是指“草与土是有相关的道理”，“穀造”意为“录次”，亦即“次第”，故此话之意是：植物与土地之间有密切的关系，土地高低不同，生长的植物也不一样。也就是说，植物与生长环境及地势是相互联系，有规律可循，无论山地、平原或低湿地区，都各有其所适宜生长的植物。这样人们就可以因地制宜地来规划农业布局，更好地为农业生产服务①。我们从《周礼·夏官·职方氏》中关于九州各地的谷物和牲畜的记载亦可以得到印证。“职方氏”的职责之一就是“掌天下之图，以掌天下之地，辨其邦国、都鄙……之人民，与其财用、九谷、六畜之数要，周知其利害。”明确指出：

> 东南曰扬州，……其畜宜鸟兽，其谷宜稻。
>
> 正南曰荆州，……其畜宜鸟兽，其谷宜稻。
>
> 河南曰豫州，……其畜宜六扰，其谷宜五种。
>
> 正东曰青州，……其畜宜鸡狗，其谷宜稻麦。
>
> 河东曰兖州，……其畜宜六扰，其谷宜四种。

---

① 梁家勉：《中国农业科学技术史稿》第二章第四节，农业出版社，1989年。

正西曰雍州，……其畜宜牛马，其谷宜黍稷。

东北曰幽州，……其畜宜四扰，其谷宜三种。

河内曰冀州，……其畜宜牛羊，其谷宜黍稷。

正北曰并州，……其畜宜五扰，其谷宜五种。

应该说，“宜”之一字的提出，是建立在对土壤及其所生长的植物的辩证关系有了深切了解的基础上才有可能的。这是我国传统农业精耕细作体系中因地制宜思想的源头，在我国农业思想史上具有重要意义。

与此相适应，这个时期人们对动植物的生物分类也有较明确的认识。《周礼·地官·大司徒》中把生物明确分为动物和植物两大类：

以土会之法，辨五地之物生：

一曰山林，其动物宜毛物，其植物宜早物。郑玄注：毛物，貂狐貒貉之属。早，音皂，或本作皂。皂物，柞栗之属。

二曰川泽，其动物宜鳞物，其植物宜膏物。郑玄注：鳞物，鱼龙之属，水居陆生者。郑玄注膏物为“莲芡”。

三曰丘陵，其动物宜羽物，其植物宜核物。郑玄注：羽物，翟雉之属。核物，李梅之属。

四曰坟衍，其动物宜介物，其植物宜荚物。郑玄注：介物，鱼鳖之属。荚物，荠荚王棘之属。

五曰原隰，其动物宜蠃物，其植物宜丛物。郑玄注：蠃物，虎豹貔貙之属，浅毛者。丛物，萑苇之属。

可见《周礼》不但明确提出“动物”“植物”的概念，而且还把动物分为毛（毛兽类）、鳞（鱼、蛇类）、羽（鸟类）、介（龟鳖类）、蠃（浅毛兽类）五大类。将植物分为皂（柞栗之属）、膏（莲芡之属）、核（李梅之属）、荚（荠荚王棘之属）、丛（萑苇之属）五大类。

《周礼·考工记·梓人》还把动物总分为大兽和小虫两大类：“天下之大兽五：脂者，膏者，蠃者，羽者，鳞者。”（郑玄注：“脂，牛羊属。膏，豕属。蠃者，谓虎豹貔貙，为兽浅毛者之属。羽，鸟属。鳞，龙蛇之属。”）“外骨、内骨，却行、仄行、连行、纡行，……谓之小虫之属。”（郑玄注：“外骨，龟属。内骨，鳖属。却行，螾衍之属。仄行，蟹属。连行，鱼属。纡行，蛇属。”）则大兽为脊椎动物，小虫大部分为一些爬行类无脊椎动物。

至于我国最早的一部辞书——《尔雅》卷八为“释草”，卷九为“释木”“释虫”“释鱼”。卷一〇为“释鸟”“释兽”“释畜”。可见，《尔雅》是将植物分为草本和木本两大类。而将动物分为虫、鱼、鸟、兽、畜五大类。虽然《尔雅》成书于战国时期，但所反映的生物分类学知识应该是继承春秋之前的成就的。总之，先秦时期的分类学知识的积累，为我国以后动植物分类学的发展奠定了基础。

第二节　农业科学成就的影响

一、旱作物对度量衡产生的影响

随着原始农业生产的发展，在原始社会末期，出现私有制的萌芽，产生了物品交换现象，社会上也就需要有一定审度衡量实物的标准和器具，因此出现了原始的度量衡制度。

传说早在黄帝、舜、禹时期就已经出现了度量衡。如：

《大戴礼记·五帝德》："（黄帝）设五量。"

《世本·帝系》："（少昊）同度量，调律吕。"

《尚书·舜典》："（舜）协时月正日，同律度量衡。"

《史记·夏本纪》："（禹）身为度，称以出。""左准绳，右规矩，载四时以开九州，通九道，陂九泽，度九山。"

夏禹在治水过程中是以自己身体的某一部分长度作为标准，制造统一的尺度，才能够指挥众人兴修水利工程，而且还使用了准绳和规矩等测量器具。这是早期的度量衡器具。《国语·周语下》也提到夏代的度量衡："《夏书》有之曰：关石和钧，王府则有。"石和钧就是夏代的度量衡单位或器具，这些专用的度量衡器具放置在王府之中，应该是为贵族领主们剥削人民征收粮食时所使用。看来这些度量衡器具已经具有一定的权威性和统一性了①。

进入商周时期，由于农业、手工业、建筑业的发展，商品交换也日益频繁，需要有相应的度量衡器具，传说夏代已有"夏尺"，蔡邕《独断》就说过"夏十寸为尺"。"夏尺"是什么样子，因未发现实物，至今不得而知。但在河南安阳确曾发现过两把商代的象牙尺，其中一支实测长 15.78 厘米，一支实测长 15.8 厘米，分别为中国国家博物馆和上海博物馆所收藏。两尺的正面都刻有 10 寸，每寸刻 10 分，都是采取分、寸、尺十进位的长度单位制。商代去夏未远，看来"夏十寸为尺"可能是事实。西周时期，国家政权加强了对度量衡的管理，设立专门的官职，制定和颁行了度量衡制度。《礼记·明堂位》说："（周公）朝诸侯于明堂，制礼作乐，颁度量，而天下大服。"《礼记·王制》记载："司空执度度地……量地远近，兴事任力。""凡居民，量地以制邑，度地以居民。"既然要丈量土地，必定已经有各种专

---

① 丘光明：《中国历代度量衡考》，科学出版社，1992 年，123 页。

用的测量工具。《周礼》中也有很多记载：

《天官·冢宰》记载内宰的职责之一就是颁行度量衡制度："凡建国，佐后，立市……陈其货贿，出其度量淳制。"

《秋官·大行人》记载大行人也兼管国家统一度量衡标准器："十有一步，达端节，同度量，成牢礼，同数器。"

《地官·质人》记载质人管理地方市场上的度量衡："掌稽市之书契，同其度量，壹其淳制，巡而考之，犯禁者，举而罚之。"

《地官·司市》记载司市负责管理市场上因度量衡引起的纠纷："掌市之治、教、政、刑、量度、禁令。……以量度成贾而征儥，以质剂结信而止讼。"

此外，《周礼·地官》记载"舍人"职责之一是"掌米粟之出入，辨其物，岁终，则会计其政"。"仓人"的职责是"掌粟入之藏，辨九谷之物，以待邦用"。既然是负责"粟米之出入"，还要"会计其政"，肯定是需要运用相应的器具，可见西周时期的度量衡制度是要比夏商时期进步多了。但是，至今为止尚未发现西周时期的度量衡器具的实物，其具体情形不清楚，只是从《周礼·考工记》的"匠人为沟洫，耜广五寸"，"筑氏为削，合六而成规"，以及蔡邕《独断》卷上的"周……八寸为尺"，王应麟《玉海》卷八"通鉴外纪：夏禹十寸为尺，成汤十二寸为尺，武王八寸为尺"等记载来窥测西周的尺度情况。另外，从西周的铜器铭文中也可了解到当时的重量单位有"匀"和"寽"，如成王时铸造的师旅铜鼎铭文有"三百寽"，禽段铭文有"金百寽"，孝王时铸造的曶鼎铭文有"用百寽"，守段铭文有"金十匀"等。

春秋时期，各国都在进行改革，齐国"相地而衰征"，楚国"量入修赋"，鲁国"初税亩"，都是承认土地私有而开始计亩征收田赋，而当时征收的又是实物地租，度量衡就显得更加重要，其制度也就日趋完备。如《左传·昭公三年》齐国陈氏改变旧的量制，实行大斗出贷，小斗收取的办法来笼络人心："齐旧四量：豆、区、釜、锺。四升为豆，各自其四，以登于釜，釜十则锺。陈氏三量，皆登一焉，锺乃大矣。以家量贷，而以公量收之。"可见当时的量器有豆、区、釜、锺四种，四豆为区，四区为釜，十釜为锺。目前发现的量器最早的属于战国时期，尚未发现春秋时期的实物。但从《考工记》中有关齐国标准器"栗氏量"的详细记载中，可以了解到当时釜、豆、升三个量器的规格尺寸和容量。权衡器具的实物，目前发现最早的是春秋末年楚国的铜环权，还有为数不少的金版。金版都钤有方形戳式印，上有"郢称"铭文。"郢"是楚国的别称，"称"指称量货币①。整块的"郢称"金版重量大约相当于当时楚国的一斤（约合 250 克）②。

---

① 安志敏：《金版与金饼》，《考古学报》1973 年 2 期。

② 丘光明：《中国历代度量衡考》，科学出版社，1992 年，282 页。

度量衡的产生是与农业生产的发展和交换的出现有密切关系的，或者说是为农业生产和产品交换服务而被创造出来的。不管是“夏后氏五十而贡”也好，“殷人七十而助”也好，还是“周人百亩而彻”也好，都必须将土地划分成一定的面积然后才好分给农民们去种植，收成时每块田地收获多少谷物也须计量，缴纳租赋的谷物更需要计量，因此就需要创造一整套度量衡器具。但是，制定度量衡制度首先需要有一个赖以比较的基准。一般来说，作为度量衡基本标准有两大类，一类是取自然物为标准，如取人体的某一部分，或是以丝毛的宽度，或是以谷物的长度等。另一类是以人所制作的某种物品为标准，如以律管的长度，以圭璧或者货币直径之数为标准。但是身体因人而异，丝毛有粗有细，圭璧货币为人造之物，常有变化，也不适合作精密标准。只有谷物和律管比较稳定可靠，所以中国的度量衡是用它们作为基准，成为一大特色。

《汉书·律历志》说：“度者，分、寸、尺、丈、引也，所以度长短也。本起黄钟之长。以子谷秬黍中者，一黍之广，度之九十分，黄钟之长。一为一分，十分为寸，十寸为尺，十尺为丈，十丈为引，而五度审矣。”即把90粒中等大小的秬黍横排成行，其长度与黄钟律管的长度相等，1粒为一分，十粒为一寸，100粒则是一尺，10尺为一丈，10丈为一引。

“量者，龠、合、升、斗、斛也，所以量多少也。本起黄钟之龠，用度数审其容，以子谷秬黍中者千有二百实其龠，以井水准其概。十龠为合，十合为升，十升为斗，十斗为斛，而五量嘉矣。”即把1 200粒中等大小的秬黍装入黄钟律管的内部，其容积为一龠，10龠为一合，10合为一升，10升为一斗，10斗为一斛。

“权者，铢、两、斤、钧、石也，所以称物平施，知轻重也。本起黄钟之重。一龠容千二百黍，重十二铢，两之为两。二十四铢为两，十六两为斤。三十斤为钧，四钧为石。”即把黄钟律管内的1龠容积秬黍（1 200粒）的重量作为12铢，24铢为一两，16两为一斤，30斤为一钧，4钧为一石。

黄钟是中国古乐十二律中的第一律，一律有宫、商、角、徵、羽五音，宫音为五音之最低音，其波长最大，黄钟之音律确定后，作为乐器的黄钟律管之长度也就可以固定，将之与谷物秬黍的长度和体积相结合，互相参照，作为度量衡的标准，实在是具有科学性，在当时来说也是最先进的。因为，“在常温下声速一般不变，因此，管径相同，频率就只取决于管长了，也就是说管子长，频率就小，音频就低。古代乐律学家把黄钟作为第一律，黄钟律确定之后，用三分损益法就可以推算出其他十一个律”。因此尺度和乐律之间有着不可分割的关系①。

世界各国的重量单位多数是以植物的种子作为标准，如巴比伦、阿拉伯和英

① 丘光明：《中国历代度量衡考》，科学出版社，1992年，2页。

格兰以小麦为标准，希伯来以豆为标准。中国的特色则是将谷物和乐律结合起来。《汉书·乐律志》是根据西汉末年数学家、天文学家、音律学家刘歆的著述编写的。刘歆在王莽改制年代曾经监制了一批国家级的标准度量衡器，所以也是一位度量衡专家。但是他所制定的度量衡制度绝非只是西汉的产物，而是先秦时期历代度量衡实践经验的总结。如《世本·帝系》中就有少昊“同度量，调律吕”的记载，《尚书·舜典》也有舜“协时月正日，同律度量衡”的记载，说明度量衡与乐律的结合是很早就开始了的。不是到西汉才由刘歆发明出来的。再以谷物来说，刘歆不以汉代已经普遍种植并已成为主要粮食的粟和麦子或者大豆作为标准物品，而是用汉代早已退出主粮地位的秬黍来作标准，应该是继承夏商西周的历史成果。

秬黍就是商周时期的粮食作物。《诗经·大雅·生民》：“诞降嘉种，维秬维秠，维穈维芑。恒之秬秠，是获是亩。”据《毛传》解释：“秬，黑黍也。秠，一稃二米也。”可见秬、秠是黍的两个品种。秬是“黑黍”。本卷第三章第二节已经介绍过黍。黍类作物特别耐旱、耐瘠，分蘖力强，具有再生能力，生长旺盛，又比较耐盐碱，适合于在西北地区的黄土高原种植，是商周时期的主要粮食。而黑黍既然作为“嘉种”，自然是比一般的黍类作物长得坚实饱满，又因为带壳的黍谷的体积比粟谷体积大得多，比小麦、稻谷的粒形更为圆鼓匀整，用它来作为校正黄钟的长度和容积的标准物自然是较为理想。因此，我们认为有可能早在商周时期就已经用秬黍作为度量衡的基准，刘歆则是对它进行总结提高加以完善。

由此可见，商周时期的农业生产的发展及其科学技术的进步促进了度量衡的产生和发展，而且当时旱地的主要粮食作物黍谷也对当时及后代的度量衡制度产生了深刻的影响。

二、垄作对地积单位产生的影响

与度量衡有直接关系的是作为土地面积单位的亩制。亩在古代最早是指耕作方法，即指农田中高出田面的丘垄。如《国语·周语》：“天所崇之子孙，或在畎亩，由欲乱民也。”韦昭注：“下曰畎，高曰亩。亩，垄也。”《诗经》中提到的“亩”大部分都是指垄，只有一篇《魏风·十亩之间》诗中唱道：“十亩之间兮，桑者闲闲兮”，“十亩之外兮，桑者泄泄兮”。诗中的“亩”是作为地积单位。该诗属于春秋时期的作品，春秋的鲁国曾实行过“初税亩”，是按亩收税，看来春秋时期亩已经作为土地面积的基本计量单位。

在此之前，地积单位不是亩，而是“田”或“成”。如西周铜器不期簋铭文：“锡汝弓一束，臣五家，田十田。”后一个田字就是地积单位。敔簋的铭文也有：

“锡贝五十朋……于早五十田。”这里的田字也是地积单位。《左传·哀公元年》记载伍员谈到夏朝的少康逃奔有虞时说：“虞思于是妻之以二姚，而邑诸纶，有田一成，有众一旅。”这里的“成”也是地积单位。目前尚未发现西周时期有以亩作为地积单位的材料，看来是春秋之后才开始使用的。

垄作制在西周出现之后，逐渐得到推广，被各地所采用。将田地整治成一条条的沟和垄，即“甽”和“亩”。甽亩的宽度大体相等。根据《周礼·考工记·匠人》对沟洫制度的规格要求“广尺深尺谓之甽”来看，农田中间的甽（也就是甽）大概也是宽一尺深一尺，那么，田中的亩（垄）之宽度和高度也应该是一尺左右。于是人们就都把农田修整成宽度相同的甽和亩。因为田亩的形制相对稳定，便于计算面积，就将一定面积的甽亩作为基本单位。如将三条沟（甽）和三条垄（亩）的宽度（正好是六尺左右）称为一步，将一百步（六百尺）长的农田作为一亩。如郑玄在注《周礼·地官·小司徒》时引用《司马法》：“六尺为步，步百为亩。”《韩诗外传》也说：“广一步，长百步为亩。”亩就这样由一种耕作方法逐渐演变为一种计量土地面积的基本单位。我国历史上长期沿用的土地面积的基本计量单位就是从古老的甽亩法（垄作法）发展而来的。一直到战国、秦汉时期所盛行的亩制仍然是“六尺为步，步百为亩”。可见其影响何其深远。已故农史学家王毓瑚先生也曾明白指出：“古代规定的是六尺为步，步百为亩。这就是说，作为单位面积的亩，是按宽一步，长一百步计算的，也是一个长条。这就反映出来，亩原来在耕作制度中指的是一长条地，正是因为这样的形状在一般人的观念中固定下来了，所以后来改为计量面积的单位，也以一个长条的形状来表达。”①

由于“亩”字已经逐渐演变为地积单位专门名称，人们就开始用“垄”字来代替。

据闵宗殿先生研究，“垄”是个后起的字，最初见于战国文献。如《礼记·曲礼》：“适墓不登垄。”郑玄注曰：“垄，冢也。”《方言》：“冢，秦晋之间谓之坟，……或谓之垄。”《说文解字》：“垄，高坟也。”徐谐注：“地高起若有所包也。”可见垄的原意是高出地面的坟堆。后来，人们取其从地面隆起之意借用为耕地上的丘垄。正如段玉裁在《说文解字注》中所指出：“高者为丘垄，《周礼》注曰：‘冢，封土为丘垄’。《曲礼》：‘适墓不登垄。’注曰：‘为其不敬。垄，冢也。墓，茔域。’是则垄非墓阶也。郭注《方言》曰：‘有界埒似耕垄以名之。’此恐方言，而非经义也。垄亩之称，取高起之文，引申之耳。”

至秦汉间，“垄”（或者作“陇”）已经取代了“亩”字，专指农田中高于地面

① 王毓瑚：《先秦农家言四篇别释》，农业出版社，1981年，61页。

的丘垄，并且成为农田的代称。如《史记·陈涉世家》："辍耕而之垄上。"《史记·项羽本纪》："起垄亩之间。"自此之后，"垄"作为一个耕作名词一直沿用下来，而"亩"作为垄讲的原意渐渐很少为人所知了①。

① 闵宗殿：《垄作探源》，《中国农史》1983 年 1 期。

第九章　农业文化

在农业发达的基础上，夏商周社会已经跨进文明的门槛，反映在意识形态方面就是农业文化的形成和趋于成熟。首先表现在饮食文化的发展，其次表现在农事占卜和祭祀的兴盛，再次表现在文字的产生，最后表现在农事诗歌的诞生和成熟①。

第一节　饮食文化

与处于萌芽状态的新石器时代饮食文化相比，夏商西周时期的饮食文化有着很大的发展。首先是农业生产的发达为人们提供了丰富的动植物食品，为饮食文化的发展提供了雄厚的物质基础。其次是庞大的帝王、诸侯、官僚、贵族等奴隶主阶级过着骄奢淫逸的生活，日益追求饮食的精美化，促使烹饪出现专业化，导致烹饪技术的提高。再次是青铜饮食器具的出现和发展也推动了烹饪技术的进步。最后是礼仪和饮食的结合成为当时饮食文化走向成熟的标志。

一、饮食结构

由于种植业和养殖业以及渔猎经济的发展，给夏、商、西周时期的人们提供了丰富的食物资源，无论是主食还是副食都较新石器时代丰盛得多。

---

① 本章内容转引自陈文华《中国古代农业文明史》第三章第三节（江西科技出版社，2005年），特此说明。

（一）主食

夏、商、西周的农业生产中心是在黄河中上游的黄土高原，因此作为当时主食的粮食作物仍以黍稷一类的旱作物为主。甲骨文中已有禾、粟、黍、来、麦、稻等字。《诗经》中提到的粮食作物有黍、稷、粟、禾、谷、粱、麦、来、牟、稻、稌、秬、秠、穈、芑、菽、麻等。其中有些是同一作物的不同品种（如秬、秠是黍的两个品种），有的是一种作物的别称（如稌是稻的别称）。文献中经常是以粟、黍、稷来代表当时的粮食作物。如《尚书·仲虺之诰》记载商汤灭夏，形容夏桀为国家败类时说："肇我邦于有夏，若苗之有莠，若粟米中之秕子。"《尚书·盘庚》训责懒于农耕者不会有收获时说："惰农自安，不昏作劳，不服田亩，越其罔有黍稷。"《尚书·酒诰》提到商人善于"纯其艺黍稷，奔走事厥考厥长。"至于《诗经》中提到黍稷之处就更多了，据齐思和先生统计，《诗经》中提到黍的有18篇，提到稷的有18篇，其余都在9篇以下①。当然也还有其他粮食作物，如考古工作者在安徽巢湖附近的含山县大城墩遗址就发现距今3 600多年、约当夏末的炭化稻谷，经鉴定有籼稻和粳稻②。联系到《史记·夏本纪》关于夏禹"令益予众庶稻，可种卑湿"的记载，看来夏代主食中也是包含稻米的，只是所占比例不大而已。同样，当时也已经种植和食用麦子，只是不太普遍。只有到了西周之后，稻麦的种植和食用才逐渐增多，因此《诗经》中就经常提到麦子和稻米，如"爰采麦矣"（《鄘风·桑中》）、"禾麻菽麦"（《豳风·七月》）、"有稻有秬"（《鲁颂·闷宫》）、"黍稷稻粱，农夫之庆"（《小雅·甫田》）等。

（二）副食

商周时期的副食，无论是动物性食物还是植物性食物都较新石器时代更为丰富。

1. 动物性食物 畜牧业在当时社会经济中占有重要地位，六畜中的马、牛、羊、猪、犬等开始是作为食用的。如《穆天子传》："甲子，天子北征……因献食马三百、牛羊三千。""壬申，天子西征，至于赤乌。赤乌之人献酒千斛于天子，食马九百，牛羊三千。"商代祭祀中也大量使用牲畜，多达数百头。如："贞……御牛三百。"③"丁亥……卯三百牛。"④ 实际上，祭祀后的牺牲多数还是要吃掉的，这也

---

① 齐思和：《毛诗谷名考》，《燕京学报》1946年6月26期，又收入《中国史探研》（中华书局，1981年）1～26页。

② 见《安徽含山大城墩遗址发掘报告》，《考古学集刊》第6辑，1989年。

③ 《殷虚书契前编》4.8.4。

④ 《殷虚书契后编》2.8.4。

反映了饲养业的发展。猪肉也是当时主要的肉食之一。甲骨文已有豕字，卜辞中也有“卯卅豕”“豚十”的记载①。《诗经·大雅·公刘》有“执豕于牢”的记载，说明猪已实行圈养。《易·大畜》：“豮豕之牙，吉。”豮即阉割。圈养和阉割都可以促使猪的肥育，改善肉质，为人们提供更为可口的肉食。家禽主要是鸡、鸭、鹅等也进入人们的食谱。《夏小正》：“（正月）鸡桴粥（即鸡产卵）。”甲骨文已有鸡字，殷墟也发现作为祭祀的鸡骨架②。在河北藁城台西商代遗址一些平民墓葬的陶豆中也发现有鸡骨③。《诗经·王风·君子于役》有“鸡栖于埘”“鸡栖于桀”的诗句，说明鸡已被进行室内饲养，有利于肉质的改善。在江苏句容浮山果园曾出土过西周的鸡蛋④。可见禽蛋也是人们重要的食品之一。甲骨文虽然没有鸭、鹅等字，但安阳殷墟已有石鸭、玉鸭出土，妇好墓中也出土过玉鹅⑤。西周青铜器中也有鸭尊、鹅尊等器物。可见商周时期已经将水禽中的凫（野鸭）、雁驯化为家养的鸭和鹅，增添了动物性食物的品种。

除了家畜家禽，一些野生动物也成为人们餐桌上的佳肴。夏、商贵族特别爱好狩猎，其捕猎的野兽自然也就成为人们的美餐。《夏小正》中已有关于狩猎的记载，特别是“十一月”的“王狩”，即是冬季奴隶主贵族举行的大规模田猎。商代的狩猎活动就更加频繁，卜辞中常有狩猎的记载，有时一次猎获的野兽可达几百头，规模是很大的。如“丁卯，狩正……获鹿百六十二，□百十四，豕十，兔一。”（《殷虚书契后编》下 1.4）“……之日狩，允擒虎一，鹿四十，狐百六十四……”（《殷虚文字丙编》284）西周时期的狩猎也很盛行，《墨子·明鬼篇》：“周宣王会诸侯而田于圃，车数万乘。”可能有所夸张，但还是可以想象其规模是何等之大。《诗经》中有许多诗篇描写了狩猎的情形。如《小雅·吉日》：“既张我弓，既挟我矢。发彼小豝，殪此大兕。以御宾客，且以酌醴。”既然是“以御宾客，且以酌礼”，可见捕猎到的野兽自然会成为宴饮群臣时的美餐。《逸周书·世俘解》中记载西周早期武王田猎时的巨大收获：“武王狩，禽虎二十有二，猫二，麋五千二百三十五，犀十有二，牦七百二十有一，熊百五十有一，罴百一十有八，豕三百五十有二，貉十有八，麈十有六，麝五十，麇三十，鹿三千五百有八。”虽然这些数字未必可靠，但其中各种野兽的种类和比重还是有参考价值的，比如其中以麋、鹿最多，牦牛其次，野猪又次，猛兽最少，与商代卜辞中所反映的情况类似，因此应该是比较符合当时的客观实际的，由此，亦可想象这些野味在当时食谱中的比重，至少在贵族阶

① 《殷契粹编》430、27。

② 见《考古学报》1955 年 9 期，31 页。

③ 河北省文物研究所：《藁城台西商代遗址》，文物出版社，1985 年，111 页。

④ 见《考古》1979 年 2 期，113 页。

⑤ 见《考古》1976 年 4 期，269 页；《考古》1988 年 10 期，878 页。

层中的餐桌上占有重要这地位。

在动物性食物中，还应该包括水产品。商周时期薮泽众多，江河纵横，水产资源十分丰富。因而水生动物的捕捞是当时采集渔猎经济中的重要组成部分。早在《夏小正》中就以“鱼陟负冰”“獭祭鱼”作为捕鱼季节到来的物候标志，又有“虞人入梁”的记载，反映当时捕鱼活动。《禹贡》中记载沿海地区青州进贡“海物”，徐州贡“鱼”，都是海产。《周礼·职方氏》记载青州、兖州“其利蒲鱼”，幽州“其利鱼盐”，其中有部分的鱼也是海产品，可见沿海一带的捕捞业相当发达。卜辞中也有捕鱼的内容：“辛卯埔贞今夕……十月，［在］渔。”（《殷虚书契前编》5.45.2）“贞众有灾九月，鱼。”（《殷虚书契前编》5.45.5）“癸未卜丁亥渔。”（《殷虚书契前编》4.56.1）等。《诗经》中描写捕鱼活动的诗句就更多了，如《小雅·无羊》“牧人乃梦，众维鱼矣”，“大人占之，众维鱼矣，实惟丰年”，《周颂·潜》“猗有漆沮，潜有多鱼”等。从《诗经》中可以了解到当时捕捞的鱼类有：鳣、鲔、鳟、鲂、鲦、鲂、鲿、鲨、鳗、鲤、鳖、鲦等。除了捕捞，当时已经有了人工养鱼，卜辞中有“贞，其雨，在圃鱼”（《殷虚书契后编》上 31.2)，“在圃渔，十一月”（《殷虚书契后编》上 31.1)。《诗经·大雅·灵台》：“王在灵沼，於牣鱼跃。”有了人工养鱼，就可以提供更多的鱼类食物。《周礼》中还设有“鳖人”一职，“春献鳖蜃，秋献龟鱼。”可见龟、鳖、蜃、蛤之类的水产品也成为人们生活中的食品。

2. 植物性食物 副食中的植物性食物是以蔬菜为主。因为当时已经出现了园圃业，种植着人们日常生活中食用的蔬菜。《夏小正》中就有“囿有见韭”“囿有见杏”的记载，甲骨文中也有“囿”字。《诗经·豳风·七月》中提到：“九月筑场圃，十月纳禾稼。”毛传曰：“春夏为圃，秋冬为场。”郑玄笺曰：“场圃同地耳。物生之时，耕治之以种菜茹，至物尽成熟，筑坚以为场。”从先秦古籍中记载可知，当时的主要蔬菜，属于调味类的有韭、蒜、葱、姜等。属于陆生蔬菜类的有瓜、瓠、芸、葑、菲、荠、葵、笋等。属于水生蔬菜类的有薇、芹、蒲、荷等。此外，园圃中还种植了许多果树，从《夏小正》的“囿有见杏”“梅、杏、杝桃则华”等记载来看，当时已经人工种植杏、梅、桃等果树。从《诗经》《礼记·内则》等文献中可以了解到，至迟到周代，园圃中已经有人工种植的杏、桃、梅、李、枣、栗、桑椹、木瓜以及梨、柿等果树。可见今天日常食用的蔬菜和瓜果，其中很多早在商周时期就已培育成功，为人们提供了富有营养的植物性食品①。

除了人工栽培，许多野生植物也成为人们的食物，因为当时的采集野生植物也是人们的生活资料的来源之一，特别是对贫苦百姓来说更是如此。《诗经·豳风·

① 陈文华：《中国古代农业科技史图谱》第六章“夏商西周时期的农作物”，中国农业出版社，1991 年。

七月》中提到“六月食郁及薁”，“九月叔苴，采荼薪樗，食我农夫”，明确指出农民们是靠采集野生植物来维持生活的。《周礼·天官·冢宰》记述“大宰”的职守之一是“以九职任万民”，其中第八职是“八曰臣妾，聚敛疏材”。据郑玄注，疏材是指“百草根实之可食者”，也就是野生的蔬菜和果实。从《诗经》中可以了解到当时的野生蔬菜和果实主要有荼、堇、荠、芑、莫、葑、葍、蓫、荖、蕨、薇、卷耳、荇菜等，还有郁李、薁（野葡萄）等野果。

3. 饮料 夏商西周时期的饮料，最突出的就是酒。我们在第六章第五节中已经论述过早在新石器时代的仰韶文化和龙山文化时期人们已经发明了酿酒技术。但是文献上的记载却把酿酒的功劳归于夏禹时代的仪狄。《世本·子篇》：“仪狄始作酒醪，变五味。少康作秫酒。”宋衷注曰：“仪狄，夏禹之臣。”《战国策·魏策一》记载得更具体些：“帝云女令仪狄作酒而美，进之禹。禹饮而甘之，……遂疏仪狄而绝旨酒。”因为夏禹已估计到“后世必有以酒而亡国者”。夏代的最后一个国王夏桀，就是以酒亡国（《新序·刺奢》）。仪狄可能是对酿酒技术加以总结和推广之人。因此，夏代已有酿酒业是不成问题的。取夏朝而代之的商朝，更是以嗜酒而闻名于世。卜辞中就有许多用酒祭祀的内容，如：

乙卯贞，酢大乙……（《殷契粹编》133）

贞王于沓酢于上甲。（《殷契拾掇》2.98）

贞昱乙酉，酢唐足。（《遗》4）

昱丁亥，酢大丁。（《殷虚文字乙编》4510）

酢是用酒祭祀的专用字，上述卜辞都是记录用酒祭祀祖先，说明酒在商代祭祀中是经常使用的物品，在日常生活中也必然是相当普及的饮料。

商代的青铜器中大部分是酒器，如觥、卣、彝、尊、壶、罍、觚、觯、盃、勺、爵、角、斝、盉等，其种类也远远超过饮食器皿。商代贵族墓葬中经常以大量青铜酒器随葬，其种类和数量也超过饮食器，而且凡是酒器大都和棺木一起放在木椁之内，而鼎、鬲、甗、簋、豆等饮食器皿都放在椁外，可见商代贵族嗜酒胜于饮食，死了也要将酒器放在离身体近一些的地方。贵族们的地位和等级之区别主要表现在酒器，较大的墓葬中可以见到10件左右的青铜酒器，晚期大墓中可以见到100多件酒器，一般平民墓葬是见不到这些酒器的①。可见，酒已经不是普通的日常饮料，而是成为身份、等级的一种标志，具有文化上的意义了。商代晚期嗜酒风气日益严重，与帝王们嗜酒成风有关。据《史记·殷本纪》记载，商朝最后一个国王纣“好酒淫乐，嬖于妇人。……以酒为池，悬肉文林，使男女倮相逐其间，为长夜之饮。”《六韬》也说：“纣为酒池，回船糟丘而牛饮者三千余人为辈。”其奢靡程

① 王仁湘：《饮食与中国文化》，人民出版社，1994年，190页。

度不亚于夏桀，终于落个亡国自焚的下场。

西周初年，严厉禁酒，因为他们看到酗酒导致商朝灭亡。《尚书·酒诰》记载了周公对于酗酒祸害的阐述："惟天降命，肇我民，惟元祀。天降威，我民用大乱丧德，亦罔非酒惟行。越大小邦用丧，亦罔非酒惟辜。"意思是上天教导我们民众懂得作酒，主要是为了祭祀之用。天若降威惩罚，使民乱德，也是借酒而行。各大小邦丧亡，亦无不以酒为罪。又指出："昔殷先哲王"，"自成汤咸至于帝乙"都能保成其王道，畏敬辅相之臣，不敢为非作歹，"罔敢湎于酒。"但是纣王却"惟荒腆于酒。""庶群自酒，腥闻在上，故天降丧于殷。"因此严厉禁酒：凡民群聚饮酒者，"尽执拘以归于周，予其杀。"禁酒的结果，使酒器的生产受到制约，各地考古发掘中出土的西周酒器远没有商代的多，就是在一些西周墓葬中，有时连一件酒器都没有。不过，西周的禁酒也不可能禁绝，无论是官府还是民间都还是需要酒的。《周礼·天官》有"酒正"一职，其职责就是"辨三酒之物，一曰事酒，二曰昔酒，三曰清酒"。疏曰："此三酒并人所饮。"即与"五齐"并言，"五齐"是专用于祭祀，为神灵所享用。"三酒"则专用于人，因此酒味更浓，即疏中所云："三酒味厚，人所饮者也。五齐味薄，所以祭者也。"据贾公彦疏中解释，事酒是投料不精，酿造时间短，酒滓未经仔细过滤者，是为祭祀和宾客等事而新酿的酒。昔酒是酿造过程精细，酿造时间较长，酒味清醇的酒。清酒则是一种连续投料反复重酿多次而且酿造时间过程更长并仔细过滤掉糟滓的酒①。除了"酒正"之外，西周政府还设立了一系列与酿酒有关的官职，如"酒人""浆人""郁人""鬯人"等，据《周礼》记载，他们的职责是：

酒人：掌为五齐、三酒，祭祀则共奉之，……共宾客之礼酒、饮酒而奉之。(《周礼·天官·酒人》)

浆人：掌共王之六饮：水、浆、醴、凉、醫、酏，入于酒府。(《周礼·天官·浆人》)

郁人：掌祼器。凡祭祀、宾客之祼事，和郁鬯以实彝而陈之。(《周礼·春官·郁人》)

鬯人：掌共秬鬯而饰之。(《周礼·春官·鬯人》)

其中，仅是"酒人"的职数就有"奄（奄宦之人）十人，女酒（懂得做酒的女奴）三十人，奚（没有知识的奴婢）三百人"。可见机构是相当庞大的，也说明当时官方所需要的用酒量是相当大的。

至于民间饮酒也很普遍，这在《诗经》中已有很多反映：

十月获稻，为此春酒，以介眉寿。……朋酒斯飨，曰杀羔羊。跻彼公

① 扬之水：《诗经名物新证》，北京古籍出版社，2000年，471～472页。

堂，称彼兕觥，万寿无疆。（《豳风·七月》）

饮之食之，教之诲之。（《小雅·绵蛮》）

食之饮之，君之宗之。（《大雅·公刘》）

为酒为醴，烝畀祖妣，以洽百礼。（《周颂·丰年》）

既醉以酒，既饱以德。（《大雅·既醉》）

我有旨酒，以燕乐嘉宾之心。（《小雅·鹿鸣》）

以御宾客，且以酬醴。（《小雅·吉日》）

唯酒食是议。（《小雅·斯干》）

彼有旨酒，又有嘉肴。（《小雅·正月》）

或以其酒，不以其浆。（《小雅·大东》）

既醉既饱，小大稽首。（《小雅·楚茨》）

酒既和旨，饮酒孔偕。钟鼓既设，举酬逸逸。……彼酒不臧，不醉反耻。（《小雅·宾之初筵》）

……

据统计，《诗经》中涉及酒者有 50 多篇，可见周代社会饮酒风气仍然是很盛的。

大体说来，商周时期的酒可分为醴、酒两大类。主要是按照酿造方式来区分的。《尚书·说命下》："若作酒醴，尔唯麴蘖。"即做酒用麴，做醴用蘖。麴中含有能促成酒化的酵母和能促成糖化的丝状菌毛霉，从而把谷物淀粉糖化和酒化两个步骤合在一起进行。酿造出来的酒较为浓烈。而蘖就是发芽的谷粒，用它来做酒糖化程度高酒化程度低，喝起来就很甜。也就是说，醴就是用蘖做的甜酒，喝的时候是连酒糟一块吃进去的。《周礼·天官·酒正》中提到"辨五齐之名，一曰泛齐，二曰醴齐，三曰盎齐，四曰缇齐，五曰沈齐"。这"五齐"就是五种醴酒。而与"五齐"相对的"三酒"才是真正意义上的酒。此外，当时还有一种添加香料而气味芬芳的酒——鬯酒。商代卜辞中经常提到用鬯祭祀，如"癸亥卜，何贞：其登鬯于且（祖）乙"（《殷虚文字甲编》2407），"癸卯卜，贞，弹鬯百，牛百，用"（《殷虚书契前编》5.8.4），"鬯五卣又（有）足"（《战后京津新获甲骨集》4237）等。鬯在周代也是一种重要的祭祀用酒，叫作秬鬯和郁鬯。《诗经·大雅·江汉》："秬鬯一卣。"毛传曰："秬，黑黍也。鬯，香草也。筑煮合而郁之曰鬯。"《周礼·春官》"郁人"的职责之一便是"和郁鬯"。郑玄注曰："筑郁金，煮之以和鬯酒。"《周礼·春官》"鬯人"的职责之一是"掌共秬鬯而饰之"。郑玄注曰："秬鬯，不和郁者。"可见，秬鬯就是用黑黍作原料酿造的酒，是不加郁草的。而郁鬯是在蒸饭时加上一种叫作郁金的香草酿成的香气浓郁的酒。他们都是商周时期敬神和赏赐的珍品。

总之，商周时期的酒已经不是单纯的日常饮料，它在上层贵族社会中，日益扮演着重要的角色，既是祭祀神灵祖先的不可缺少的祭品，也是贵族们显示等级身份的象征，它是商周饮食文化产生的重要标志之一。

二、烹饪技术

商周时期的烹饪技术比新石器时代有很大的进步。这一时期对谷物的食用方式仍然以粒食为主，即尚未发明将谷物磨成粉末的技术，即使是食用麦子和豆类，也是和稻米一样煮成麦饭、豆饭吃的。因此，当时对主食的食用方式还是以煮和蒸为主，即将谷物加水熬煮成粥。如果水较少煮成黏稠的软饭，称之为饘。或者将未煮烂的米粒捞出放到甑上蒸熟，就是名副其实的饭。剩下的煮米汤甘甜而富于营养，称作“浆”，是重要的饮料。当时烹饪技术的进步主要表现在对副食特别是对肉食的加工方面。

新石器时代对肉类的加工方法主要是烤、炙、炮和煮四种，但是先秦文献中提到烹饪的术语就有燔、炙、炮、烙、蒸、煮、爆、脍、烧、炖、熬、溜、煨、渍、脯、脼、醢、腊、齑、羹等①，虽然其中有些具体的操作方法难以完全了解，但从中亦可以看出当时的烹饪技术已经相当复杂。我们从《礼记·内则》关于周代“八珍”的记载可以了解到当时已经相当复杂的烹饪技术的具体情形：

淳熬 “煎醢加于陆稻上，沃之以膏，曰淳熬”。即煎好带汁的肉酱浇在稻米饭上，再淋上熟油。类似今天的盖浇饭。

淳母 “煎醢加于黍食上，沃之以膏，曰淳母”。即煎好带汁的肉酱浇在黍米饭上，再淋上熟油。与淳熬相同，只是将稻米饭换成黍米饭而已。

炮豚 “取豚若将，刲之刳之，实枣于其腹中。编萑以苴之。涂之以谨涂。炮之。涂皆干，擘之。濯手以摩之。去其皽。为稻粉，糔溲之以为酏。以付豚，煎诸膏，膏必灭之。钜镬汤，以小鼎芗脯于其中，使其汤毋灭鼎。三日三夜毋绝火，而后调之以醯醢”。即将整只小猪或小羊宰杀后，将枣子塞到腹内，用苇草包裹起来，涂上草拌泥，然后放在猛火中烧烤（炮）。待草拌泥烤干，除去泥壳苇草，洗净手将猪羊表面上烤皱的膜皮揭掉。用调好的稻米粉糊遍涂猪羊外表，放入油锅中煎炸，油面必须没过猪羊。最后，将猪羊及香脯等调料一起装进小鼎内，再放到大汤锅中连续烧煮三天三夜，中途不能停火。食用时再另调五味。实际上整个过程包括了炮、煎、煮三个程序，必定是肉烂如泥，香美可口。可算是当时烹饪技术的杰作了。

---

① 宋镇豪：《中国风俗通史·夏商卷》，上海文艺出版社，2001年，193页。

捣珍 “取牛羊麋鹿麕之肉，必胨。每物与牛若一，捶反侧之，去其饵。熟出之，去其皽。柔其肉”。就是用牛、羊、鹿、獐的夹脊肉反复捶捣，剔净筋腱，煮熟后调味食用。类似今天的牛扒、鹿扒。

渍 “取牛肉，必新杀者，薄切之，必绝其理，湛诸美酒，期朝而食之，以醢若醯醷”。即用新宰杀的鲜牛肉，逆纹切成薄片，用美酒浸泡一昼夜，食时用酱醋和梅酱蘸着生吃。

熬 “捶之去其皽，编萑，布牛肉焉。屑桂与姜，以洒诸上而盐之。干而食之。施羊亦如之。施麋施鹿施麕，皆如牛羊。欲濡肉，则释而煎之以醢。欲干肉，则捶而食之”。就是将牛、羊、麋、鹿、獐等肉捶打去皮膜，晾于苇席上，撒上姜、桂等调料细末，待风干后食用。食时既可以加调料煎着吃，也可以捶打后干吃。

糁 “取牛羊豕之肉，三如一，小切之，与稻米。稻米二肉一，合以为饵煎之”。即取牛、羊、猪肉等量，切成小块，再用多一倍的稻米合在一起，入油锅煎成。

肝膋 “取狗肝一，幪之以其膋，濡炙之，举燋其膋，不蓼”。就是取狗肝用肠间网油裹起来放到火上炙烤，待肠脂干焦即可食用。

由此可以看出周代的烹饪技术已经达到相当高的水平，特别是“炮豚”这一烹制技术是相当复杂的，反映出当时人们对肉类食品的烹饪技术是精益求精的，且在选料、加工、烹煮、调味和火候的掌握各方面，都有了一定的要求，形成了固定的模式。“八珍”由此亦成为后世美味佳肴的代名词，可见其对后代烹饪艺术的深远影响。

从周代“八珍”的记载中可以发现，当时烹饪的一大特点是讲究调料的应用。如“炮豚”要“调之以醯醢”；“渍”要“湛诸美酒”，“以醢若醯醷”；“熬”则“屑桂与姜，以洒诸上而盐之”，“欲濡肉，则释而煎之以醢”。调料的运用是商周烹饪技术上的一大成就。《尚书·说命下》在说到“若作酒醴，尔惟麴糵”之后，接着说：“若作和羹，尔惟盐梅。”注谓：“盐咸梅醋，羹须咸醋以和之。”正如《左传·昭公二十年》所指出：“和如羹焉，水火醯醢盐梅，以烹鱼肉。”可见商、周时期在烹制食物时很重视调料的应用，以烹出美味可口的菜肴。当时主要的调料是盐、梅、酱、酒、椒、糖等。

盐 盐是人体汗液中不可缺少的成分，又能增添食品的滋味，早在史前时期人们就已经食用盐。《世本》也说炎帝时“缩沙作煮盐”。至商、周时期，盐的应用就更普遍了。《尚书·洪范》记载商末箕子言论，有“润下作咸”句，咸为“五味”之一，指的就是盐的运用。卜辞中也有“取卤”（《甲骨文合集》7022）“以卤”（《甲骨文合集》19497）等记载。卤为盐的一种，《一切经音义》：“天生曰卤，人生曰盐。”《广韵》也说：“卤，盐泽也。”可见当时食用天然的盐块，而非人工熬煮之盐。据调查，当时属于中原腹地的黄河中游是盛产自然卤盐的地方，现在山西西南部的解州（今山西运城盐湖区）盐池就是古代的“河东盐池”（《说文》“盐”字），登高远望，白茫茫一片都是盐卤泽地，古人很早就加以利用了①。

梅　梅的果酸可以作调料，称为梅醋，即前面所谓“盐咸梅醋”。《周礼·天官·庖人》：“和用醯，兽用梅。”醯就是醋，即一般的羹汤加入醋即可，兽肉则要用梅来解除腥臊膻臭。在史前的遗址中常有梅核出土，如河南新郑裴李岗遗址就出土过梅核，看来当时就可能是用来煮兽肉之用的。至商代就更常用了，如殷墟西区 M284 墓中的铜鼎内就存有一梅核。陕西泾阳高家堡晚商墓葬中出土好几件铜鼎，鼎中留有兽骨和一些梅核，可以作为“兽用梅”的物证②。西周时期对醋的应用更加广泛，周代宫廷中就设有一个 40 多人组成的制醋作坊。《周礼·天官》有“醯人”一职，就是王室专管制醋的官员，底下从事制醋的人员有“奄（被宫刑的男奴）二人，女醯（掌握制醋技术的女奴）二十人，奚（奚族奴隶）四十人”。“醯人”的职责是“掌共五齐、七菹，凡醯物。以共祭祀之齐、菹，凡醯酱之物。宾客亦如之。王举，则共齐菹醯物六十瓮，共后及世子之酱齐菹。宾客之礼，共醯五十瓮。凡事，共醯。”郑玄注：“齐菹酱属醯人者，皆须醯成味。”即当时腌制泡菜和制作鱼肉之酱等都需要用醋（醯）来调味，故当时醋的需要量很多，动辄 50 瓮、60 瓮。

酱　酱在周代称作醢，国王在举行祭祀和享宴中都喜欢用酱，而且用量很大，一是因为酱是以豆类为主料，加上适量的麦麸、淀粉、盐、糖等配料，利用毛霉菌的作用发酵而成，因含有多种氨基酸、维生素 B_1 和麸酸钠等成分，与各种菜肴都能调和而增强其美味，并富有营养，人们喜欢食用。二是上古时期烹煮方法较为简单，尤其是肉食，往往是用清水大块煮熟，再用刀子切削直接吃食，如果蘸上一点酱再吃就会更加可口了。所以古人吃肉时往往喜欢用酱。正如孔子所说：“割不正，不食。不得其酱，不食。”（《论语·乡党》）《周礼·天官·膳夫》：“掌王之食饮膳馐，……酱用百二十瓮。”郑玄注：“酱谓醯醢也。”贾公彦疏曰：“酱是总名。知酱中兼有醯醢者。”实际上，醯就是醋，醢才是真正的酱。《周礼·天官》有“醢人”一职，负责提供国王祭祀和宴会时所需要的各种酱食，其职数有“奄一人，女醢二十人，奚四十人。”规模和“醯人”相当，可知酱在当时饮食中的地位不在醋之下。据“醢人”记载，当时的酱（醢）种类很多，其中重要的是所谓“七醢”和“三臡”。据郑玄注，七醢就是用各种动物肉制成的肉酱。三臡，郑玄说：“亦醢也。”其原料是麋、鹿、麇三种野生动物的肉。具体做法是：“作醢及臡者，必先膊干其肉，乃后莝，杂以粱麴及盐，渍上美酒，涂置甀中百日则成矣。”又说：“或曰麇

① 宋镇豪：《中国风俗通史·夏商卷》，上海文艺出版社，2001 年，186 页。

② 殷墟西区的梅核见《1969—1977 年殷墟西区墓葬发掘报告》，《考古学报》1979 年 1 期。高家堡的梅核见陕西省考古研究所：《高家堡戈国墓》，三秦出版社，1994 年，135 页。

醓，酱也。有骨为臡，无骨为醓。”可知，臡是带骨的肉酱，醓是不带骨的肉酱。从《周礼》的记载来看，当时的酱主要利用水产和肉类做原料，类似今天的鱼酱、肉酱，和汉代以后以黄豆为主要原料的豆酱有所不同，但从其要掺和粱麴及盐和美酒，放入瓮中经过百日才能食用来看，肯定是经过毛霉菌发酵作用而成为美味食品，其性质是与豆酱相同的。所以，酱的发明至少始于周代。

酒 酒除了作为饮料，在商周时期的烹饪中也经常作为调料使用，前述“八珍”中的“渍”要“湛诸美酒”，就是以酒为调料的，直到今天的烹饪中，酒也是不可缺少的调料之一。《世本》说：“仪狄始作酒醪变五味。”看来以酒为调料至少在夏代就已经开始。至于商周时期，饮酒之风更是兴盛，厨师们自然也会在烹饪中经常用酒来作调料了。

椒 当时只有花椒。花椒能刺激味觉，减除腥膻，增加肉食美味。花椒味辛辣而香烈，故《诗经·周颂·载芟》说：“有椒其馨。”在河南固始葛藤山晚商6号墓中，在墓主头旁发现有花椒数十粒。在固始侯古堆春秋墓中也曾发现在一个铜盒内盛有大半盒花椒[①]。可见，花椒的使用可以早到商代时期。

姜 与花椒相近作为辛辣的调味品还有生姜。“八珍”中的“熬”就提到“屑桂与姜，以洒诸上而盐之”。孔子也曾说过“不撤姜食”（《论语·乡党》），可见姜在古代也是重要的调味品，至今仍是如此。

糖 商周的糖主要是指蜂蜜和饴糖。前述《世本》说“仪狄始作酒醪变五味”，五味就是指酸、苦、辛、咸、甘。《诗经·大雅·绵》称“周原朊朊，堇荼如饴”。《礼记·内则》有“枣栗饴蜜以甘之”之句，饴就是麦芽糖，蜜指蜂蜜。商、周时期尚未有蔗糖，故以饴、蜜作为甜味调料。

此外，还有一些带有特殊气味的植物也可以作为调料使用，除了“熬”中所提到的桂皮，还有葱、芥、韭、蓼、薤等植物。如《礼记·内则》说：“凡脍，春用葱，秋用芥；豚，春用韭，秋用蓼；脂用葱，膏用薤。”根据季节不同而使用不同的植物做调料，亦可想见当时的烹调是何等讲究。总之，由于各种调料的合理调配和使用，商周时期的烹饪技术提高到一个崭新的水平。

三、进食方式和饮食器具

夏商时期主要的进食方式与新石器时代相差不大，以抓食为主，即直接用手抓饭和肉食蔬菜送入口中嚼食。但是商、周毕竟已经进入文明时代，因此就是用手抓

---

① 葛藤山花椒相关报道见《固始葛藤山6号商代墓发掘简报》，《中原文物》1991年1期。侯古堆花椒相关报道见《河南固始侯古堆一号墓发掘简报》，《文物》1981年1期。

饭也会有一些规矩要遵守，否则就会失礼。如《礼记·曲礼》“共饭不泽手”，意思是共同吃抓饭时手上不能有汗水。郑玄注曰：“为汗手不洁也。”唐代孔颖达疏曰：“古之礼，饭不用箸，但用手。既与人共饭，手宜洁净。”于是饭前洗手也就成为当时的规矩。不过吃粥时不能用手抓，可以不洗手，吃干饭时要用手抓，一定要洗手。《礼记·丧大记》就说：“食粥于盛不盥，食于篹者盥。”孔颖达疏曰：“食粥于盛不盥者，以其歠粥不用手，故不盥。食于篹者盥者，谓竹筥饭盛于篹，以手就篹取饭，故盥也。”商、周青铜器中经常有盥洗用具盉、勺、盘等，即为饭前洗手之用。

但是在吃肉类食品及羹汤时，因为鼎中之肉食经常是滚烫的，羹汤又是滚烫的液体，都无法直接用手抓食，于是就需要借助一些器具，特别是铜餐具。据王仁湘、宋镇豪诸先生研究，商、周时期的餐具主要有匕、柶、勺、斗、瓒、刀、削、叉、箸等①。

1. 匕、柶 匕、柶是餐匙一类的进食器具，早期以骨制为多，殷商以后以铜制为多。匕与柶在器形上和功能上都有所不同。大体而言，通体呈扁条形而两头稍向内翻者为柶，柄和头部有明显区分、头部为椭圆形且较尖锐者为匕。柶是主要用来舀取甜酒酿（醴糟）送入口中。《仪礼·聘礼》云：“宰夫实觯以醴，加柶于觯。”《周礼·天官·浆人》：“清醴、醫、酏糟而奉之。”郑玄在注中说：“饮醴用柶者，糟也。”当然，这类的骨柶或者铜柶也是可以用来舀取羹汤或者饭食的。匕则是用来从大鼎中取出肉类食物放到小俎上进献给食客们享用的。如《易·震卦》：“不丧匕鬯。”注云：“匕，所以载鼎实。”《仪礼·士昏礼》：“匕俎从设。”郑玄注：“匕所以别出牲体也，俎所以载也。”因为是要从鼎中取出体积较大的牲体，有时就使用一种大型的匕。湖北荆门包山战国楚墓曾经出土过一件大匕，端头为铜质，柄为木质，通长 144 厘米，重 0.37 千克；同出的还有一件小俎，长仅 34 厘米、宽 14 厘米、高 19 厘米，可与匕配合使用，正是所谓“匕俎从设”的写照②。

一般的匕、柶是用来直接进食的，其长度多在 25～36 厘米。但制作都相当精美，常有雕花纹饰，富有艺术性。显然，当时人们已经开始讲究餐具的艺术美了。

2. 勺、斗 勺、斗是用来舀酒舀汤的器具，由杯状的前端和柄组成，其区别在于柄的部位和杯的形状。一般说来，勺的柄是从前端小杯的口缘部位引出，且杯作瓢形或半球形，可用来挹取液体。斗的柄通常是从前端小杯的腰部或底侧引出，其柄大都较长，有直柄，也有曲柄，其前端小杯的形状，有直筒形，有鼓形，也有方形，等等。比较而言，斗虽腹深而容积有限，勺虽稍浅却容积较大。《周礼·地

---

① 宋镇豪：《中国风俗通史·夏商卷》，上海文艺出版社，2001 年，206 页。

② 湖北省沙荆铁路考古队：《包山楚墓》上册，文物出版社，1991 年，110、128 页。

官·梓人》："梓人作饮器，勺一升。"《诗经·大雅·行苇》："酌以大斗。"可见勺和斗主要是用于饮酒场合，当然也可以用来舀水或汤汁等。早期的勺、斗为陶制，商代后期则流行铜勺、铜斗，并常以动物造型来装饰柄部，颇为精美。勺和斗的长度一般在20厘米左右，为直接进食的餐具。另有一种大斗，如殷墟妇好墓出土8件铜斗，长度在55～66厘米，杯径6厘米左右，重量达2千克，显然不适合直接进食，而是用来舀酒舀汤分送到各人的饮器中①。

3. 瓒 瓒是由勺、斗发展而来的有曲折板状把手的饮酒器。《诗经·大雅·旱麓》："瑟彼玉瓒，黄流在中。"毛传："玉瓒，圭瓒也。"郑玄笺："黄流，秬鬯也。圭瓒之状，以圭为柄，黄金为勺。"即用玉圭来装饰瓒柄，以金黄的铜来制作前端的勺子。最典型的青铜瓒是江西新干大洋洲商代大墓中出土的一件青铜"觚形器"，敞口圈足，从圈足部位斜上引出一板状柄，柄端平面为贝叶形，为目前所知最早的考古实物，被称为"中国第一瓒"②。

4. 刀、削 刀、削是切割肉类实物的器具，不但是一些烧烤的肉块需要用刀削切割食用，就是一些在大鼎中烧煮的肉块也需要用刀削切割后才好食用。刀削起源于史前时代，多为骨器制成。进入青铜时代之后，铜刀铜削锋利异常，极为好用，因而得以盛行。在夏商和西周的墓葬中出土过许多青铜刀削，长度通常在20厘米左右。1949年安阳殷墟小屯发掘的186号墓，就出土铜刀多件，其中一件置于一张木俎之上，更可证是用于切割食品的③。

5. 叉 叉是直接叉取小块肉食进食的餐具，因所叉的对象分量不大，故其长度一般为10厘米左右，且大多数为骨质，三齿、两齿不等，以两齿为多。最早的一件骨叉是甘肃武威娘娘台齐家文化遗址出土的，属于早期青铜时代，距今约4 000年。器身为扁平形，三齿。河南郑州二里岗商代遗址出土过一件骨叉，三齿，齿长2.5厘米、全长8.7厘米、宽1.7厘米④。叉在古代叫作毕，《仪礼·特牲馈食礼》："主人在右，及佐食举牲鼎。宾长在右，及执事举鱼腊鼎。宗人执毕先入。"郑玄注曰："毕形如叉，盖为其似毕星取名。"毕星即二十八宿之毕宿，形如叉状。宗人所执之毕就是叉，就是用来叉取"牲鼎""鱼腊鼎"中的鱼肉等牺牲的。据郑玄注释，毕长3尺，以桑木制成。这是在祭祀场合使用的一种大毕。不过，叉的使用在商周还不普遍，它的盛行是在战国时期。

6. 箸 箸即筷子，至少在商代就已经出现真正的筷子。先秦古籍如《韩非

---

① 《殷墟妇好墓》，文物出版社，1980年，89～91页。

② 《江西新干大洋洲商墓发掘简报》，《文物》1991年10期。

③ 石璋如：《殷虚墓葬之四：乙区基址上下的墓葬》，台北中央研究院历史语言研究所，1976年，52～68页。

④ 《郑州第五文物区第一小区发掘简报》，《文物参考资料》1956年5期。

子·喻老》等说“纣为象箸”，批评他过于奢侈。既然有象箸，当然更会有竹箸、木箸、骨箸和铜箸。早在 20 世纪 30 年代，殷墟西北冈商墓中就出土过 3 双铜箸，湖南清江香炉石遗址也出土过商代的骨箸①。箸在古代称作梜，是专门用来夹取羹汤中的食物的，《礼记·曲礼》：“羹之有菜者用梜，其无菜者不用梜。”又说：“饭黍毋以箸。”可见箸在当时不是用来吃饭的。殷墟商墓出土的铜箸是安有木柄的，比较长，属于大箸，可能是用于厨房烹饪或在大型宴会和祭祀中夹取羹汤中的食物放到个人的碗盘中，并不是直接用来进食。安徽贵池县（今安徽池州市贵池区）徽家冲曾出土过一双春秋晚期的铜筷，长度为 20.3 厘米②。商周时期直接用于进食的小筷，其长度应该与此接近。

除了这些进食器具，商周时期的饮食器具品种繁多，制作精美，而且其用途也逐渐走向专业化，尤其表现在青铜食器上，更是异彩纷呈，令人眼花缭乱。粗略分类有：

烹调器：鼎、敦、鬲、甗、镬、釜等。

切割器：刀、削、俎、案等。

取食器：匕、柶、勺、斗、瓒、叉、箸等。

盛食器：簋、簠、盨、豆、盘等。

盛酒器：尊、卣、方彝、兽形尊、罍等。

饮酒器：爵、角、斝、盉、觚、觯、兕、觥等。

盛水器：盆、匜、盂、鉴、缶、瓿、斗等。

在这些饮食器具中，以盛酒器和饮酒器最多，反映了商周时期饮酒风气的盛行，也反映了随着社会经济的发展，统治阶级日益讲究生活享受，奢靡成风，挥霍无度，也给民众带来沉重的负担。

四、专业厨师和烹调理论

随着社会上对烹饪的需求，特别是统治阶级在祭祀和享宴需要，追求饮食的精美化，出现了一大批以烹饪为职业的厨师，而专业厨师的产生反过来又促进了烹调技术的提高和烹调理论的形成。

历史上最为著名的厨师首推夏末商初的伊尹。伊尹名挚，本是一名专业的厨师，得到商汤的赏识，被任命为大臣，帮助商汤推翻了夏桀的统治，建立起商王

---

① 殷墟铜箸相关报道见《梁思永考古论文集》附录“殷墟发掘展览目录”，科学出版社，1959 年。香炉石骨箸相关报道见湖南清江隔河岩考古队：《湖南清江香炉石遗址的发掘》，《文物》1995 年 9 期。

② 《安徽贵池发现东周青铜器》，《文物》1980 年 8 期。

朝。据历史记载，伊尹当时就是用一套烹调理论来比喻政事，从而得到商汤的重用。《墨子·尚贤》上中下三篇文章中都提到伊尹：“汤举伊尹于庖厨之中，授之政，其谋得。”“伊挚，有莘氏女之私臣，亲为庖人。汤得之，举以为己相，与接天下之政，治天下之民。”“昔伊尹为莘氏师仆，使为庖人。汤得而举之，立为三公，使接天下之政，治天下之民。”《韩非子·难言》也说：“上古有汤至圣也，伊尹至智也。夫至智说至圣，然且七十说而不受。身执鼎俎为庖宰，昵近习亲，而汤乃仅知其贤而用之。”《史记·殷本纪》也说伊尹“负鼎俎，以滋味说汤，致于王道”。可见伊尹确实是厨师出身，到底他是如何“以滋味说汤”的呢，只有《吕氏春秋·本味》中有具体的记述：

(伊尹)说汤以至味，汤曰：“可对而为乎?”对曰：“君之国小，不足以具之，为天子然后可具。夫三群之虫，水居者腥，肉玃者臊，草食者膻。臭恶犹美，皆有所以。凡味之本，水最为始。五味三材，九沸九变，火为之纪。时疾时徐，灭腥去臊除膻，必以其胜，无失其理。调和之事，必以甘酸苦辛咸，先后多少，其齐甚微，皆有自起。鼎中之变，精妙微纤，口弗能言，志不能喻。若射御之微，阴阳之化，四时之数。故久而不弊，熟而不烂，甘而不噮，酸而不酷，咸而不减，辛而不烈，澹而不薄，肥而不腠。”

大意是伊尹以烹调之理来向商汤讲解政治大事，认为他现在只是小国之君，不能成大事，只有推翻夏朝做了天子以后才能完成大业。然后用烹调道理来比喻，说动物可分为三类，生活在水里的味腥，食肉的味臊，吃草的味膻。虽然气味不好，却都可以烹成美味菜肴，都有适宜的烹煮方法。决定滋味如何的条件，首先在于水，要靠甘、酸、苦、辛、咸五味和水、木、火三材来烹调，其中火候又是关键。使用不同的火候就可以消除食物的腥臊膻味，使菜肴久而不败，熟而不烂，甜而不过头，酸而不强烈，咸而不涩，辛而不太辣，淡而不寡味，肥而不腻口。接着伊尹又举出数十种美味食物，都是不产于商国区域内，只有当了天子以后才能享受这些美味：

非先为天子，不可得而具。天子不可强为，必先知道。道者止彼在己，己成而天子成，天子成则至味具。故审近所以知远也，成己所以成人也。圣人之道要矣，岂越越多业哉！

意思是这些美味好比仁义之道，国君首先要懂得仁义即天下大道，行仁义便可顺天命而成为天子，行仁义之道以化天下，太平盛世必定会出现。

《吕氏春秋》的这段记载，虽然时代较晚，但与上述的文献记载还是相吻合的。总之，伊尹确实是位厨师，厨师而能被任命为宰相要职，一定有很大学问和理论修养，不但精通烹调理论，还可以用它来比喻治国之道。因而《吕氏春秋》的这段记载不可能完全是后人的杜撰，从中反映了商代烹调技术已相当发达，因而能够从中引申出一些共性的理性认识来，“五味调和”就是商代烹调理论的高度概括，对后世的饮食文化产生了深刻的影响。

厨师的专业化在西周得到更大的发展，不但有众多的专业厨师，还有一大批管理宫廷膳食的官吏和专门机构。据《周礼·天官》的记载，当时的食官有20余种：

> 膳夫掌王之食、饮、膳、羞，以养王及后、世子。凡王之馈食用六谷，膳用六牲，饮用六清，羞用百二十品，珍用八物，酱用百有二十瓮。

膳夫是食官之长，总管周王的饮食安全及各种食品，甚至还要“尝食，王乃食”，即每次都要当面尝一尝菜肴，证明没有毒之后周王才能放心进食。

> 庖人掌共六畜、六兽、六禽，辨其名物。凡其死、生、鲜、薨之物，以共王之膳，与其荐羞之物，及后、世子之膳羞。

庖人是负责掌管六畜、六兽、六禽及其他死活的动物的供应，并不直接参与厨事。

> 内饔掌王及后、世子膳羞之割亨煎和之事，辨体名、肉物，辨百品味之物。

内饔是负责管理烹厨事务及各种原料的选择，制定食谱，还要辨别各种腥臊膻臭不适合饮食者。

> 外饔掌外祭祀之割亨，共其脯、脩、刑、朊，陈其鼎俎，实之牲体、鱼、腊。

外饔主掌宫外祭祀的筹备，办理祭祀用的食品及在各种祭祀器具中放置祭品等工作。

> 亨人掌共鼎镬，以给水火之齐。职外、内饔之爨亨煮，辨膳羞之物。祭祀共大羹、铏羹。

亨即烹，烹人是直接从事烹饪的专职厨师，内外饔所需烹煮的食物都由烹人制作，特别是祭祀时所用的大羹和铏羹都要烹人亲自制作。

此外，还有“草人”负责供应谷物和柴草；“兽人”负责管理狩猎生产，收取猎物，交给“腊人”去加工成腊肉供内外饔使用；“渔人”负责捕鱼，提供鱼类食品；“鳖人”负责龟鳖蛤蚌的供给；“酒正”负责管理酒的生产；“酒人”具体负责酿造；“浆人”负责提供各种饮料；“凌人”负责供应冰块以降温；“笾人”负责提供早点食品；“醢人”负责酱品；“醯人”负责制作酸菜盐菜，“盐人”负责盐的供应。还专门设有“食医”一职，负责食品的合理搭配，指导烹饪事务，提出各种合理的建议。如“凡食齐视春时，羹齐视夏时，酱齐视秋时，饮齐视冬时”，即饭要温，羹要热，酱要凉，饮料要冷。对食品的滋味也要根据季节来变换，如“凡和，春多酸，夏多苦，秋多辛，冬多咸，调以滑甘”，即春天要吃酸一点的食物，夏天吃苦一点的食物，秋天吃辣一点的食物，冬天则吃咸一点的食物，同时也要用甘味来调和其他四味，都有一定的科学道理，直到今天，民间的饮食也还在强调春酸、夏苦、秋辣、冬咸等特点。在膳食的搭配上，“食医”提出：“凡会膳食之宜，牛宜稌，羊宜黍，豕宜稷，犬宜粱，雁宜麦，鱼宜苽。”这是从医学角度来调配膳食，使甘苦寒温各性能得到调和，有利人的健康。

当时还能从动物的外部症状来判断其肉食的品质是否适宜饮食。如《周礼·天官·内饔》就指出：

辨腥、臊、膻香之不可食者。牛夜鸣则庮。羊泠毛而毳，膻。犬赤股而躁，臊。鸟皫色而沙鸣，貍。豕盲视而交睫，腥。马黑脊而般臂，蝼。

意思是牛老是在夜里叫，其肉则有臭味；羊的毛长而打结者，其肉则有膻味；狗的臀部毛脱光而有急躁者，其肉则臊恶；鸟的毛色暗淡、声音嘶哑者，其肉则腐臭；猪的眼睫毛交叉，其肉中一定生有小息肉（有绦虫），不能吃；马的脊背发黑而前胫毛有秃斑，其肉则像蝼蛄一样有臭味。这些动物的肉都是不能吃的。这是直观检验经验的总结，具有一定的指导意义。

总之，商周时期由于烹调技艺的进步，专业厨师及管理人员都积累了相当丰富的烹饪经验，因而能在理性层面总结出一些带有规律性的认识，对后世都具有一定的借鉴意义，也是古代烹饪文化中的可贵财富。

五、饮食礼仪

商周时期饮食文化中的突出成就之一就是饮食礼仪制度的产生。特别是宫廷祭祀和宴享都是集体性的活动，要求有一定的行为规范和秩序，于是就产生了相应的礼仪制度。正如《礼记·礼运》所说：“夫礼之初，始于饮食。”即人们的礼仪制度最早是从饮食开始的。而从远古时代起，就有全体氏族成员聚集一起共饮共食的习俗，既然经常集体在一起饮食，久而久之，就会形成一定的程序和规矩，这就是《礼记·大传》上所说的“合族以食，序之以礼”。进入阶级社会后，由国王和贵族来举行类似活动时，自然更会讲究等级和排场，就会制定出一大套严格的礼仪制度来，以服务于统治秩序的巩固。《礼记·曲礼上》指出：“夫礼者，自卑而尊人。”“夫礼者，所以定亲疏，决嫌疑，别同异，明是非也。”《国语·楚语下》记载了古代在祭祀宴享方面等级森严的规定：“祀加于举。天子举以大牢，祀以会。诸侯举以特牛，祀以太牢。卿举以少牢，祀以特牛。大夫举以特牲，祀以少牢。士食鱼炙，祀以特牲。庶人食菜，祀以鱼。上下有序，则民不慢。”“举”为盛馔，“会”之规格为三大牢（每一大牢为牛、羊、豕三牲具备）。可见从天子到庶人的饮食规格有很大的差别，是不能僭越的。即使平时饮食中也是有规定的，如所用的列鼎数目也有严格限制。“天子九鼎，诸侯七，卿大夫五，元士三”（《公羊传·桓公二年》何休注），这已被考古发现所证实，不同身份的贵族墓葬中出土的列鼎数目也不同。严格的等级制度，目的就是为了维护统治秩序，即所谓“上下有序，则民不慢”。

概括说来，商周的饮食礼仪主要包括宴饮之礼、待客之礼、进食之礼等内容。在《周礼》《礼记》和《仪礼》中都有详细的记载。如宴饮之礼中的“公食大夫礼”，是国君宴请各国使臣之礼仪，据《仪礼》卷二五记载就相当复杂，简要说来是：国君先派大夫去宾馆迎请使臣，告之将举行宴饮之事。使臣要谦辞数次，再跟着大夫到达宴会之处。此时宴会的准备工作早已开始，大殿上陈列着七鼎、洗盘和匜等器具。铺正座席，摆好几案，备器酒浆和菜肴。国君身穿礼服，在大门内迎接宾客。宾主再三揖让，接连答拜，然后落座。膳夫和仆从献上鼎俎鱼肉和醯酱（品种和摆放位置都不能错乱），最后献上饭食和大羹。宴会开始，宾主又互拜一番，然后开始进食。宴会结束，使臣告辞，国君送到门边。膳夫等人将吃剩的牛羊猪肉装起来送到使臣下榻的宾馆。

还有一种大射礼，场面也很隆重热闹，在《仪礼·大射礼》中有详细的记载，在《诗经》中也有艺术的描写，如《诗经·小雅·宾之初筵》就形象地描写当时的宴会情形（括号内为译文）①：

宾之初筵，左右秩秩。（宾客来到初入席，主客列坐分东西。）
笾豆有楚，殽核维旅。（食器放置很整齐，鱼肉瓜果摆那里。）
酒既和旨，饮酒孔偕。（既然好酒甘又醇，满座宾客快喝起。）
钟鼓既设，举酬逸逸。（钟鼓已经架设好，举杯敬酒不停息。）
大侯既抗，弓矢斯张。（大靶已经张挂好，整顿弓箭尽射礼。）
射夫既同，献尔发功。（射手已经集合好，请献你们妙射技。）
发彼有的，以祈尔爵。（发箭射中那靶心，你饮罚酒我暗喜。）

籥舞笙鼓，乐既和奏。（持籥欢舞笙鼓奏，音乐和谐声调柔。）
烝衎烈祖，以洽百礼。（进献乐舞娱祖宗，礼数周到情意厚。）
百礼既至，有壬有林。（各种礼节都已尽，隆重丰富说不够。）
锡尔纯嘏，子孙其湛。（神灵爱你赐洪福，子孙安享乐悠悠。）
其湛曰乐，各奏尔能。（和乐欢快喜气扬，各显本领莫保守。）
宾载手仇，室人入又。（宾客选人互较量，主人又入陪在后。）
酌彼康爵，以奏尔时。（斟酒装满那空杯，献给中的那射手。）
……

① 译文引自姜亮夫等：《先秦诗鉴赏辞典》，上海辞书出版社，1998年，481～482页。

本诗很长，共有五段，这里只摘引前面两段，足以看出当时举行“大射礼”时宴会上的热闹场面，从中可以看出主客的座位、菜肴放置的位置都有规定，“左右秩秩”，是不能乱坐乱放的。先饮美酒，后食佳肴，饮酒时钟鼓齐鸣，舞女翩翩，歌声和谐，彼此弯弓射箭，进行比赛，输者要罚酒，还要向祖先进献乐舞，让列祖列宗都高兴，可以恩赐洪福，“子孙其湛”，永享安康。

待客之礼也有很多规矩，如在安排筵席时，菜肴的摆放有固定的位置。《礼记·曲礼》：“凡进食之礼，左殽右胾，食居人之左，羹居人之右；脍炙处外，醯酱处内；葱渿处末，酒浆处内；以脯修置者，左朐右末。”即带骨的肉放在左边，净肉放在右边，饭食放在食者左边，肉羹放在食者右边，脍炙等肉食放在稍外之处，醯酱放在靠近面前的位置，酒浆也放在近旁，葱末之类可放在远一点。如有肉脯食品，也要分左、中、右位置摆好，都是根据人们在进食时方便取食的原则设定的。这好比今天在正规而隆重的宴会上，餐桌上各种杯、盘、碗、筷、饮料和调料的摆放，都有一定的规矩。只是上古时代作为礼仪制度，它的要求更为严格。

侍者在上菜时也有许多要求。《礼记·少仪》：“尊壶者，面其鼻。洗盥执食饮者，勿气。有问焉，则辟咡而对。羞，濡鱼者进尾。冬右腴，夏右鳍。”即仆从摆放酒壶酒樽时，要将壶嘴朝向贵客。端菜上席时不能面向客人和菜肴喘大气。如果此时客人问话，必须将脸侧向一边，避免呼气和唾沫溅到客人脸上和菜盘上。上整尾鱼时，要将鱼尾指向客人，因为鲜鱼的尾部容易剔取鱼肉。上干鱼时正相反。冬天的鱼腹肥美，要将鱼腹向右，夏天则鱼背鳍部较肥，要将鱼背朝右，都是为了便于客人取食。通过这些细节来体现主人的诚意，所以仆从者是不能大意的。

宴会开始时，主人还要引导、陪伴客人，必须共同进餐，还要注意老幼尊卑等级辈分，都不能疏忽。《礼记·曲礼》：“侍饮于长者，酒进则起，拜受于尊所。长者辞，少者反席而饮。长者举未釂，少不敢饮。长者赐少者贱者，不敢辞。”即陪长者饮酒，斟酒时须起立，离开座席向长者敬拜献酒。长者谦辞后，年少者才返回入座而饮酒。如长者未饮尽，少者不得先干。长者赏赐酒食少者和低贱的僮仆时，则不必答谢。

在吃饭时也有规矩。《礼记·少仪》：“燕侍食于君子，则先饭而后已。毋放饭，毋流歠，小饭而亟之，数噍毋为口容。”即陪侍尊长吃饭，要先吃几口，即所谓“尝饭”，但又不能先把饭吃完，要等尊长者吃饱饭后才能放下碗筷。吃饭时还要小口小口地吃，尽快吞咽下去，不要让饭在嘴里停留，以免妨碍答话。

吃水果时则要让尊长先吃，吃熟食品时少者却要先尝一尝。所以《礼记·玉藻》说：“凡食果实者，后君子。火熟者，先君子。”《礼记·曲礼》又说：“赐果于君前，其有核者怀其核。”“御食于君，君赐余，器之溉者不写，其余皆写。”意思是尊长赐给水果，如是有核的，就要将果核收起来带走，否则就是不礼貌。如果尊长将没吃完的食物赐给你，若盛器不易洗涤干净，就要先倒在自己的盘碗中，这样才卫生。

总之，待客之礼最要紧的是要注意尊卑长幼之序，表现出谦恭和尊重，这样的接待才是符合礼仪制度，才是成功的。

每个人在进食之时，也有一系列规矩要共同遵守的，根据《礼记·曲礼》记载，概括起来有下列诸点是大家都要做到的，否则就是失礼了：

“虚坐尽后，食坐尽前。”古人席地而坐，因此要坐在比尊长者靠后一些。进食时则要靠前接近食案，免得将食物掉落到席上。

“食至起，上客起。让食不唾。”菜肴端上来时，客人要起立，表示感谢。贵客到来时，其他客人都要起立，表示尊敬。主人让食，要热情取食，不能不理睬。

“客若降等，执食兴辞。主人兴辞于客，然后客坐。”客人地位比主人低时，要双手端起食物向主人道谢，等主人寒暄后，客人方可入席落座。

“主人延客至，祭食，祭所先进，殽之序，遍祭之。”在进食之前，等馔品摆好后，主人要引导客人向先人行祭，以示不忘本。食祭于案，酒祭于地，按进食顺序遍祭。

“三饭，主人延客食胾，然后辨殽。主人未辨，客不虚口。”一般客人吃三小碗饭便说饱了，主人则指点肉食劝让客人享用，主人还要告知肉食的名称。主人进食未毕，客人不能以酒浆漱口表示吃完，否则就是失礼。

“卒食，客自前跪，彻饭齐以授相者。主人兴辞于客，然后客坐。”宴饮完毕，客人自己跪立案前，整理自己餐具和剩下的食物，交给主人的仆从。待主人说不必动手后客人才住手坐下。

“共食不饱。”和别人共同进食，不能吃得太饱，须注意谦让。

“共饭不泽手。”与人同器食饭，不可用手抓，以免影响卫生（应以匕匙取饭）。

“毋抟饭。”在自己饭碗吃饭时可以用手抓食，但不要将饭团捏得太大，大口猛吃，显得太馋。

“毋放饭。”已入口的饭不能再放回饭器中，显得不卫生，也难看。

“毋流歠。”不要猛饮大嚼，显得贪婪相。

“毋咤食。”吃饭时口中不要发出响声，免得主人以为对他的饭食不满意。

“毋啮骨。”不要专门去啃骨头，使人有不敬不雅的感觉。

“毋反鱼肉。”吃过的鱼肉不要再放回去，应该将它吃完。

“毋投与狗骨。”不要将啃过的骨头扔给狗吃，既会引起狗的争抢，又会使主人误会你嫌他的饮食不好，只配给狗吃。

“毋固获。”不要专吃、争吃某一种菜肴。

“吾扬饭。”不要为了吃得快点，就用食具扬起饭粒以散掉热气。

“饭黍毋以箸。”吃黍饭不要用筷子，要用匕匙取饭。上古时期的筷子是用来夹取羹中之菜的，不能混用。

“羹之有菜者用梜。”羹汤中如果有菜就用筷子夹取。

“毋嚃羹。”饮用肉羹不能过快，不能出大声。

“毋絮羹。”客人不要自己动手调和羹味，免得主人以为你嫌他的羹汤味道不好。

“毋刺齿。”不要当众剔牙，因为不雅观。

“毋歠醢。”不要直接将调味的酱端起来喝。

“濡肉齿决，干肉不齿决。”湿软的烧肉炖肉，可用牙齿咬断，不要用手去撕。干肉不能直接用牙咬断，可使用刀匕割削。

“毋嘬炙。”不要一口就吃进大块的烤肉，给人以狼吞虎咽的感觉。

“当食不叹。”吃饭时不可唉声叹气①。

商周时期的宴会中还有一个重要特点，就是“以乐侑食”。即古代统治阶级在进食时都要用音乐歌舞来助兴，渲染气氛，激扬情绪。早在夏代时，夏启就“湛浊于酒，渝食于野，万舞翼翼，章闻于天”（《墨子·非乐上》）。《夏书·五子之歌》说太康“甘酒嗜音，峻宇雕墙”。《新序·刺奢》言夏桀“纵靡靡之乐，一鼓而牛饮者三千人”。《管子·轻重甲》也说“桀之时，女乐三万人，晨噪于端门，乐闻于三衢”。到了商代，此风更盛，几乎所有祭祀和飨宴都要用乐，故有“殷人尚声”之说。《礼记·郊特牲》：“殷人尚声，臭味未成，涤荡上声，乐三阕，然后出迎牲，声音之号，所以诏告于天地之间也。”所谓声者，包括歌、舞、器乐三者在一起。《诗经·商颂·那》是商代后裔祭祀成汤的乐歌，生动形象地描绘了在鼓、管、钟、磬的齐鸣声中，舞队跳起“万舞”，隆重祭祀成汤并举行盛大的宴会的热烈场面：

猗与那与，置我鞉鼓。（好盛美啊好繁富，在我堂上放立鼓。）
奏鼓简简，衎我烈祖。（敲起鼓来响咚咚，令我祖宗多欢愉。）
汤孙奏假，绥我思成。（商汤之孙正祭祀，赐我成功祈先祖。）
鞉鼓渊渊，嘒嘒管声。（打起立鼓嘭嘭响，吹奏管乐声呜呜。）
既和且平，依我磬声。（曲调和谐音清平，磬声节乐有起伏。）
於赫汤孙，穆穆厥声。（商汤之孙真显赫，音乐和美又庄肃。）
庸鼓有斁，万舞有奕。（钟鼓洪亮一齐鸣，场面盛大看万舞。）
我有嘉客，亦不夷怿。（我有助祭好宾客，无不欢欣在一处。）
自古在昔，先民有作。（在那遥远的古代，先民行止有法度。）

① 王仁湘：《饮食与中国文化》“食礼”，人民出版社，1994年。

温恭朝夕，执事有恪。（早晚温文又恭敬，祭神祈福见诚笃。）

顾予烝尝，汤孙之将。（敬请先祖纳祭品，商汤子孙天佑助。）①

各地商墓中经常出土乐器，如鼓、磬、铎、埙等，都是“殷人尚声”的物证。到了西周，贵族们更是过起“钟鸣鼎食”的奢靡生活，所以才有“以乐侑食”之说。文献记载，比比皆是：

《礼记·王制》：“天子食，日举以乐。”

《礼记·月令》：“天子饮酎，用礼乐。”

《周礼·春官·大司乐》：“王大食，三有，皆令奏钟鼓。”

《周礼·天官·膳夫》：“王日一举，鼎十有二，物皆有俎，以乐侑食。”

《周礼·春官·磬师》：“凡祭祀飨食，奏燕乐。”

天子如此，诸侯士大夫自然也不例外，几乎所有宴飨都要歌舞音乐来帮衬，已成为当时饮食礼仪的传统。宴飨与乐舞相结合，既为豪华的排场增添了欢乐的气氛，也增强了统治阶级的气派和声威，具有政治效应，同时也使饮食的文化内涵更加深厚，甚至可以说每一场豪华宴会的参与者（特别是主办者），其精神层面的效应往往要超过生理层面的享受。因此，我国的饮食文化发展到商周时期，早已脱离原始的萌芽状态，而是以成熟的面貌正式登上历史舞台了。

第二节　商周时期的农事占卜、祭祀与籍田

尽管商周时期的农业生产技术有很大的进步，生产力有明显的提高，但是人们对众多的自然现象仍然无法解释，总认为有什么神灵在主宰着一切。而神灵的意志又是难以捉摸的，于是就采用占卜的方法来窥测神灵的意图。因此，商周时期的占卜非常盛行。大量甲骨文卜辞的发现，为我们提供了丰富而详尽的文字记录，得以了解当时农业文明中的许多情形。由于农业是当时最重要的生产部门，与人们的生活紧密相连，所以卜辞中以农事占卜为大宗。

目前发现的卜辞，大多是商王室贵族占卜时的原始文字记录，至今已出土20万片之多，其中约有五分之一与农业生产有关，涉及农作物、农田治理、作物种植、田间管理、收获、收藏以及祈求丰收等各个方面②，材料极为丰富。但本节的重点不在探讨农业技术，而是当时的农业信仰方面的礼俗，主要是所谓求年、求禾

① 姜亮夫等：《先秦诗鉴赏辞典》，上海辞书出版社，1998年，717页。

② 彭邦炯先生曾著有《甲骨文农业资料考辨与研究》一书，甲骨文中有关农业的重要材料基本上都收集进来，有兴趣的读者可以查阅该书。该书初稿曾于1988—1996年在《农业考古》杂志连载，1997年由吉林文史出版社正式出版。

等内容。求年、求禾就是通过占卜来向神灵祈求保佑禾稼丰收，获得好年成。求年、求禾同义，一般来说，早期的卜辞多用求年，晚期则多用求禾。此类的卜辞很多，如属于一期的卜辞：

求年。(《甲骨文合集》10123)

贞侑于大甲求年。一。(《甲骨文合集》10114)

贞求年于示壬。(《甲骨文合集》10112)

□□卜，于上甲求年。(《甲骨文合集》10110)

丁丑卜，宾，贞求年于上甲燎三牢卯三牛。一（二?）月。(《殷虚书契续编》1.3.1)

贞于王亥求年。(《甲骨文合集》10105)

贞求年于河。(《英国所藏甲骨集》789)

戊午卜，宾，贞酒求年于岳、河、夔。三。(《甲骨文合集》10076)

贞于河求年。一。(《甲骨文合集》10093)

贞求年于岳。(《甲骨文合集》10080)

丙子卜，宾，贞求年于邦（土）。(《甲骨文合集》10104)

……

卜辞中也有很多“受年”的记录，也是向神灵询问是否给以丰收年成，与求年的意思相近。属于一期的如：

贞受年。二告、五。(《甲骨文合集》9842)

受年。二告。三。(《英国所藏甲骨集》792)

王往。……受年。(《甲骨文合集》9822)

受年。十三月。(《甲骨文合集》9814)

丁丑卜，宾，贞受年。(《甲骨文合集》9826)

己亥卜，□受年。(《甲骨文合集》9816 正)

……妇好……受年……（《甲骨文合集》9848)

……受有年。(《甲骨文合集》9759)

……其受年。十二月。一。(《甲骨文合集》9864)

贞不其受年。二告。二。(《甲骨文合集》9824)

……

作求禾、受禾者多属于晚期的卜辞。如属于四期的卜辞：

戊戌卜，贞酒求禾。(《甲骨文合集》33327)

求禾其九牛。(《甲骨文合集》33323)

贞求禾于父丁。(《甲骨文合集》33321)

壬子，贞其求禾于河，燎三牢，沉三宜牢。(《甲骨文合集》33342)

求禾大乙。(《甲骨文合集》33319)

庚戌，贞求禾于示壬。(《甲骨文合集》33286)

乙卯卜，贞求禾于上甲六示牛，小示馈羊。(《甲骨文合集》33319)

乙卯卜，贞求禾于高，燎九牛。(《甲骨文合集》33305)

辛未，贞于河求禾。(《甲骨文合集》32028)

乙巳，贞求禾于岳。(《甲骨文合集》33298)

……

作“受禾”者亦很多。如属于四期的卜辞：

辛亥，贞乍(?)燎受禾。(《甲骨文合集》33249)

西[方]受禾。……北方受禾。……癸卯，贞东受禾。(《甲骨文合集》33244)

辛未，贞受禾。(《甲骨文合集》37253)

岁受禾。(《加拿大皇家安大略博物馆藏明义士甲骨卜辞》714)

丁未卜，大邑受禾。(《甲骨文合集》33240)

戊寅，贞来岁大邑受禾。在六月卜。(《甲骨文合集》33241)

辛亥，贞受禾。(《甲骨文合集》33261)

己巳卜，不受禾。一。(《加拿大皇家安大略博物馆藏明义士甲骨卜辞》2455)

庚申卜，不受禾。二。(《怀特氏等所藏甲骨文集》1599)

在酒盂田受禾。(《甲骨文合集》28231)

……

此外，还有巷年、巷禾、害禾之类的卜辞，则都是从反面来询问是否会得到灾年、凶年的征兆。

求年、求禾的对象有自然神，如河、山、岳、方、社等，也有祖宗神，如先公先王先祖先臣中的上甲、高祖、多毓、黄尹等，还有天神和气象神，如日神、风神等。

既然是祈求神灵佑助，就要举行祭祀，贡献祭品，主要是牛羊等牺牲，所以卜辞中经常出现“燎三牛”“沉三牛”“卯三小宰”“燎三小宰”“燎三牢”“宜大牢”等，同时还要献酒，如前引的“贞酒求禾”“贞酒求年于岳、河、夒”等。所谓燎、沉是祭祀的形式，向山神、天神及先祖诸神祭祀，要将牺牲烧燎使之乘烟气上天；向河神、水神祭祀，则将牺牲沉入水中供其直接享用。如果是祭土地之神，则将牺牲埋于地下。正如《礼记·祭法》所说：“燔柴于泰坛，祭天也。瘗埋于泰折，祭地也，用骍犊。埋少牢于泰昭，祭时也。相近于坎坛，祭寒暑也。雩宗，祭水旱也。四坎坛，祭四方也。山林川谷丘陵能出云、为风雨、见怪物，皆曰神。有天下者祭百神。”

有时候祭品的数量还很大，如有一次向高祖祈求保佑好年成时竟然要“燎五十牛”（《甲骨文合集》32028）。一次祭祀要烧燎五十头牛，可以想见其场面之盛大，说明当时对获取农业好收成是何等的重视。

商代是泛神论时代，认为一切自然灾害都是天地间各种神灵惩罚人间的结果，因此要向它们祭祀（即所谓“有天下者祭百神”），以祈求诸神的宽恕和保佑。综合言之，当时崇拜的神灵有下列几类：

1. 天神 商代的天神就是上帝，它具有超越一切神灵的权威，实际上是与商代统一强大的王权相对应，有着无上的权威。商王也就成为上帝意志的执行者，理直气壮地君临天下。《尚书·汤誓》就说：“夏氏有罪，予畏上帝，不敢不正。”《楚辞·天问》也说：“帝降夷羿，革孽夏民。”可见上帝的观念早在夏代就产生，但是至商代才得以强化。卜辞中就经常出现“帝”的身影：

小癸未卜，争贞，生一月帝其令雷。（《甲骨文合集》14128 正）

丙申卜，争贞，今十一月帝不令雨。（《甲骨文合集》5658 正）

帝令雨匆其足年。帝令雨足年。（《甲骨文合集》10139）

争贞，不雨，帝唯旱我。（《甲骨文合集》10164）

帝其旱我。三月。（《甲骨文合集》10172）

燎于帝史风，一牛。（《甲骨文合集》14226）

……

殷人认为上帝掌管风雨雷电、人间祸福和年成丰歉，所以要向他卜问能否风调雨顺以保庄稼丰收。

2. 日月星辰 太阳东升西落，给人类带来光明和温暖。月亮阴晴圆缺，在黑夜大放光明，令古人觉得神秘莫测而充满敬畏之感。所以殷人对日月星辰都加以崇拜。如：“丁巳卜，侑日出。”“丁巳卜，侑日入。”（《甲骨续存》407）“癸未贞，其卯出入日，岁，三牛，兹用。”“出入日，岁，卯……不用。”（《小屯南地甲骨》890）“侑”“卯”“岁”都是祭名，可见殷人每天都要举行迎日出、送日落祭祀。

“惟日羊，有大雨。”（《甲骨文合集》30022）“羊”即祥，意思是日神降吉祥，天就下起大雨浇灌了庄稼。

“癸酉贞，日月有食，惟若。”“癸酉贞，日月有食，非若。”（《簠天》1）日食和月食都是反常的现象，殷人自然认为是不吉之兆，故要祭祀以求消灾。

“［乙］丑卜，宾贞，翌乙［未］……黍登于祖乙，［王］占曰：有祟……不其雨。六日［甲午］月有食，乙未彭，多工率条遣。”（《殷契文字丙编》57）“祟”有灾祸之意。卜辞说：乙丑日，商王为选定向祖乙举行登新黍祭祀的日期占卜，看兆纹显示最近有灾害发生，果然在第六天发生了月食。可见当时已视月食为一种灾害。

“有新大星并火。”（《殷虚书契后编》下 92）“火”即二十八宿中心宿二，是大火星。殷人对此星非常崇拜，以大火星首次昏现作为一年的开始，并以其在天空中的运行轨迹来确定夏至和冬至①。

3. 雨神 雨水直接关系到农作物的生长和收成，殷人自然极为崇拜，总以为有神灵在专管下雨之事，所以“卜雨”“求雨”的卜辞就特别多。如：

贞，兹旬雨。二告。……贞，不其受年。（《甲骨文合集》5600）

庚午卜，祈雨于岳。（《甲骨文合集》12855）

□己卜，争贞，不雨，帝唯旱我。（《甲骨文合集》101264）

甲子卜，其求雨于东方。（《邺》3.38.4）

戊午卜，于河祈雨，燎。（《殷虚文字乙编》8689）

“贞，延雨。”“不其延雨。”（《甲骨文合集》5658 正）“延雨”就是连绵下雨，也不利于庄稼生长，因此要祭祀，求雨神停止下雨。

4. 云神 云能致雨，有利于庄稼的生长，人们自然也要向它祈求。“贞，燎于帝云。”（《甲骨文合集》14227）“帝云”大概就是上帝管辖下的云神，要烧烤牺牲祭祀。又如：

……燎云，不雨。（《甲骨文合集》21083）

贞，兹云其雨。（《甲骨文合集》13385）

贞，燎于四云。（《甲骨文合集》13401）

兹云其雨。（《甲骨文合集》13649）

兹云延雨。（《甲骨文合集》13392）

各云不其雨。（《甲骨文合集》21022）

凡谈到云时都离不开雨，可见当时确已认识到云雨之间的关系。

5. 雷神 闪电打雷之后，总要下雨，而且经常是下大雨、暴雨，响雷也会震撼人心，使人畏惧，想象中的雷神总是可怕的。因而人们也要向雷神寻求保佑，特别是向它求雨。

……呼摧……雷。（《甲骨文合集》19657）

贞，兹雷其雨。（《甲骨文合集》13408）

贞，雷不惟祸。（《甲骨文合集》13415）

帝惟今二月令雷。（《殷虚文字丙编》62）

上帝既然可以命令雷神，自然是属于他管辖之下。

6. 水神 河水可以灌溉，洪水泛滥又给人们带来灾难，人们也认为是有水神

① 常正光：《辰为商星解》《殷历考辨》，《四川大学学报论丛》第十辑《古文字研究论文集》。

在操纵这一切，为保平安和丰收，就要向河（水）神①祭祀。如：

卜贞，告雷于河。(《殷契遗珠》84)

壬申卜，宾贞，告秋于河。(《殷契摭佚》525)

辛酉卜，宾贞，祈年于河。(《甲骨文合集》10085)

今春王黍于南，燎于南沘。(《殷虚书契续编》1.53.3)

王其侑于滴，在右岸燎，有雨。……即川燎，有雨。(《甲骨文合集》28180)

“沘”“滴”都是水名，商王为了黍稷的收成向两地的水神举行燎祭。

贞，其侑大水。(《甲骨文合集》10150)

燎于水，唯犬。(《甲骨文合集》10151)

辛酉卜，御水于……(《甲骨文合集》10152)

“侑”“御”都是祭名，是为祈求水神保佑而举行的祭祀。

7. 山神 山林是人们狩猎采集的区域，是生活资料的重要来源之地，险峻雄伟猛兽出没的高山峻岭也使人敬畏，因此殷人崇拜山神。卜辞中有：

癸巳贞，其燎丰山，雨。(《殷虚文字甲编》3642)

丁丑卜，侑于五山，在……(《邺》1.37.6)

甲申卜，燔十山。(《殷契拾掇》2159)

贞，祈年于岳，一月。……勿于岳祈年。(《甲骨文合集》10070)

有学者认为这里的“岳”是指崧山②，为后世五岳崇拜的文化渊源。

8. 社神 社神就是土地神。土地滋生万物，定有神灵主宰，自然要崇拜它。殷人称社为土，最早的土地崇拜就是垒一土堆加以祭祀，即《诗经·大雅·绵》“乃立冢土”，土就是社。如：

辛未卜，祈于社，雨。(《甲骨文合集》33959)

丙辰卜，于社宁风。(《殷虚摭续》3)

贞，勿祈年于甫社。(《甲骨文合集》847)

其侑亳社。(《甲骨文合集》28110)

于中社燎。(《甲骨文合集》21080)

可见，殷人认为社神也会影响风雨和收成，对土地爷的敬奉一直是我国民间的传统信仰，可谓影响深远。

9. 先祖 殷人认为他们的先祖先王（尤其是那些功勋显赫的先王们）的灵魂

---

① 有的学者释“河”为先公。此处从彭明瀚先生之说释为河神似也可通。见彭明瀚：《商代宗教与农事祭祀略论》，《农业考古》1995年1期。

② 彭明瀚：《商代宗教与农事祭祀略论》，《农业考古》1995年1期。

不死，会永远保佑后代子孙，故经常祭祀祖先。《礼记·祭法》就说："夫圣王之制祭祀也，法施于民则祀之，以死勤事则祀之，以劳定国则祀之，能御大灾则祀之，能捍大患则祀之。"如：

贞，父乙宾于祖乙。……父乙不宾于祖乙。(《甲骨文合集》1657正)

宾为会见之意。这是商王武丁卜问他死去的父亲小乙能否与远祖成汤会见。

贞，下乙不宾于帝。……贞，大甲宾于帝。……贞，大甲不宾于帝。(《甲骨文合集》1402)

这是武丁卜问他死去的先祖小乙和大甲能否与天帝相会。

乙保黍年。……乙勿保黍年。(《甲骨文合集》1133正)

癸亥卜，㱿贞，祈年自上甲至于多后，九月。(《甲骨文合集》10111)

庚子卜，争，贞其祀于河，以大示至于多毓。(《安明》91)

大示是指嫡系的祖先。

乙卯卜，贞，求禾自上甲六示，牛。小示馈羊。(《甲骨文合集》33319)

"自上甲六示"指从上甲开始往下算的六个祖先。小示是指旁系的先祖。"求禾自上甲六示"，就是向列祖列宗集体祭祀，祈求他们保护子孙们的庄稼获得好收成。除了六示，还有多至九示、十示的：

乙丑□，求自大乙至丁祖九示。(《甲骨文合集》14881)

□未卜，求自上甲、大乙、大丁、大甲、大庚、大戊、中丁、祖乙、祖辛、祖丁十示，率牡。(《甲骨文合集》32385)

10. 耤田 耤田是夏商西周时期的一项极为重要的农业祭祀活动，它是由天子亲自主持的，以表示对农业生产的高度重视，并借此劝民力田。耤也写作籍、藉，《礼记·月令》记载每年孟春之月，"天子乃以元日，祈谷于上帝。乃择元辰，天子亲载耒耜，措之于参保介之御间，率三公九卿诸侯大夫躬耕帝籍"。耤田可能早在夏代就已形成制度，《夏小正》中就有"初岁祭耒始用畅""祭鲔""祈麦实"，似为农事祭祀之滥觞。至商代则已形成基本制度。卜辞常有耤田的记载：

庚子卜，贞王其观耤，叀往。十二月。(《甲骨文合集》9500)

贞令我耤，受有年。(《甲骨文合集》9507正)

告攸侯耤。(《甲骨文合集》9511)

□□卜，贞众作耤，不丧……(《殷虚文字缀合》8)

贞呼耤，生。王占曰：丙其雨，生。(《甲骨文合集》904)

畴、耤在名(明)受有年。(《甲骨文合集》9503正)

丁酉卜，㱿，贞我受圃耤在始年。三月。(《甲骨文合集》900正)

己亥卜，萑(观)耤。……己亥卜，贞令吴小耤臣。(《甲骨文合集》5603)

观耤是观看耤田的意思。小耤臣是专门管理耕耤事务的小臣。

“耤”字甲骨文像是一人侧立双手执耒举足踏耒刺地的形状，本义就是耕作，作动词用就是翻耕土地之意，作名词用则指耤田。耤田要举行一系列仪式，《国语·周语上·虢文公谏宣王不籍千亩》云：

先时五日，瞽告有协风至。王即斋宫，百官御事，各即其斋三日。王乃淳濯飨礼。及期，郁人荐鬯，牺人荐醴，王祼鬯，飨醴乃行。百吏、庶民毕从。及籍（即耤），后稷监之。膳夫、农正陈籍礼。太史赞王，王敬从之。王耕一拨，班三之，庶民终于千亩。

耤田是在国王的农田里举行隆重的祭祀上帝的仪式（即前述“祈谷于上帝”）。在建好神坛之后，周王和百官要到斋宫斋戒三日，还要举行飨礼。耤田仪式正式开始时，由化妆为农神（后稷）的官员负责督察，膳夫和农官安排具体礼仪。太史引导国王，用耒耜耕一拨田土，百官耕三拨，农夫们则要将千亩耤田都要耕完。最后还要用牺牲祭献神灵。这里说的虽然是周代的情况，但大体格局在商代就已形成。到了西周才形成一套复杂烦琐的仪式并为后世所继承，一直延续到清代影响极为深远。

《诗经·周颂·载芟》就是一篇描写西周耤田场面的史诗。《毛诗序》指出：“《载芟》，春藉田而祈社稷也。”现在让我们来欣赏一下这首壮丽的诗篇，以结束本节的论述：

载芟载柞，其耕泽泽。（又除草来又砍树，田头翻耕松土壤。）

千耦其耘，徂隰徂畛。（千对农人在耕地，洼地坡田都前往。）

侯主侯伯，侯亚侯旅，侯彊侯以。（家主带着长子来，子弟晚辈也到场，有壮汉也有雇工。）

有嗿其馌，思媚其妇，有依其士。（地头吃饭声音响，妇女温柔又娇媚，小伙子们真强壮。）

有略其耜，俶载南亩。（耜的尖刃多锋利，南面那田先耕上。）

播厥百谷，实函斯活。（播撒百谷的种子，颗粒饱满生机旺。）

驿驿其达，有厌其杰。（小芽纷纷拱出土，长出苗儿好漂亮。）

厌厌其苗，绵绵其麃。（禾苗越长越茂盛，谷穗下垂长又长。）

载获济济，有实其积，万亿及秭。（收获谷物真是多，露天堆满打谷场，成万成亿难计量。）

为酒为醴，烝畀祖妣，以洽百礼。（酿造清酒与甜酒，进献先祖先妣尝，完成百礼供祭飨。）

有飶其香，邦家之光。（祭献食品喷喷香，是我邦家有荣光。）

有椒其馨，胡考之宁。（献祭椒酒香喷喷，祝福老人常安康。）

匪且有且，匪今斯今，振古如兹。（不是现在才这样，不是今年才这样，万古都有这景象。）①

第三节　商周文字中所反映的农事

商周文字主要有两种，即甲骨文和金文。

甲骨文是殷代帝王利用龟甲兽骨进行占卜时刻写的卜辞和少量记事文字，是至今已发现的时代最早而且已经成熟的文字，是研究商代历史的最重要的直接史料。

甲骨文发现于清代末年。河南安阳小屯的农民在耕田时从地里翻耕出一些刻有文字的龟甲兽骨，因不知其价值，作为龙骨当作药材出售给中药铺。后为古董商知悉而转售于北京、天津一带，直到光绪二十五年（1899），在北京做官的王懿荣从山东的古董商手里得到一些龟甲兽骨，看到上面刻的文字非常古老，认为其时代应在篆书、籀书之前，是古老的文物，遂出重金收购，于是甲骨开始受到重视。后来，许多学者（如王襄、端方、刘鹗、罗振玉）甚至一些外国人都在收集甲骨，并陆续将龟甲上的古文字拓印出版。光绪三十年，孙诒让对甲骨文进行研究，首先出版《契文举例》一书，提高了甲骨文的学术价值。接着罗振玉、王国维也对甲骨文进行更为深入的研究，取得更大的成绩。罗著有《殷商贞卜文字考》和《殷虚书契考释》，王撰写了《殷卜辞中所见先公先王考》等一系列论著。

1929—1937年，原中央研究院派董作宾、李济等人主持在安阳小屯村进行了15次的发掘工作，共获得有字甲骨24 918片，并先后选编为《殷虚文字甲编》《殷虚文字乙编》《殷虚文字存真》《甲骨文录》等书，将甲骨文研究推进到一个新的阶段。从1950年开始，中国科学院考古研究所与河南省文化局文物工作队也先后对安阳殷墟进行了十多次发掘，共获得甲骨文字5 000多片，其中尤以1973年在小屯南地的发现最多，共获得字甲70片，字骨4 963片，后陆续选编了《小屯南地甲骨》等著作，是甲骨学史上的重大收获。

除安阳，最为重要的是1977年在陕西岐山县凤雏村甲组建筑基址的窖穴中发现了17 000多片的西周甲骨，其中已清理出有字卜甲190多片，已发现600多字，这是一次空前的大收获。

与此同时，对甲骨文字的研究也取得丰硕成果，郭沫若、董作宾、杨树达、胡厚宣、唐兰、陈梦家、于省吾等一大批学者都对此作出重要贡献，先后出版了近200部专书和数百篇论文。其中尤以由郭沫若主编、胡厚宣任总编辑，于1979年

① 姜亮夫等：《先秦诗鉴赏辞典》，上海辞书出版社，1998年，687～688页。

开始出版的《甲骨文合集》最为重要，这是一本集大成的甲骨文巨著。该书从甲骨文和商史研究的需要出发，将185种书刊中著录的近10万片甲骨和分散在国内外尚未著录的大量甲骨精华汇为一编，共选收4万多片甲骨，包括卜辞和记事刻辞在内，举凡研究甲骨文字本身的重要材料以及能反映殷商社会政治、经济、文化等各方面情况的珍贵卜甲和卜骨，基本上已搜罗齐备。这部巨著的问世，已经而且必将继续对甲骨学和商史研究产生极大的推动作用①。

甲骨文已经是一种相当成熟的文字，符合汉字的结构规律，所谓“六书”均已具备。许慎在《说文解字》序中根据前人的归纳将汉字结构规律调整为指事、象形、形声、会意、转注、假借六项。实际上更合理的次序应该是象形、指事、假借、形声、会意、转注。

1. 象形　许慎在序中说：“象形者，画成其物，随体诘诎，日、月是也。”

甲骨文有很多象形字，如日、月、土、田、木、禾、羊、鹿、牛、马，等等，“因物赋形，恍若图画无异”②。不过甲骨文的象形已经不是原始的图画，而是抓住事物的特点，用简洁的线条加以表现，但却使人一望便知它所代表的物体。

2. 指事　许慎在序中说：“指事者，视而可识，察而见意，上、下是也。”

指事就是在象形字的某处做一记号特别指明来表示字义。如在“一”之上方画一短划，指示它的位置所在是表示“上”。在“一”之下方画一短划则表示是“下”。在“木”字上部加一横，表示是“末”，“木”字下部加一横则表示是“本”。

3. 假借　许慎在序中说：“假借者，本无其字，依声托事，令、长是也。”

象形、指事的字不够用，就借用同音字来表示。如甲骨文“凤”借为“风”，“釜”借为“父”，“来”本来是指小麦，后假借为来去的“来”，借用之后与该字原来的形义无关了。秦汉是大县的县官称“令”，小县的县官称“长”，因本来没有这些字，就借用命令的“令”和年长的“长”字，就是依声托事。

4. 形声　许慎在序中说：“形声者，以事为名，取譬相成，江、河是也。”

假借就会造成同音字增多的现象，不易弄清其意思。于是就在字旁加符号，一半为形符（或意符），一半为声符。如“盂”字，上部为声符，下部为形符。“江”“河”左半为意符，右半为声符。

5. 会意　许慎在序中说：“会意者，比类合谊，以见指㧑，武、信是也。”

将两个字的意思会合起来成为一个新字，如日、月成为“明”字，用手持鞭赶牛成为“牧”字，“武”字是从戈从止，表示持戈行走很威武。

6. 转注　许慎在序中说：“转注者，建类一首，同意相受，考、老是也。”

---

① 吴浩坤、潘悠：《中国甲骨学史》，上海人民出版社，1985年，332页。

② 容庚：《甲骨文字之发现及其考释》，《国学季刊》1924年3月1卷4期。

如老、耄、耋等字形都从老，老就成为一类之首。同意相受是说意义大体相同的字转相注解。

六书之中，象形、指事、会意三者重在形象，假借、形声、转注则重在声音。就本卷本节所要讨论的问题来说，主要是前三类结构的甲骨文字。

金文旧称钟鼎文，即铸刻在商周青铜器上的铭文。商代铜器上的铭文从一二字到十几字不等。西周青铜器上的铭文明显增多，数十字、上百字，甚至多达数百字。它不仅是研究商周历史的重要史料，而且也是研究我国文字发展的重要资料。商周的金文字体与甲骨文相近，到了周末则逐渐与小篆接近。金文能认识的字数也和甲骨文差不多，不过一两千字。

商周时期的农业是最重要的生产部门，是人们生存所依赖的物质基础，它对当时社会各个方面都会产生深刻的影响，在甲骨文和金文的创造过程中也必然会反映出这个特点。实际上有许多甲骨文字和金文就是现实生活中农耕状况的直接摹写。

现在让我们简要地举几个例子以窥视农耕、蚕桑、畜牧在甲骨文中的反映情况。

1. 农田

（1）田。甲骨文的田字作田、[illegible]、[illegible]、[illegible]、[illegible]等，像是畦畛整齐或是沟洫纵横的田地，因地貌差异而外形有所不同。后来统一作“田”字。西周的金文也是如此。“田”字本意最早可能是指“田猎”，即在一定田地中打猎的意思。进入农耕社会之后，“田”字就转为农田之意。“田”在西周初年也是周王赏赐给贵族土地的计算单位，如曶鼎的铭文就有“用五田，用众一夫”，虽是计算单位，也还是含有农田之意。

（2）疆。甲骨文的“疆”字作畕，金文作[illegible]，用两块田地相连接表示边界、分疆之意。金文又作“畺”，用三横把二田分开，表示疆界之意。后来又在左旁加一“弓”字（或在弓字下又添一土字），都是表示在丈量土地以确定疆界之意。

（3）周。甲骨文的周字作[illegible]、[illegible]、[illegible]，像是田中种植庄稼或堆有肥料，也是田块的意思。因田里长满庄稼，故又有周密之意。金文基本相似。周人自后稷起就非常重视农业生产，故以此为族名，表示农业发达。金文有在“田”之下加一“口”者，专做为国名，就成为“周”字了。

（4）圃。甲骨文的圃字作[illegible]、[illegible]、[illegible]，像是田中长有植物之苗。金文作[illegible]，表示在一定范围内种植庄稼，或者表示苗圃外面有围墙加以保护。

2. 农具

（1）耒。甲骨文的耒字作[illegible]，像是一把木制的双尖耒，这是商代的主要挖土工具。早期的耒是单尖的，甲骨文中也有此形象，如“男”字下部的“力”，在甲骨文中就是单尖耒的写照。耒的下部有一横，表示是用以踏脚使之容易入土的横杠，与各地出土的骨耒、木耒实物可以相印证。甲骨文的“耒”字其柄部是竖直的，金文中有些“耒”字的柄部却是弯曲的，可以看出其变化的情形。

（2）利。甲骨文的利字作，左边是禾苗，右边像是一把刀在割取禾谷，康殷先生认为此字可能就是割禾的专用刀具镰的本字①。

（3）杵。甲骨文的杵字作，像是一把两头粗中间细的木杵，是当时舂谷的主要工具。

（4）臼。甲骨文的臼字作，像是一件中间凹下放有谷米的臼，与杵配套使用。商周时期的杵臼有木杵石臼，也有是木杵木臼。

3. 劳作

（1）耤。甲骨文的耤字作，像是人用双手持双尖木耒在翻土的形状，是商周时期最主要的农耕方式。甲骨文和金文的耤字也有省作只用一手持耒，或有持两把单尖耒的形象，都是表示用耕具在掘土。耤字实际上就是后来的耕字。

（2）协。甲骨文的协字作、，像是三把耒在挖沟洫中的土，表示是三人一组在并肩劳动。协田是商代主要集体劳动方式。后来“协”字也成为祭祀之名，即在祭祀时要举行协田耕作方式。

（3）男。甲骨文的男字作，从田从力，力即木耒的象形。商周时期用耒耕田主要是男人的事情，故以此来表示男性，而且是耕田的好手，故“男”又是一种美称，类似现在的男子汉大丈夫之意。古代农耕部落亦有称其首领为“男”，与称善射者的“侯”同理，后来就成为“公、侯、伯、子、男”五等爵之称。

（4）舂。甲骨文的舂字作，像是双手持木杵在臼中舂打谷物。

（5）秦。甲骨文的秦字作，像是双手持木杵在舂打禾谷，后来成为秦之地名，又为秦国之名，都是表示该地农业发达、禾谷丰裕之意。

（6）众。甲骨文的众字作，像是在烈日之下众人在劳动。金文的众字作，像是在监工的监视之下的劳动者，可以看到奴隶被迫劳动的艰苦情形。

（7）年。甲骨文的年字作，上部为禾，下部为人，表示人们将禾谷收割后背运回去，商周庄稼是一年一熟，两茬庄稼收获期正好是一年，故以此作为年字。一年忙到头，终于有收获，故“年”字也用以表示“收成”之意。

4. 作物

（1）禾。甲骨文的禾字作、，像是成熟禾穗下垂的形状，是粮食作物粟的象形。后来就作为粮食作物的总称。

（2）粟。甲骨文的粟字作，像是禾穗成熟时谷粒掉下的形状，粟是商周的主要粮食之一。

---

① 康殷：《文字源流浅说》，荣宝斋，1979年，251页。

（3）黍。甲骨文的黍字作，像是禾穗分散下垂的形状，与粟的穗形有明显的区别，黍也是商周的主要粮食之一。

（4）来。甲骨文的来字作，像是成熟的麦子形状，是麦的本字，后转借为动词来去的来。

（5）麦。甲骨文的麦字作，像是来下有发达的根须，在所有粮食作物中以麦子的根须最为发达，“麦”字正反映了小麦作物的这一特点。

5. 蚕桑

（1）桑。甲骨文的桑字作，像是生长着很多细枝的桑树，商代的桑树是乔木型，比后世的地桑要高大。

（2）蚕。甲骨文的蚕字作、，是蚕的象形，蚕本来是桑树的害虫，后来变害为利，利用它所吐的丝纺织丝绸。

（3）丝。甲骨文的丝字作、，金文作，像是两根纺捻成的丝线形状。

（4）帛。甲骨文的帛字作，上面是“白”字作声符，下面从“巾”，即丝织品，是古代本色丝织品的总称。

6. 畜牧

（1）牛。甲骨文的牛字作，是牛头正面的简写，两角上翘，抓住了牛头部的主要特征。

（2）羊。甲骨文的羊字作，金文作，都是羊头正面的简写，两角下垂，两耳较大，使人一望而知为羊，不会与牛字混淆。

（3）马。甲骨文的马字作，金文作，是全匹马的侧视简图，颇为逼真。

（4）犬。甲骨文的犬字作，金文作，都是全身犬的侧视图形，张口，摇尾，见爪，甚为准确、生动地表现狗的特点。

（5）豖。甲骨文的豖字作，长吻，大腹，细尾下垂，简洁鲜明地表现了猪的特点，与犬有明显的区别，不会相混。

（6）豭。甲骨文的豭字作，像猪腹下有生殖器，表示是公猪。

（7）豮。甲骨文的豮字作，像是猪腹下的生殖器已被阉割，这是商代兽医技术上的一大成就。

（8）牢。甲骨文的牢字作，中间是牛，外框是牛圈的象形，说明商代的牛已经进行圈养。

（9）宰。甲骨文的宰字作，中间是羊，外框是羊圈的象形，可见当时的羊也是实行圈养。

（10）寓。甲骨文的寓字作，中间是马，外框是马圈的象形，商代的马也是实行圈养的。

（11）图。甲骨文的图字作、，中间是猪，外框是养猪的小棚，表明猪也是实行圈养的。

（12）家。甲骨文的家字作，用屋中有猪之状表示家，古代经常是将猪养在家里的猪圈中或是干栏建筑的楼下，故有猪之房屋就是人们的住家。

（13）牧。甲骨文的牧字作，像手执鞭子在赶牛，是为放牧之牧字。还有牧字左边为羊的，表示是在赶羊，也是放牧之意。

（14）驭。甲骨文的驭字作，为手执鞭子驱马之状，成为驾驭之驭字。

由此可见，即使是仅从甲骨文和金文的字形直接观察，也能反映商周的农业生产已经相当发达，不但在卜辞中有大量的关于农业生产的占卜内容，而且在甲骨文字的形成过程中，农业生产就对它产生极其深刻的影响，所以甲骨文字中才有很多字是直观的反映农牧蚕桑等生产实践的形象。从这一意义上说，文字也是客观现实生活（尤其是农业生产）的产物，也是典型的农业文明的结晶。

第四节 《诗经》中所反映的农事

《诗经》是我国第一部诗歌总集。先秦时期称为“诗”或“诗三百”，孔子曾经对其进行过整理。西汉武帝时候“罢黜百家，独尊儒术”，“诗”被尊为经典，定名为《诗经》。

《诗经》现存305篇，包括西周初年到春秋中叶500余年（少数据说产生于灭商以前的先周时期）的民歌和朝庙乐章，分为《风》《雅》《颂》三大类。

《风》包括十五《国风》，共160篇。其中：《周南》11篇，《召南》14篇，《邶风》19篇，《鄘风》10篇，《卫风》10篇，《王风》10篇，《郑风》21篇，《齐风》11篇，《魏风》7篇，《唐风》12篇，《秦风》10篇，《陈风》10篇，《桧风》4篇，《曹风》4篇，《豳风》7篇。

《雅》分为《大雅》和《小雅》，共105篇。其中《大雅》31篇，《小雅》74篇。

《颂》分为《周颂》《鲁颂》和《商颂》，共40篇。其中《周颂》31篇，《鲁颂》4篇，《商颂》5篇。

《诗经》中所反映的地域，主要是古代中原地区，以黄河流域为主，最南在长江以北。其中《秦风》《王风》《豳风》，相当于今天陕西省和河南、甘肃两省的一部分。《唐风》相当于今天的山西省。《魏风》相当于今天的山西、河南两省的交界处。《邶风》《鄘风》《卫风》《郑风》《陈风》《桧风》，相当于今天的河北省的西南部和河南省。《齐风》《曹风》《鲁颂》，相当于今天的山东省。《周南》《召南》中的《汝坟》《广汉》《江有汜》等篇，相当于今天河南省的南部和湖北省的北部。《大雅》和《小雅》则是周王朝直接统治的王畿地区，主要在今天的陕西。

从内容上看，《国风》是各国的民歌，占《诗经》篇幅一半以上，多产生于民间，反映了人民生活、劳动和斗争情况，表达了民众的思想感情，形式活泼，语言明快，形象生动，具有极高的文学价值。《雅》是周族地区的乐歌，反映了当时社会的发展进程、农业耕作情况、南方的开发、统治者的剥削、战争的破坏、人民的痛苦以及贵族政权的衰败，史料价值很高。《颂》是商周春秋时期贵族宗庙祭祀的乐歌，主要为统治者歌功颂德，粉饰太平，语言古奥，佶屈聱牙，思想和内容都较为僵化，缺乏艺术性，文学价值较差，但是由于它们描写了一些古代籍田的农耕情况，对农史研究来说，却是极为难得的资料，因而具有很高的历史价值。

由于夏、商、西周、春秋时期是典型的农耕社会，农业是当时最主要的生产部门，也是广大农民群众生活中的主要内容，所以《诗经》中的众多篇章必然会描写到农村生产、生活的各个方面，成为研究当时农业历史的极为珍贵的资料，从这个角度来说，人们也将《诗经》称为古代的一部农事诗。在前面各章中，我们经常引用《诗经》的诗句来阐释周代的农业生产情况，很难设想，如果没有了《诗经》，我们这卷断代农业通史会以何种面目出现在读者面前。

从农业技术史的角度来看《诗经》，它至少在下列诸方面具有重大的农史研究价值：

1. 耕作制度方面的农史研究价值

《诗经》的许多篇章，特别是《雅》和《颂》中有很多关于周代耕作制度的描写。如菑、新、畬休闲耕作制，早期的文献中只有《尚书》中《大诰》的“厥父菑”、《梓材》中的“既勤敷菑”以及《周易·无妄·六二爻辞》中的“不耕获，不菑畬”简单的几个短句而已，而《诗经》的描述就较为具体：

薄言采芑，于彼新田，于此菑亩。（《小雅·采芑》）

嗟嗟保介，维莫之春。亦又何求，如何新畬？（《周颂·臣工》）

使我们知道当时除了菑、畬，还有新田。据毛传解释就是：“田一岁曰菑，二岁曰新，三岁曰畬。”与《周礼》中的“上地”“中地”“下地”和“不易之地”“一易之地”“再易之地”等记载相印证，对西周的休闲耕作制就会有更明确的了解。又如《诗经》中关于耦耕的描写：

率时农夫，播厥百谷。骏发尔私，终三十里。亦服尔耕，十千维耦。（《周颂·噫嘻》）

载芟载柞，其耕泽泽。千耦其耘，徂隰徂畛。（《周颂·载芟》）

使人对当时耦耕规模之大、场面之热闹，有身临其境的感受。又如：

迺疆迺理，迺宣迺亩。（《大雅·绵》）

禾易长亩，终善且有。（《小雅·甫田》）

我疆我理，南东其亩。（《小雅·信南山》）

畟畟良耜，俶载南亩。（《周颂·良耜》）

以我覃耜，俶载南亩。（《小雅·大田》）

也使我们对周代的垄作制度有了更深刻的认识。

2. 耕作技术方面的农史研究价值

几乎从整地到收获，《诗经》都有生动具体的描写。如：

既溥既长，既景乃冈。相其阴阳，观其流泉。其军三单，度其隰原，彻田为粮。（《大雅·公刘》）

描写西周的先祖公刘依靠日影和山岗位置，考察阴阳方位和水源情况，根据土地的高低开辟成又长又宽的农田。结合上述的“南亩”“南东其亩”等垄作情况，可以看出对整地已经提出一定的技术要求。

关于播种方面的描写，如：

播厥百谷，实函斯活。（《周颂·载芟》）

要求播下的种子成活率要高。

茀厥丰草，种之黄茂。实方实苞，实种实褎。实发实秀，实坚实好，实颖实栗。（《大雅·生民》）

这是对选种提出一系列要求。

更为难得的是当时已有良种的概念：

诞降嘉种，维秬维秠，维穈维芑。恒之秬秠，是获是亩。（《大雅·生民》）

嘉种就是良种，并且已经培育出黍的两个不同品种：秬和秠。

中耕除草是我国传统农业技术的一大特色。

或耘或耔，黍稷薿薿。（《小雅·甫田》）

既除草又壅土，黍稷自然长得茂盛。

“相其阴阳，观其流泉”（《大雅·公刘》），“毖彼泉水”“我思肥泉”（《邶风·泉水》）等，说明当时对农田灌溉水源的重视。而“滮池北流，浸彼稻田”（《小雅·白华》），更是明确记载当时稻田的灌溉技术。

治虫除害的记述则有：

去其螟螣，及其蟊贼，无害我田稚。田祖有神，秉畀炎火。（《小雅·大田》）

已将害虫分为螟、螣、蟊、贼四类，而且已经掌握了利用火光诱杀害虫的方法。

入秋之后，各种作物相继成熟，“九月筑场圃，十月纳禾稼”（《豳风·七月》），筑好打谷场，收起锄头，拿起镰刀，开始收割庄稼了：

命我众人，庤乃钱镈，奄观铚艾。（《周颂·臣工》）

收割时只听到镰刀声响，只见到粮食堆积如山：

获之挃挃，积之栗栗。其崇如墉，其比如栉。(《周颂·良耜》)

收割后赶快将穈、芑等粮食肩挑背负运回仓库储藏：

恒之穈芑，是任是负。(《大雅·生民》)

储藏粮食的场所有仓、箱、庾、廪等：

乃求千斯仓，乃求万斯箱。(《小雅·甫田》)

我仓既盈，我庾维亿。(《小雅·楚茨》)

亦有高廪，万亿及秭。(《周颂·丰年》)

一派五谷丰登、仓满屯满的丰收景象呈现在我们眼前，犹如身临其境。

3. 粮食作物方面的农史研究价值

考古发现的商周时期粮食作物只有粟、黍、穈、稻、麦、高粱和大豆、麻籽等几种，但《诗经》中提到的粮食作物却有21种之多：蕡、麦、黍、稷、麻、禾、稻、粱、菽、苴、穀、芑、藿、粟、荏菽、秬、秠、穈、稌、来、牟。其中有一些是同物异名，如禾、稷是粟的别称，粱、穈、芑是粟的不同品种，秬、秠是黍的两个品种，稌是稻的别种，麦和来同指小麦，荏菽和菽都是指大豆，藿是豆叶，苴、蕡是大麻籽。粮食品种的丰富，说明当时的生产技术已有相当高的水平。

4. 耕作工具方面的农史研究价值

《诗经》中提到的农具只有耜、钱、镈、铚、艾等，不如考古出土的多。这可能是当时农具的名称比较笼统，将功能相同形状相似的农具都使用一个名称。如出土的铲、锸等就都属于“耜”一类。出土的锄、镬可能都属于“镈”一类。虽然农具种类不多，但已包括整地、中耕、收获三类农具，基本上可以满足大田作业的需要。《诗经》中不见任何关于犁耕或牛耕的记载，可见西周时期牛耕并未推广。如果当时已经推广牛耕的话，应该首先在最有条件使用的天子籍田中出现。牛耕的出现在当时是件新事物，也是农耕史上的一件大事，诗人们不可能不加以歌颂、记载。但我们在《诗经》中看到的描写籍田中的劳动情形只是“畟畟良耜”“千耦其耘”之类的描写，并无任何牛耕的踪影。

5. 畜牧生产方面的农史研究价值

《诗经》中提到的家畜有马、牛、羊、猪和鸡等，而且反映了饲养情况：

乘马在厩，摧之秣之。(《小雅·鸳鸯》)

翘翘错薪，言刈其楚。之子于归，言秣其马。(《周南·汉广》)

这是描写马匹在厩中饲养的情形。

皎皎白驹，食我场苗。……皎皎白驹，食我场藿。(《小雅·白驹》)

这是描写马儿在野外放牧啃食禾苗的情形。

执豕于牢。(《大雅·公刘》)

鸡栖于埘。……鸡栖于桀。(《王风·君子于役》)

反映了猪、鸡的家畜家禽的圈养情形，都说明其饲养技术已较为进步。

谁谓尔无羊？三百维群。谁谓尔无牛？九十其犉。……尔牧来思，何蓑何笠，或负或糇。（《小雅・无羊》）

生动地描写了牛羊成群活动和牧人披蓑戴笠辛勤放牧的情景，使人有身临其境的感受。

6. 园圃业方面的农史研究价值

《诗经》中提到的果树主要有杏、桃、李、枣、栗、梅、桑椹、木瓜等。这些水果大部分都种在园囿中，并且生长茂盛，花蕊绽放，果实硕大："桃之夭夭，灼灼其华。""桃之夭夭，有蕡有实。""桃之夭夭，其叶蓁蓁。"（《周南・桃夭》）《诗经》中提到的蔬菜主要有韭、瓜、瓠、芸、葑、菲、荠、葵、笋、薇、芹、蒲、荷等，其中有陆生蔬菜，也有水生蔬菜，还有的是调味蔬菜，品种还是相当丰富的。

7. 蚕桑业方面的农史研究价值

《诗经》中涉及蚕桑的篇章不少，其地域有秦、豳、魏、唐、郑、卫、曹、鲁等，相当于现在的陕西、山西、河南、河北、山东、甘肃一带，证明当时黄河流域中下游地区都在种桑养蚕。从"十亩之间兮，桑者闲闲兮。……十亩之外兮，桑者泄泄兮"（《魏风・十亩之间》）等诗句可见其桑田的规模不小，反映蚕桑业的发达程度。而《豳风・七月》："蚕月条桑，取彼斧斨。以伐远扬，猗彼女桑"，更反映了当时采桑和修剪桑树枝条的技术，可以看出当时桑树种植技术已有较高水平。

8. 林业方面的农史研究价值

《诗经》中提到的树木种类有楚、柏、桐、梓、漆、竹、桧、松、杞、檀、柳、枢、榆、栲、杨、柞、樗、枸、榖、柘、椐、柽、枌、檖、楛、棫、楰、杻等30多种，其中有些已是人工种植。其中如漆、桑、果树等林木，具有经济价值，受到人们的重视，发展也较快。

9. 渔业方面的农史研究价值

《诗经》中也有很多篇章歌咏渔业，提到鱼类有鳣、鳟、鲂、鲦、鲔、鲿、鲨、鳢、鰋、鲤、鳖、鲦等。提到的捕鱼工具有钓、网、罟、罛、罭、汕、罩、笱、梁、潜、橾等。从"岂其食鱼，必河之鲂？……岂其食鱼，必河之鲤？"（《陈风・衡门》）的问句中，可以看出鲤鱼、鲂鱼已成为人们的日常食品。而"河水洋洋，北流活活。施罛涉涉，鳣鲔发发"（《卫风・硕人》）的诗句，更使人如临水流奔腾的黄河岸边，听到渔网入水的声音，看到鱼儿欢跳的情景，真是一幅生动的捕鱼图。

10. 农业气象方面的农史研究价值

《诗经》中描写了很多自然现象，其中有不少是涉及物候、天象等内容，犹以《豳风・七月》最为典型，因为它几乎是按月份（除了一月和三月）叙述并且与农事结合在一起，成为研究西周时期农业气象的珍贵资料。

此外，《诗经》还描写了农民所受到的沉重剥削，反映了他们的痛苦呼喊和反抗的心声，对了解当时农民思想感情也有很大帮助①。

因此，《诗经》是部名副其实的农事诗，即使称之为反映西周时期农民生产、生活的百科全书也不为过。

① 参见本卷第七章第三节第二部分“农民的生活水平与负担”。

结　论

在综合考察了夏商西周春秋时期的农业之后，可以得出下列几点结论：

（1）整个农业生产是在国家各级政权直接控制下进行的，这种控制是通过土地的王有和人身自由的限制甚至占有来实现的，并且通过一系列的贡赋和徭役将社会成员网络成一个庞大体系，没有一个农业劳动者能够摆脱被剥削的命运而独立于社会网络之外。其社会性质与原始农业有着本质上的区别。

（2）形成了作为国家政权基础的重点农业区，且随着生产力的提高和军事的扩张，这些重点农业区也逐步扩大。夏代的重点农业区在豫西和晋西南一带，即古代的豫州和冀州地区。商代的重点农业区除了豫州、冀州，扩展到青州、兖州及徐州、荆州一部分。西周的重点农业区是在商代基础上，向西扩展到陕西的泾渭地区、陇东的部分地区，向南扩展到长江中下游北部的江汉地区和江淮地区。春秋时期则南扩到江南的吴越地区，为后来的战国七雄的割据纷争提供了雄厚的物质基础。

（3）形成了较为均衡的生产结构。夏代的农业生产结构是以种植业为主、畜牧业同时发展，采集渔猎也占一定的比重。商代和西周、春秋大体上是保持这一格局，不过在种植业方面（尤其是粮食作物）有较大的发展。文献中记载夏代的粮食作物主要有黍、麦、麻。商代则有黍、稷、粟、麦、麻等。西周还增加了稻、菽，因为江汉、江淮两个稻作地区的开发，使得稻米在周代粮食中的地位大大提高。在畜牧业方面，文献中记载夏代饲养的牲畜有马、羊、鸡等。商代甲骨文和西周《诗经》提到的家畜有马、牛、羊、猪、狗、鸡等。我国传统农业生产结构中所谓的“五谷”和“六畜”在商周时期已经形成，并对后世发生深远的影响。

（4）建立了系统的土地制度。夏、商、西周、春秋时期都是实行土地国有的分封制度。所谓国有实际上就是王有，即全国的土地都归最高统治者国王（天子）所有，天子除了给自己留下最好的一部分土地作为私田，将大部分土地赏赐分封给属下的大小官僚和全国民众耕种，但后者是通过各级官吏分配下去的，并非由天子个人直接分配，天子也不参与直接剥削，因而也可称之为贵族土地所有制。农民在领取一份土地之后，必须为领主或官府耕种一定面积的公田。即所谓“夏后氏五十而贡，殷人七十而助，周人百亩而彻，其实皆什一也”（《孟子·滕文公上》），就是缴纳十分之一的劳役地租或实物地租。在西周时期，则形成历史上有名的井田制：“方里而井，井九百亩。八家皆私百亩，同养公田。公事毕然后敢治私事。”这一制度直到春秋末期才逐步解体。

（5）形成了一套较为成熟的耕作制度。原始农业对耕地的利用率较低，经常是耕种一两年之后，地力下降，就另外开荒耕种，原来的耕地“须荒十年八年，必须草木畅茂，方行复砍复种”。到了商、周时期，由于耕作技术的进步，也由于人口增加，对耕地的需求日益迫切，因此缩短了抛荒时间，只要经过一两年的休闲就可以重新耕种。这种耕作制度就是西周的菑、新、畬，即土地耕种后休闲的当年土地为菑，第二年为新，第三年即可重新耕种的田叫作畬。也就是耕种一年休耕两年的休闲制，土地利用率已达三分之一，比起原始农业的休耕十年八年的抛荒制大大提高。但是有些耕地则只需休闲一年就可继续耕种，有的甚至连年都可种植，这就是《周礼·地官·遂人》所说的“上地”“中地”“下地”和同书“大司徒”中所说的“不易之地”“一易之地”“再易之地”。上地是良田，可连年耕作，不须休耕另种它地，故曰“不易之地”。中地地力较差，须休耕一年，故曰“一易之地”。下地地力最差，须休耕两年，故曰“再易之地”。因此，“不易”“一易”之地比起“再易”之地来说，其土地利用率又提高了一步。

（6）创造了协田、耦耕耕作方式。商周时期的农业是“沟洫农业”，修治沟渠是商、周农田基本建设中的主要作业。这项工作非单家独户所能完成，须组织众多劳力进行协作。由于当时的生产工具主要是木耒，需要多人合力才能翻起土块，通常是采取三人一组的协作方式。甲骨文的“协”字作[illegible]、[illegible]，上部是三把单尖木耒，表示是三人一组在挖土，下部为沟渠的横断面，可以证明劦田是在挖掘沟渠。西周时期更多的是使用双尖木耒和木耜，只需两人就可完成这一任务，于是劦田就演变为耦耕，即两人一组并肩挖沟起土，劳动效率大为提高。《诗经·周颂》中提到的“十千维耦”“千耦其耘”，表明在公田中大量采用这种劳动组合形式进行耕作。与劦田和耦耕以及沟洫制度相适应的是垄作制的产生，即在农田中开垦成垄沟相间的甽亩（甽即沟，亩即垄）。与垄作制相适应的条播和中耕技术的产生，对当时田间生产技术的发展也起了重要的促进作用。

（7）田间生产技术进步。与原始农业相比，商、周时期的栽培技术有很大的进步。一是整地技术已有一定技术要求，如田中的甽亩、田边的沟洫都有规格要求，此外还要注意向阳和水源等问题。二是播种时已注意到选择种子并且产生了良种的概念，还培育出一些粮食作物的不同品种。三是创造了包括除草和培土在内的中耕技术，并能利用焚烧野草灌水沤烂来改良土壤。四是已经掌握引水灌溉的技术。五是注意防治虫害，并能利用害虫的趋光性用火加以诱杀。由此可见，与“播种于地，听其自生自实”的原始种植方式相比，商、周的栽培技术已有明显的进步，已经具有我国传统农业精耕细作技术的一些因素，可以视为精耕细作的萌芽时期。

（8）农具种类基本齐备。由于生产技术的进步，需要有相适应的农具来为之服务，商周时期的农具种类有了增加，并且出现了青铜农具。其中，整地农具有耒、耜、耰、铲、锸、镬、锄及犁；中耕农具有钱、镈等；收获农具有铚、艾、镰等。加工农具为磨盘、杵臼等。我国传统农业大田生产中所使用的农具种类已基本齐备，已能满足当时生产技术的需要。

（9）畜牧业已经相当发达。一是政府设立了一系列管理官营畜牧业的职官和有关制度。二是饲养技术已从单纯的放牧发展到放牧与圈养相结合。三是繁育技术已从自然交配发展到能够有意识地选择种畜进行配种。四是发明了阉割技术，改良畜肉的品质，有利于选择培养优良的畜种。五是发明了兽医技术，出现了专门兽医人员。

（10）蚕桑业有较大的发展。夏代已有专用的蚕室，商代甲骨文已有蚕、桑、丝、帛等字，卜辞也有多次视察养蚕的占卜，祈求养蚕能有好的收成，至西周养蚕业已经遍及黄河中上游地区。《诗经》中涉及蚕桑的地区相当于今天的陕西、山西、河南、河北、山东一带，而《尚书·禹贡》记载的养蚕地区更是扩展到长江流域，当时的扬州和荆州地区的贡品中都有丝织品。各地出土的商、周时期的丝织品实物也反映了商、周蚕桑纺织技术已达到相当高的水平。

（11）园圃业已从大田作业中分化出来。夏代已出现园圃业的萌芽，如《夏小正》中就有“囿有见韭”“囿有见杏”的记载。甲骨文中已出现“圃”字。西周初期实行场圃结合，然后逐步变为专业性经营。至春秋时期园圃业就有更大的发展。我们今天日常食用的几种蔬菜，在当时都已基本培育成功。

（12）酿造业有发展。作为农村副业的酿造业如酿酒、制醋和制酱等也有较大的发展，特别是酿酒业成就更为突出。已经掌握了用蘖来酿制醴、用麴来酿制酒的技术。

（13）制定了相关的农业赋税制度。夏、商、西周、春秋是阶级社会，奴隶主贵族占据了最重要的生产资料土地，又掌握了强大的国家政权，因此制定了一整套的赋税制度来剥削广大从事农业生产的城乡劳动者。据文献记载，夏代实行的贡法，商代实行助法，西周实行彻法。虽然名称各不相同，但大体上都是劳役地租，西周晚期至春秋，则向实物地租过渡，其剥削量则大约在十分之一左右，不过都伴有相当沉重的力役，因此农民的负担往往要超过十分之一。春秋以后则是“履亩而税”，实行实物地租，是个具有历史意义的进步。

（14）农业科学技术产生。主要是物候学、历法、气象、土壤和生物分类等与农业生产密切相关的科学已初步形成并对生产实践发挥了积极作用。物候学在夏代已颇有成就，历法到商代已相当成熟。农业气象知识至西周更为丰富，文献记载也较为明确。土壤和生物分类学知识在西周、春秋时期也已臻于成熟。

由此可见，夏、商、西周、春秋时期的农业，确已逐渐脱离原始状态而逐步走向成熟，田间生产技术也日益进步，精耕细作的耕作体系正处于孕育萌芽之中，为春秋以后至战国时期我国传统农业中的精耕细作体系的形成奠定了很好的基础。它在中国农业发展史上应该占有重要的地位。

在全面考察夏、商、西周、春秋时期的农业历史之后，有几个问题需要进行简要的回顾并略加讨论，因为它们都与这一时期的农业生产有密切的关系。

（一）社会性质

这是一个史学界的热门话题，长期争论不休，至今也还没有完全取得一致意见。但这又是一个不容回避的问题，如果连社会性质都不能确定，那么所有的研究都将脱离历史实际，所有的结论都是无的放矢。这样的著作还有什么价值呢？

中国上古社会的历史分期问题非常复杂，牵涉面非常广泛，已发表、出版的论著也汗牛充栋，难以数计，这里不作全面的评介，仅就与本卷至关密切的两个问题作一个简要的讨论。这就是：中国是否有奴隶社会？西周是不是奴隶社会？

本来，在20世纪中叶的中国社会分期大讨论中，一般都承认中国上古时期的夏商（特别是商代）是奴隶社会，而西周是奴隶社会还是封建社会分歧最大，争论最为激烈，至今也没有统一意见。但是，从20世纪80年代以后，却有一些学者提出中国历史上根本不存在奴隶社会，并对主张中国存在过奴隶社会的学者一概嗤之以鼻。但是他们自己对古代社会性质的解释又不能令人信服，使得中国社会发展脉络更加模糊不清。笔者赞同学术界大多数人的意见，我们在第一章第二节中明确指出夏、商、西周、春秋时期是属于奴隶社会的。当我们考察了整个夏商西周春秋时期的农业历史之后，仍然觉得这个认识并没有什么不妥。恩格斯曾经说过：“在亚细亚古代和古典古代，阶级压迫的主要形式是奴隶制，即与其说是群众被剥夺了土地，不如说他们的人身被占有。”① 问题不在于马克思主义的导师们说过什么，要看他们说的是否符合历史实际。如果不符合，当然应该纠正甚至推翻，如果符合实际，就没有必要因意识形态问题而全盘否定。反观中国上古历史，确实存在少量的

---

① 恩格斯：《美国工人运动》，见《马克思恩格斯全集》，第21卷，人民出版社，1965年，387页。

奴隶主贵族和大量的奴隶，确实存在阶级和阶级压迫，奴隶主贵族对广大奴隶们的压迫和剥削方式，正是既剥夺土地又占有人身。将这样的社会定性为奴隶社会，实在是没有什么不妥的。更何况近现代民族学的材料也证明我国西南地区曾经存在过活生生的奴隶社会，为何古代反而不可能存在奴隶社会呢？在逻辑上也是讲不过去的。

当然，我们过去对奴隶社会的理解过于狭隘，也存在过教条式弊病。比如，我们会简单地认为在奴隶社会只存在奴隶主和奴隶两个阶级，将奴隶主简单视为残暴的反动的统治者，他们所作所为都是倒行逆施，阻碍社会进步。而广大奴隶是社会财富的创造者，是他们创造了历史，推动了社会进步。于是将当时所有的发明创造全部归功于奴隶们，对掌握国家大权和整个社会财富的奴隶主阶级为当时社会政治、经济、文化所作出的贡献则一概加以抹杀。这显然是不公平的，或者说是仅凭“朴素的阶级感情”来感情用事的。更有问题的是，我们过去往往将奴隶社会简单地视为两极社会，似乎社会上只存在奴隶主和奴隶这两个势不两立的群体，整日里在进行你死我活的阶级斗争。而完全忽略了当时社会中还存在着一个庞大的平民（或称自由民）阶级。他们是由原始社会末期的农村公社成员分化而来，与奴隶主贵族同宗，有着一定的血缘关系，但因经济地位低下而从事农业或手工业劳动，还有服兵役的权利和义务，也有受教育的机会，是属于有人身自由的自由民。在当时的农业生产中，他们的贡献也是巨大的，商周时期农业生产上的许多发明创造，有很多是他们的贡献，不能全部归功于当时的奴隶阶级，这在过去没有引起足够的重视。

关于西周的社会性质，有相当多的人不同意是奴隶社会，主张是属于封建社会，或者是封建领主制的社会。其中理由之一是他们发现西周的农民已有相当的人身自由，并且开始实行实物地租。既然广大农民有人身自由，统治者又实行实物地租的剥削方式，这样的社会不是封建社会又是什么呢？这显然是将奴隶社会中的平民阶级当做社会的主体，将奴隶主贵族当成封建地主阶级，并没有注意到奴隶社会的农业生产者除了众多的奴隶之外，还有广大的自由民（平民阶级），这些自由民的自由也是有限度的。因为他们没有掌握政权和整个生产资料（他们从奴隶主贵族那里领到一份土地耕种，只有使用权，并无所有权），在社会中没有占据主导地位。相反，他们是属于中间过渡阶级，少数人有可能爬上奴隶主阶层，更多的则可能沦为奴隶。也就是说，他们既可能和奴隶主阶级一道去压迫奴隶，也有可能沦为奴隶而遭受奴隶主的压迫和剥削。虽然他们在当时社会的政治、经济、军事和文化各个领域中都发挥了重要作用，但是无论是政治上还是经济上都是隶属于奴隶主贵族。即使是奴隶主对他们（包括对一些奴隶）实行实物地租的剥削方式，但土地并不能自由租佃，而是要由各级政权（诸侯贵族）来定期分配。与封建社会地主阶级对农民的剥削并不相同。有人也看到这一点，故将之划出一个阶段，称之为封建领主制。但在我们看来，将之划归奴隶社会晚期的范畴也许更合适些。

（二）剥削方式

这是与社会性质紧密联系在一起的，主要表现在赋税上。夏商西周时期的赋税主要就是《孟子·滕文公上》所说的："夏后氏五十而贡，殷人七十而助，周人百亩而彻，其实皆什一也。"什一而税大概是农业社会的一般标准，因为直到汉代也还实行什一而税。贡、助、彻都是对农业劳动者征收的租税，对奴隶来说是全部剥夺他们的劳动，不存在赋税问题。虽然文献记载过于简略，至今尚没有对贡、助、彻作出精确的解释，但总的趋势是从劳役地租向实物地租演变。

当夏禹接受舜的禅让的时候，还是一个原始民主时代的部落联盟的领袖，当他逐渐巩固自己的权力并把它传给儿子启以后，国家政权才进一步稳固，对民众的统治和剥削也逐渐加强。但当时的政权是从原始部落联盟脱胎而来，土地分配制度应该是和原来一样，全体成员都有权力得到一份土地耕种，这是自古以来就是这样的，是天经地义的事情，只是大家要将收成的一部分交给氏族领袖管理作为集体的公共开支。但是现在则要将它交给各级政府官吏，名义上也是为了提供为公众利益服务的财政开支，表面上似乎不是什么地租赋税的剥削，仅是大家自愿贡献给国家政府的。所谓"贡，献功也"（《说文解字》），"贡者，自治其受田，贡其税谷"（《周礼·冬官·匠人》郑玄注）大概就是这个意思。然而这是以为公众作贡献来掩盖其剥削的实质，它是真正的赋税，所以《广雅》说："贡，税也，上也"（引自《初学记》卷二〇），是正确的。

商汤灭夏，是靠武力夺取政权，征服别人的民众和土地，自然就会认为天下是自己一家的，所有的民众都是他的臣民，所有的土地都归他所有。当他把土地以国家的名义分配给他的臣民时，自然要堂堂皇皇地征收租税，用不着什么遮羞布。商王和各级诸侯贵族都直接掌握许多土地，自然要征调大量民力来直接耕种，收成全部归公家。也许当时就是以"帮助公家耕种"的名义来征调劳动力，所以才叫作"助"。"助者，藉也"，"借民力而耕公田之谓也"（《孟子·滕文公上》），实行的是劳役地租。

武王灭纣，仍然是靠武力夺取他人的国土和民众，更是理直气壮地宣称："溥天之下，莫非王土。率土之滨，莫非王臣。"将土地分封下去时，自然也是要征收租税的。只是对与自己同宗的"国人"和被征服的土著"野人"区别对待，就是所谓"请野中九一而助，国中什一使自赋"。即对"野人"实行劳役地租，每年农忙季节都先要到诸侯贵族的公田中帮助耕种，然后才能种植自己的那份私田。而"国人”则只要缴纳实物地租即可，不必到诸侯贵族的公田去耕种。至春秋鲁国始实行“履亩而税”，废除公田、私田之分，实行按亩征收实物税，则对国野都采取实物地租的剥削方式，这是一个历史性的进步。但是不管实行何种剥削方式，其生产资料（土地）都是掌握在国家（实际上就是奴隶主贵族）手里，而不是掌握在私人地主手里。广大农民也被束缚在固定的土地上，并不能自由租赁其他私人的土地耕种，与战国诸雄实行变法后的封建土地制度不能等量齐观。

（三）井田制

学术界对商周时期的土地制度问题的研究分歧最大的当数井田制。主要集中在两个问题，一是历史上是否存在过井田制，二是如果实行过井田制，其具体情况到底如何。20世纪初叶以来，有不少学者是持否定态度，认为那是孟子乌托邦式的空想。后来有越来越多的学者认为西周实行过井田制，因为从《诗经》中的有关描述和《孟子》中的记载加以对照，还是可以发现其田制是基本一致的。井田制是西周实行土地分封制的产物，实际上它就是奴隶主贵族对广大农民的一种剥削方式，将土地按一定的标准分配给农民耕种，以8家为一单位，每家耕种百亩私田，但必须共同耕种100亩公田，每家耕种12.5亩，其剥削量是超过以前的“什一而税”，农民的负担显然是加重了，这对奴隶主阶级来说当然是有利的，这恐怕是实行“井田制”的真正原因。

《孟子·滕文公上》那段著名的孟子关于井田制的解释，其中关键的是“九一而助”“乡田同井”“方里而井”“井九百亩，其中为公田”“八家皆百亩，同养公田”“公事毕，然后敢治私事”诸项，这些都与商周实行过的“助”法很接近，在《诗经》中也可找到它的影子，说明孟子所说并非毫无根据。井田制不是一成不变的，我们不能机械地理解孟子的话，需要结合当时的农业生产实际来考察。西周的田亩制度是宽一步长百步的长亩制，每百亩便形成一个整齐的方块，在农田周围修建的排灌沟洫也是纵横相间，规划整齐，这样每900亩地便形成一个井字形的大方块，这与当时的农耕技术和沟洫制度也是相适应的，那么这种“豆腐干块”的井田制度（胡适语）并非纯是空想。特别是在广阔肥沃的平原上，农田的收成是大体相当的，把一井之中的一块地作为公田，对领主而言并不吃亏，所以是有可能实行的。只是随着人口的增加，土地的开辟，农田的肥力和地形会有很大的差别，已经出现“不易之地”“一易之地”和“再易之地”，就不可能再那样整齐划一来规划土地，公田也就不可能老设在8家私田的正中央，只要在私田旁边或附近就可以（这是为了方便农民的耕作）。如果我们将孟子所说“其中为公田”理解为“其中有公田”，可能更为符合井田制的发展趋势。因此《穀梁传·宣公十五年》所说：“井田者，九百亩，公田居一。”也许更为确切，更为符合历史实际。

后来，农民们在公田上消极怠工，导致公田收成下降，领主们改变剥削方法，将那百亩的公田也分配给一户农民耕种，按比例统一收取谷物，这样“八夫为井”就发展成为“九夫为井”，甚至是“十夫为井”。这就是《周礼·地官·小司徒》的“九夫为井”和《论语·公冶长》的“十室之邑”。

总之，只要我们用发展的眼光去看井田制，井田制就不是不可理解的了。

（四）耕作方式

商、周时期的耕作方式最具特色的就是协田和耦耕。它们与耕作制度和耕作技术以及沟洫制度等都是密切相关的。商、周是奴隶社会，奴隶主在自己的领地上是直接使用大量奴隶来进行集体耕作，这是由当时的生产力和生产关系所决定的。而黄河流域的农业是典型的“沟洫农业”，修治沟渠是商代农田基本建设的主要任务。这项工作非单枪匹马所能完成，必须依靠集体力量。当时的挖土工具是单尖木耒，一个人单独用它在宽深各一尺的沟洫中来挖掘疏松的黄土壤，功效很差，如三人并排同时用耒插地起土，就可翻起一大块泥巴，功效大为提高。甲骨文“协田”的“协”字写作[illegible]、[illegible]，上部是三把木耒的象形，下部为沟洫的横断面，正像三人执耒挖沟的情形。由此可以想见，商代的“协田”耕作方式就是很多奴隶或者农民在田里进行大规模的集体劳动，但具体劳动时却是三人一组并肩挖土开沟。

协田向前发展，就是耦耕。随着农业工具的改进和劳动技术的进步，劳动效率日益提高，三人一组的协田逐渐演变为两人一组的耕作方式，称为耦耕。甲骨文已有耦字，是用两把双尖木耒来表示两人一起劳动的意思，说明商代晚期已有耦耕。金文的耦字也是以手执两把双尖木耒来表示并肩劳动。三把木耒插地只有三个洞，两把双尖木耒插地却有4个洞，因此两人一组劳动就可比原来三人一组劳动的效率高，耦耕也就必然要代替协田。不过西周时期普遍用耜来耕地，其功效比双尖木耒还要高（《诗经》中提到的农具主要就是耜），耜也就成为耦耕中的主要工具。虽然如此，耦耕还是和协田一样，都是大规模集体劳动的耕作方式，都是为沟洫农业服务的，并无本质上的区别。

（五）耕作技术

夏、商、西周、春秋时期是我国农业从原始粗放的原始农业到以精耕细作为特征的传统农业的过渡时期，或者说是精耕细作技术的萌芽时期。原始农业主要生产环节只有整地、播种和收获，其生产技术较为粗放。而夏、商、西周、春秋的农业生产技术则包括整地、播种、中耕、灌溉、治虫、收获等，已经较为成熟。特别是中耕、灌溉、治虫等技术的出现使之摆脱了原始农业状态，更是个明显的进步。其中整地中的协田、耦耕，播种中良种概念的出现，中耕除草中灌水灭草兼以肥田的技术，灌溉中的引泉水浸稻田的技术，治虫中的以火灭虫和对各种害虫的认识，收获中的禾穗与秸秆分开收割，等等，都是当时较为突出的成就，这些都为战国以后精耕细作体系的形成奠定了基础。

纵观这一时期的农业技术发展情况，西周虽较商代有相当的进步，却是在商代沟洫农业技术的基础上发展起来的，并没有突破性的飞跃。也就是说，西周的农业生产力虽较商代有所提高，但在本质上是属于同一范畴之内，这与上述的农业耕作方式也是相一致的。

（六）青铜农具

商、周时期已经出现青铜农具，这已为考古发掘资料所证实。但是商周时期还在大量使用木石农具，青铜农具并未在大田生产中占主导地位，这也是被考古发掘资料所证实。有些学者常常将青铜农具作为奴隶社会生产力的代表，以为如果没有大量使用青铜农具就算不得青铜时代，就不可能有发达的奴隶社会。殊不知真正能代表当时先进生产力的是发达的青铜冶铸和兵器工业以及手工业领域中普遍使用青铜生产工具，与寥寥可数的青铜农具形成对比，考古发掘中发现了成千上万的青铜兵器和手工业青铜工具，足以说明当时珍贵的青铜是首先使用在军事工业和手工业领域，而不是首先使用到农业生产中去的。考古工作者在商代的统治中心安阳殷墟和西周的统治中心周原一带都发现了大量的石、骨、蚌质农具，极少青铜农具出土，在经济最发达的王朝中心区尚且没有大量使用青铜农具，其他边远地区就更可想而知了。

还有一个现象也是值得注意的，就是青铜农具在商代出现以后，其发展是缓慢的，特别是西周的青铜农具不管是在农具的种类方面还是使用的数量上，都看不出比商代有何明显的进步。商代主要的青铜农具是铲、锸、镢、犁、镰等，西周还是这几种，没有出现新的农具，就数量上说，也没有比商代增加多少，有的地方甚至更少些。如商代的青铜犁铧已经发现了几件，西周的铜犁至今还未发现。据统计，至 1987 年止，河北省出土商代铜镢 5 件，西周的铜镢只出土 2 件。河南省出土商代铜铲 19 件、铜镢 42 件，西周的铜铲只出土 6 件，铜镢只出土 12 件①。这些数字虽不能证明西周使用的青铜农具一定比商代少，至少也可以说明与商代相比较，西周的青铜农具并没有明显的进步和增多。

如果我们将前面所述的商、周耕作制度、耕作方式、耕作技术和青铜农具结合起来考察，就会发现西周的农业生产力与商代相比，没有根本性的差别。有人曾经

---

① 陈振中：《青铜生产工具与中国奴隶制社会经济》，中国社会科学出版社，1992 年，202 页。

论断西周的生产力有巨大飞跃，从而导致西周由奴隶社会跃入封建社会，是次伟大的革命。但是，至少从农业生产力这一角度来观察，并没有发现曾经有过什么革命的迹象。如果真要说革命的话，那是发生在春秋时期，但不是青铜农具的使用，而是铁农具的诞生，它才真正是新生产力的代表，是新生的封建经济的催化剂，是中国古代农业即将进入一个崭新历史时期的里程碑。

（七）危机和出路

随着时代的变迁、人口的增多、生产力的发展、阶级力量对比的变化，统治者的剥削和掠夺也日益加强，广大农民和奴隶们的负担也越加沉重，生产积极性急剧下降，特别在公田上劳动时消极怠工，“不肯尽力于公田”，出现“公田不治”“田在草中”的现象。再加上西周王朝的衰落，各诸侯国战争不断，严重摧残了农业生产力。《诗经·齐风·甫田》诗：“无田甫田，维莠骄骄。……无田甫田，维莠桀桀。”《国语·周语》也有记述：“野有庾积，场功未毕。……田在草间，功成而不收。”这就是“周室既衰，……公田不治”（《汉书·食货志》）时田园荒芜、农业衰败的真实写照。“公田”之所以“不治”的原因就是《汉书·五行志》所说的：“是时民患力役，懈于公田。”

社会出现了严重农业危机，动摇着奴隶主阶级的统治基础，靠暴力镇压已无法解决问题。特别是春秋时期铁农具的出现和牛耕的发明，大大提高了劳动效率，使人们有可能尽量多开辟荒地以增加私田的面积，生产更多的粮食来养活一家大小，结果私田里的收成大大高于公田，领主们只得改变剥削方式，不但将公田分给私人耕种，直接收取一定数量的谷物，而且也将原来是使用大量奴隶进行无偿劳动的个人领地，也分配给奴隶们自己去耕种，然后收取实物地租。这样一来，农民和奴隶们的生产积极性提高了，农业生产力也就提高了，领主们的剥削收入也相应提高。一场严重的社会危机得以度过，但是井田制也随之崩溃了，奴隶制社会也走到它的尽头了。云南哀牢山沙村彝族奴隶主刘宇清的收租簿上附有《诫谕诸儿侄》一文，很生动地反映了这一演变的历史过程：

> 谕诸儿侄：溯我高祖楷，曾于崇祯驾崩年，一次酷戮庄奴六人，家奴二人，遂招致摩哈苴庄群起暴叛，楷父因是横死。乃将原有谷租五十担，包谷租五十担，荞租八十担，折为不值半数之租银六十两，并免耕役，始息争乱。复远溯楷之高祖时，蓄奴数百，分住低屋，鞭策耕作。耕不勤，织不力，猎不中，战不勇。鞭之急则叛，不鞭则耕猎不敷其所食。遂散奴于村间，授土地，给锄犁，予牛羊，令其成偶，各事家业；其耕猎，半为主，半为己；若是，始勤于耕猎。半为主耕之所获，多于专为主耕之时。迨至楷祖时，半为主耕之所获，不如为己耕之丰。遂散其地与庄奴，始令

辟田种稻，课租五踶……殷鉴在前，尔等宜善保庄业。此谕。父伯宇清。光绪戊子。三月初五日。①

正是奴隶们的阶级斗争迫使奴隶主采取新的剥削方式，既相对减轻奴隶们（当然也包括平民阶级）的负担，又不减少（甚至还增加）自己的收入，从而使社会得以稳定，统治得以延续，推动了生产力迅速发展。然而，这种新的剥削方式却是具有封建生产关系性质，它的普遍推行，就必然要冲溃奴隶制生产关系，奴隶主阶级在自觉不自觉中为自己挖掘了坟墓，但同时也使自己获得新生，蜕变为新兴的地主阶级，中国的社会也就迈进封建社会的大门槛了。

这一过程正相当于中国历史上的春秋末期和战国初期。当时许多开明的奴隶主及其思想家们都极力主张改变剥削方式，废除井田制，将土地直接交给奴隶和农民们去耕种，采取分成"课租"的办法。如管子的"均地分力"（《管子·乘马》）、商鞅的"制土分民"（《商君书·徕民》）、荀子的"分田而耕"（《荀子·王霸》），等等，都是放弃大规模集体劳动的力役，将田地分给农民和奴隶们单家独户去耕种。因为他们都看到旧有的生产方式弊病，正如战国晚期的《吕氏春秋·审分》所指出的："今以众地者，公作则迟，有所匿其力也；分作则速，无所匿其力也。"

《管子·乘马》在谈到"均地分力"作用时，进一步说明了以家庭为基本生产单位的优点：

> 均地分力，使民知时也。民乃知时之早晏，日月之不足，饥寒之至于身也。是故，夜寝早起，父子兄弟不忘其功，为而不倦，民不惮劳苦。故不均之为恶也：地力不可竭，民力不可殚。不告之以时，而民不知，不道之以事，而民不为。与之分货，则民知得正矣。审其分，则民尽力矣。是故，不使而父子兄弟不忘其功。

这是解决当时社会危机的惟一出路。因此各国纷纷变法，实行"分田而耕"收取租税的办法。如齐桓公时，管子实行"相地而衰征"；鲁宣公十五年（前594），鲁国实行"初税亩"；晋国在哀公二年（前493）"初周人与范氏田，公孙龙税焉"；魏文侯时，李悝"尽地力之教"，采用"十一而税"；秦简公七年（前408）实行"初租禾"。正如墨子所说："今农夫入其税于大人"，"以其常征，收其租税。"商鞅在秦国变法更彻底，他为了增加更多税收，甚至采取强制手段，要农民分家："民有二男以上不分异者，倍其赋。"（《史记·商君列传》）

有了一定人身自由的农民（有相当大一部分是从奴隶演变过来的），在交纳一定租税之后，可以享受自己的一部分劳动果实，他们在生产中有较大的自主权，因此生产积极性空前高涨，他们的劳动态度就与以前完全不同：

---

① 刘尧汉：《由奴隶制向封建制过渡的一个实例》，《历史研究》1958年3期。

今夫农，群萃而州处，审其四时，权节其用，备其械器，比耒耜穀芨。及寒，击稿除田，以待时乃耕。深耕，均种，疾耰。先雨耘耨，以待时雨。时雨既至，挟其枪刈耨镈，以旦暮从事于田野。税衣就功，别苗莠，列疏遬，首戴苎蒲，身服袯襫。沾体涂足，暴其发肤，尽其四支之力，以疾从事于田野。少而习焉，其心安焉，不见异物而迁焉。(《管子·小匡》)

农民为增加收入，愿意多开荒地，这就要改革农具，于是铁农具和牛耕在战国时期就得到推广。为了增加产量，就得努力耕作，精心管理，就要锄草施肥、灌溉和防治害虫。因此，精耕细作的传统农业技术在战国时期就逐步形成一个体系，我国的传统农业于是进入成熟时期。

从此，小农经济开始登上中国的历史舞台，开始显示其强大的生命力，成为长达两千多年的封建社会的经济基础，对以后的中国社会产生了极为深刻的影响。这场伟大的变革发生在春秋战国之交，是历史的必然。如果是发生在商、周之际，倒是不可理解的。既然没有发生在商、周之际，也可说明商、周的社会性质没有本质上的不同，西周不是封建社会，也是合乎逻辑的判断。

这就是本卷的结论。

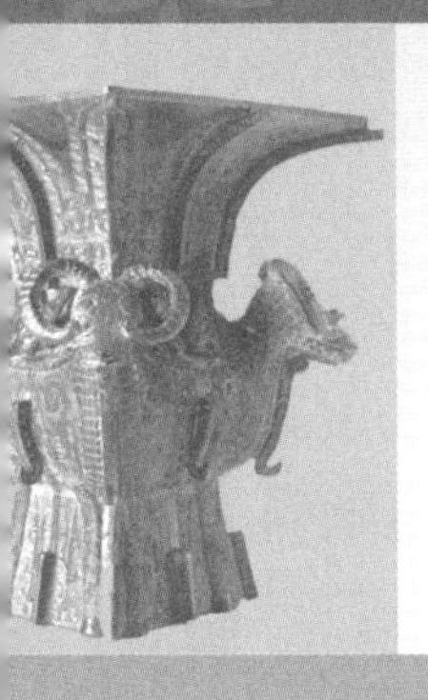

参考文献

白寿彝，1994. 中国通史・第三卷・上古时代［M］. 上海：上海人民出版社.

陈全方，1988. 周原与周文化［M］. 上海：上海人民出版社.

陈绍棣，2003. 中国风俗通史・两周卷［M］. 上海：上海文艺出版社.

陈文华，1990. 论农业考古［M］. 南昌：江西教育出版社.

陈文华，1991. 中国古代农业科技史图谱［M］. 北京：农业出版社.

陈文华，1994. 中国农业考古图录［M］. 南昌：江西科学技术出版社.

陈文华，2005. 中国古代农业文明史［M］. 南昌：江西科学技术出版社.

陈振中，1992. 青铜生产工具与中国奴隶制社会经济［M］. 北京：中国社会科学出版社.

董恺忱，2000. 中国科学技术史・农学卷［M］. 北京：科学出版社.

郭宝钧，1963. 中国青铜器时代［M］. 北京：生活・读书・新知三联书店.

郭郛，等，1999. 中国古代动物学史［M］. 北京：科学出版社.

郭沫若，1982. 郭沫若全集・历史编［M］. 北京：人民出版社.

胡厚宣，1983. 甲骨文与殷商史［M］. 上海：上海古籍出版社.

金景芳，1983. 中国奴隶社会史［M］. 上海：上海人民出版社.

康殷，1979. 文字源流浅说［M］. 北京：荣宝斋.

梁家勉，1989. 中国农业科技史稿［M］. 北京：农业出版社.

吕思勉，1982. 先秦史［M］. 上海：上海古籍出版社.

南京农学院中国农业遗产研究室，1984. 中国农学史［M］. 北京：科学出版社.

彭邦炯，1988. 商史探微［M］. 重庆：重庆出版社.

彭邦炯，1997. 甲骨文农业资料考辨与研究［M］. 长春：吉林文史出版社.

启良，2000. 中国文明史［M］. 广州：花城出版社.

丘光明，1992. 中国历代度量衡考［M］. 北京：科学出版社.

宋镇豪，2001. 中国风俗通史・夏商卷［M］. 上海：上海文艺出版社.

孙作云，1966. 诗经与周代社会研究［M］. 北京：中华书局.

王仁波，1994. 饮食与中国文化［M］. 北京：人民出版社.

王玉哲，2000. 中华远古史［M］. 上海：上海人民出版社.

文物编辑委员会，1991. 文物考古工作十年：1979—1989［M］. 北京：文物出版社.
文物出版社，1999. 新中国考古五十年［M］. 北京：文物出版社.
吴浩坤，等，1985. 中国甲骨学史［M］. 上海：上海人民出版社.
吴慧，1985. 井田制考索［M］. 北京：农业出版社.
吴慧，2016. 中国历代粮食亩产研究［M］. 2版. 北京：中国农业出版社.
夏鼐，1986. 中国大百科全书·考古卷［M］. 北京：中国大百科全书出版社.
夏纬瑛，1979.《周礼》书中有关农业条文的解释［M］. 北京：农业出版社.
夏纬瑛，1981.《诗经》中有关农事章句的解释［M］. 北京：农业出版社.
夏纬瑛，1981.《夏小正》经文校释［M］. 北京：农业出版社.
谢成侠，1985. 中国养牛羊史（附养鹿简史）［M］. 北京：农业出版社.
谢成侠，1995. 中国养禽史［M］. 北京：中国农业出版社.
许顺湛，1983. 中原远古文化［M］. 郑州：河南人民出版社.
杨宽，1999. 西周史［M］. 上海：上海人民出版社.
游修龄，1995. 中国农业百科全书·农业历史卷［M］. 北京：中国农业出版社.
游修龄，1999. 农史研究文集［M］. 北京：中国农业出版社.
张波，1989. 西北农牧史［M］. 西安：陕西科学技术出版社.
张光直，1999. 商代文明［M］. 北京：北京工艺美术出版社.
张仲葛，1986. 中国畜牧史料集［M］. 北京：科学出版社.
郑学檬，2000. 中国赋役制度史［M］. 上海：上海人民出版社.
中国社会科学院考古研究所，1984. 新中国的考古发现与研究［M］. 北京：文物出版社.